智能化融媒体新形态教材

U0807018

# 高等数学及应用（上册）

主　编　叶永春　陈　芳　万　晶

上海交通大学出版社
SHANGHAI JIAO TONG UNIVERSITY PRESS

**内容提要**

本书是在充分研究当前我国高等教育教学发展趋势，遵循高等数学自身的科学性和规律性，以高等院校的人才培养目标和课程目标为依据，围绕培养学生数学思维和数学素质，提升应用能力和创新能力而编写的。在内容上体现“必需”和“实用”原则，突出实用性，分模块、分层次编排．

全书分为上、下两册共8章，上册共4章，包括函数、极限与连续、导数与微分、不定积分和定积分．每章包含6个模块，即理论内容、实例应用、本章小结、复习题、MATLAB数学实验和拓展阅读．为培养学生的计算能力，每章设置利用MATLAB解决数学问题，解答过程注重渗透数学建模思想，实现数学“来源于生活，服务于生活”的教学目的．同时，每章最后增加拓展阅读，介绍数学文化知识，提升学生的数学素养及人文素养．

本书可作为高等院校理工类和经济管理类各专业高等数学课程的教材，也可作为从事相关教育人员的参考用书．

图书在版编目（CIP）数据

高等数学及应用．上册 / 叶永春，陈芳，万晶主编．—上海：上海交通大学出版社，2023.9

ISBN 978-7-313-29342-8

Ⅰ．①高… Ⅱ．①叶… ②陈… ③万… Ⅲ．①高等数学 Ⅳ．①O13

中国国家版本馆CIP数据核字（2023）第169568号

高等数学及应用（上册）
GAODENG SHUXUE JI YINGYONG（SHANGCE）

主　　编：叶永春　陈　芳　万　晶
出版发行：上海交通大学出版社　　地　　址：上海市番禺路951号
邮政编码：200030　　电　　话：021-64071208
印　　刷：杭州钱江彩色印务有限公司　　经　　销：全国新华书店
开　　本：787mm×1092mm　1/16　　印　　张：12
字　　数：270千字
版　　次：2023年9月第1版　　印　　次：2023年9月第1次印刷
书　　号：ISBN 978-7-313-29342-8　　电子书号：ISBN 978-7-89424-400-0
定　　价：39.80元

# 编委会成员


主　编

叶永春　陈　芳　万晶

副主编

胡　频　曾道梅　张延利

杨能彪　徐　莹　沈荣泸

参　编

李　涛　罗　娟　刘　坚

# 前言 PREFACE

随着我国教育改革的逐步深入，高等院校的招生形式随之变化，生源类型趋于多样化．为适应高等教育的发展变化，编者在充分研究当前我国高等教育教学发展趋势，认真总结、分析、吸收高等院校理工科高等数学教学改革经验的基础上，遵循高等数学自身的科学性和规律性，以高等院校的人才培养目标和课程目标为依据，围绕培养学生数学思维和数学素质，提升其应用能力和创新能力编写了本书．本书既适用于理工类各专业，也适用于经济管理类各专业，适用范围广，可选择性强．本书突出高等数学的基础性、应用性与学生的主体性，具有以下特色．

第一，注重能力培养．一是培养学生利用数学思想、思维、方法去认识、理解抽象概念、机械原理等的能力；二是培养学生将实际问题转化为数学模型的能力；三是培养学生利用数学软件模拟、计算、求解数学问题的能力．

第二，提升数学素养．通过拓展阅读了解数学文化，提升学生的人文和数学素养．

第三，内容简明扼要．在内容的选择上，将传统高等数学中较为繁杂的定理证明、公式推导做了简化，突出数学的基础性、工具性和实用性，注重数学思想、方法的应用，便于知识点和内容的掌握．

第四，结构利学便教．在内容上体现“必需”和“实用”原则，既遵循高等数学自身规律，又突出以学生为主体的教学理念，编排顺序和呈现方式与学生的数学基础与心理发展水平有机结合；通过实例引入概念，借助图形描述问题情境，通过数学模型分析生活案例，使数学思维切合学生认知水平．

第五，编排模块化．针对高等院校各专业的特点，将各章内容分模块、分层次编排．各专业使用的基本内容作为基础层，根据专业实际在基础层上选学后续内容，形成不同的内容层次．

《高等数学及应用（上册）》的基本教学时数约 72 学时．

本书为智能化融媒体新形态教材，配套资源丰富，包括课件、在线测试题、试题库等，读者可扫描下方的微信小程序码浏览查看.

《高等数学及应用（上册）》微信小程序码

本书由泸州职业技术学院应用数学教研室编写，由叶永春、陈芳、万晶任主编，胡频、曾道梅、张延利、杨能彪、徐莹、沈荣泸、李涛、罗娟、刘坚等参与审核、校对. 在本书的编审过程中，参考了大量的高等数学相关教材和资料，得到了同行专家的精心指导，也得到了泸州职业技术学院领导的大力支持，谨在此表示衷心感谢.

由于成书仓促，编审人员水平有限，不足之处请有关专家、学者及使用本教材的教师指正. 我们诚恳地希望各界同人及广大教师关注并支持这套教材的建设，及时将教材使用过程中遇到的问题和改进意见反馈给我们，以供修订时参考.

编　者

2023 年 3 月

# 目录 CONTENTS

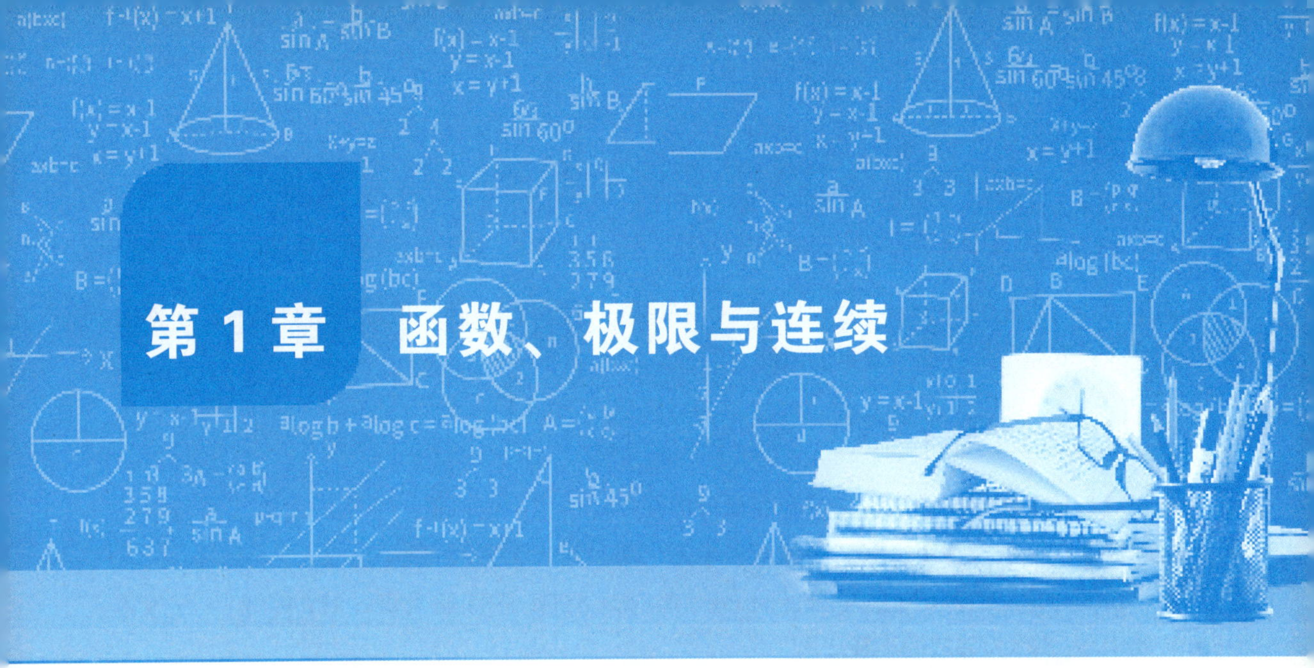

# 第 1 章 函数、极限与连续

在数学灿烂的历史长河中，极限思想有很多典型实例，比如我国古代数学家刘徽(公元 3 世纪)的“割圆术”，又如春秋战国时期的哲学家庄子(公元前 4 世纪)在《庄子 · 天下篇》中的“截丈问题”等．现代社会生活中，用极限思想分析问题的方法应用于各个方面．

本章将先引入函数的概念，讨论函数的图像与性质，在学习基本初等函数、复合函数、初等函数、分段函数的基础上，介绍极限的概念，进而研究极限的运算法则，及函数连续性等基本知识，最后介绍函数与极限在日常生活、经济、电子、机械、工程等问题中的应用，为后续知识的学习奠定坚实的基础．

## 1.1 函数的概念与性质

函数(function)是描述客观世界变化规律的重要数学模型，是数学的基本概念之一，它蕴含着运动和变化的观点、集合与对应的思想，在生活及其他自然科学中有广泛的应用，如天体的位置、航海中的经度与纬度、炮弹的速度与射程等问题，都需要研究变量之间的关系．

### 1.1.1 常量与变量

在自然现象、社会生活、科学实验等过程中，经常会遇到两种不同的量：一种量在过程中不发生变化而保持一定的数值，这种量称为常量(或常数)；另一种量在过程中可以取不同的数值，这种量称为变量．如冰化成水的过程中，所吸收的热量与温度、时间等是变量．通常用字母 $a$、$b$、$c$ 等表示常量，用字母 $x$、$y$、$z$ 等表示变量．

例如，在自由落体运动中，设物体下落的时间为 $t$，距离为 $s$，并假定开始下落的时

刻为 $t=0$，则变量 $s$ 与 $t$ 之间的关系由公式 $s=\frac{1}{2}gt^2$ 确定，其中 $g$ 为重力加速度，是常量. 如果物体着地的时刻为 $t=T$，则当时间 $t$ 在闭区间 $[0, T]$ 上任意取定一个数值时，根据上述公式，变量 $s$ 都有唯一确定的值和它对应.

### 1.1.2 区间与邻域

对于某个实际问题来说，一个变量只能在一定的范围内取值. 变量的取值范围通常用区间表示，区间分为闭区间、开区间、半开半闭区间、无穷区间等.

在区间定义的基础上，把开区间 $(\alpha-\delta, \alpha+\delta)(\delta>0)$ 称为点 $\alpha$ 的 $\delta$ 邻域，$\alpha$ 称为邻域的中心，$\delta$ 称为邻域的半径.

点 $\alpha$ 的 $\delta$ 邻域可用不等式表示为 $\alpha-\delta<x<\alpha+\delta$，对该不等式中各式同时加上 $-\alpha$，得 $-\delta<x-\alpha<\delta$，它等价于绝对值不等式 $|x-\alpha|<\delta$.

例如，$|x-3|<0.1$，表示以 3 为中心、以 0.1 为半径的邻域，即开区间(2.9，3.1).

### 1.1.3 函数的概念

在同一过程中，往往会有几个变量同时变化，但是它们的变化不是孤立的，而是按照一定的规律相互联系，它们之间存在相互依赖关系.

例如，圆的面积为 $S$，半径为 $r$，则这两个变量间的关系由公式 $S=\pi r^2$ 确定，其中常量 $\pi$ 为圆周率. 当半径 $r$ 在区间 $[0, R]$ 内任取一个数值时，变量 $S$ 都有唯一确定的值与它对应. 这种变量之间的相互依赖关系，用数学的语言描述就得到了函数的定义.

**定义 1.1** 设 $x$、$y$ 是两个变量，$D$ 是一个非空实数集. 如果对于 $D$ 内的每一个数 $x$，按照某个对应法则 $f$，变量 $y$ 都有唯一确定的数值与它对应，则称 $y$ 是 $x$ 的**函数**，记为

$$y=f(x), \quad x\in D,$$

其中，$x$ 称为**自变量**，$y$ 称为**因变量**或**函数值**，实数集 $D$ 称为这个函数的**定义域**.

当 $x$ 取数值 $x_0\in D$ 时，与之相对应的 $y$ 的值称为函数 $y=f(x)$ 在点 $x_0$ 处的函数值，记为 $f(x_0)$ 或 $y|_{x=x_0}$. 函数 $y=f(x)$ 所有函数值的集合 $M=\{y|y=f(x), x\in D\}$ 称为函数的**值域**.

函数 $y=f(x)$ 中表示对应法则的记号 $f$ 也可以改用别的字母，如 $g$、$\varphi$、$F$，这时函数就记为 $y=g(x)$，$y=\varphi(x)$，$y=F(x)$ 等. 当同时考察几个不同的函数时，就需要用不同的函数记号来区别.

在实际问题中，函数的定义域是根据问题的实际意义确定的. 对于只给出表达式而没有说明实际背景的函数，函数的定义域就是使函数表达式有意义的自变量的取值范围.

**例 1-1** 设函数 $f(x)=x^2-2x+3$，求 $f(3)$，$f(a)$，$f(x+1)$.

【解】 $f(3)=3^2-2\times3+3=6$;

$f(a)=a^2-2a+3$;

$f(x+1)=(x+1)^2-2(x+1)+3=x^2+2$.

**例 1-2** 求下列函数的定义域：

(1) $y=\dfrac{9}{x^2-4}$;　　(2) $y=\dfrac{1}{\sqrt{5-x^2}}+\arcsin x$.

【解】 (1) $x^2-4\neq0$，$x\neq\pm2$，因此，该函数的定义域为 $(-\infty,-2)\cup(-2,2)\cup(2,+\infty)$.

(2)要使函数 $y$ 有意义，必须同时满足：分母不为零且偶次根式的被开方式非负，反正弦函数满足其定义域，即

$$\begin{cases}5-x^2>0,\\|x|\leqslant1,\end{cases}$$

解出

$$\begin{cases}-\sqrt5<x<\sqrt5,\\-1\leqslant x\leqslant1,\end{cases}$$

故不等式组的解为 $-1\leqslant x\leqslant1$.

因此，该函数的定义域为 $[-1,1]$，也可以表示为 $D=\{x\mid-1\leqslant x\leqslant1\}$.

**例 1-3** 已知函数 $y=f(x)$ 的定义域是 $[5,8]$，求 $f(3x-1)$ 的定义域.

【解】 要使函数 $f(3x-1)$ 有意义，即 $5\leqslant3x-1\leqslant8$，所以 $2\leqslant x\leqslant3$，即 $f(3x-1)$ 的定义域为 $[2,3]$.

**例 1-4** 判断下列各对函数是否相同：

(1) $f(x)=2x$，$g(x)=\sqrt{4x^2}$;

(2) $f(x)=1$，$g(x)=\sin^2 2x+\cos^2 2x$.

【解】 (1)不相同．两个函数的定义域都是 $(-\infty,+\infty)$，但对应法则不同，例如，当 $x=-1$ 时，$f(-1)=-2$，$g(-1)=2$，函数值不相等．

(2)相同．因为 $f(x)$ 与 $g(x)$ 的定义域都是 $(-\infty,+\infty)$，且对同一个 $x$，都有 $\sin^2 2x+\cos^2 2x=1$，即对应法则相同，因此 $f(x)$ 与 $g(x)$ 相同．

由上述例题及函数的定义可知，对应法则和定义域是函数的两个要素，在描述任何一个函数时，必须同时说明这两个要素．只有两个函数的对应法则和定义域都相同时，才能说这两个函数是相同的．

函数的定义域，一般是使函数有意义的自变量的取值范围．求函数的定义域时应遵守

以下原则:

(1)分式中分母不能为零;

(2)偶次根式内表达式非负;

(3)对数中真数表达式大于零;

(4)反三角函数要根据各自的定义域，例如，$\arcsin x$，$\arccos x$ 要满足 $|x| \leq 1$;

(5)两函数代数和的定义域，应是两函数定义域的公共部分;

(6)对于表示实际问题的解析式，还应该保证符合实际意义.

## 1.1.4 函数的图像

设函数 $y=f(x)$ 的定义域为 $D$，对于任意取定的 $x \in D$，对应的函数值为 $y=f(x)$，则以 $x$ 为横坐标，$y$ 为纵坐标，就确定了平面上的一点 $(x, y)$. 当 $x$ 遍取 $D$ 上的数值时，就得到点 $(x, y)$ 的一个集合 $G=\{(x, y) \mid y=f(x), x \in D\}$.

集合 $G$ 称为函数 $y=f(x)$ 的图像，如图 1-1 所示.

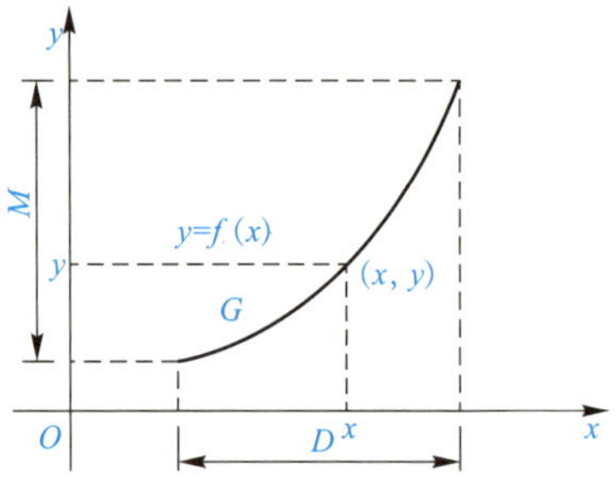


图 1-1 函数的图像

## 1.1.5 函数的性质

### 1. 单调性

**定义 1.2** 设函数 $f(x)$ 的定义域为 $D$，区间 $I \subseteq D$. 如果对于区间 $I$ 上任意两点 $x_1$ 及 $x_2$，当 $x_1 < x_2$ 时，都有

$$f(x_1) < f(x_2),$$

则称函数 $f(x)$ 在区间 $I$ 上是单调增加的，如图 1-2 所示，区间 $I$ 称为单调增加区间；如果对于区间 $I$ 上任意两点 $x_1$ 及 $x_2$，当 $x_1 < x_2$ 时，都有

$$f(x_1) > f(x_2),$$

则称函数 $f(x)$ 在区间 $I$ 上是单调减少的，如图 1-3 所示，区间 $I$ 称为单调减少区间. 单调增加和单调减少的函数统称为单调函数，单调增加区间和单调减少区间统称为单调区间.

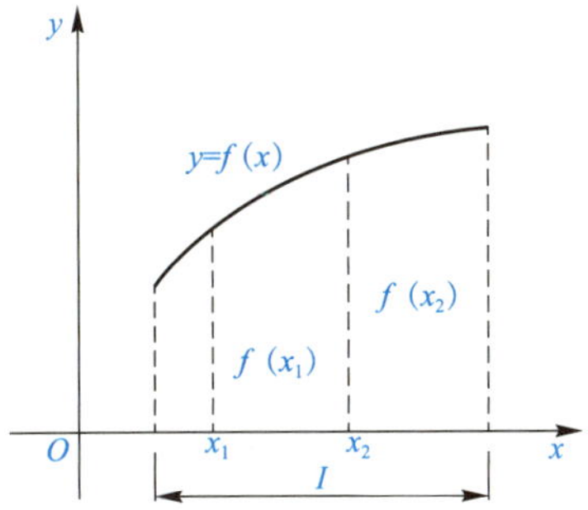


图 1-2　单调递增函数

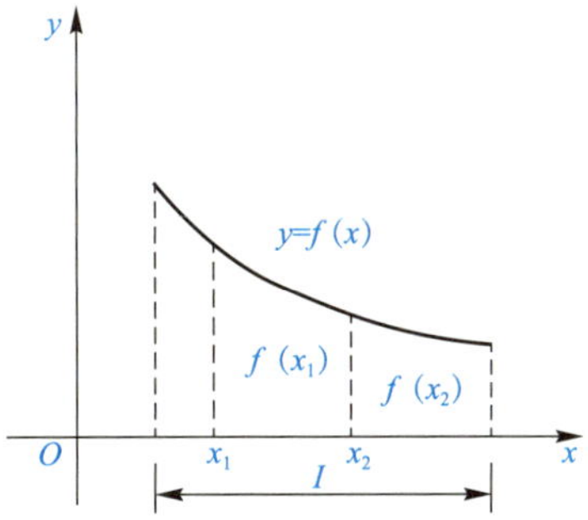


图 1-3　单调递减函数

单调函数的图像特征：单调增加函数的图像为从左至右上升的曲线，单调减少函数的图像为从左至右下降的曲线．

**例 1-5** 讨论函数 $y=3x$，$y=x^2$ 的单调性．

**【解】** 函数 $y=3x$ 在区间 $(-\infty,+\infty)$ 上是单调增加的，如图 1-4 所示．

函数 $y=x^2$ 在区间 $(-\infty,0)$ 内是单调减少的，在区间 $[0,+\infty)$ 内是单调增加的，在区间 $(-\infty,+\infty)$ 内不是单调函数，如图 1-5 所示．

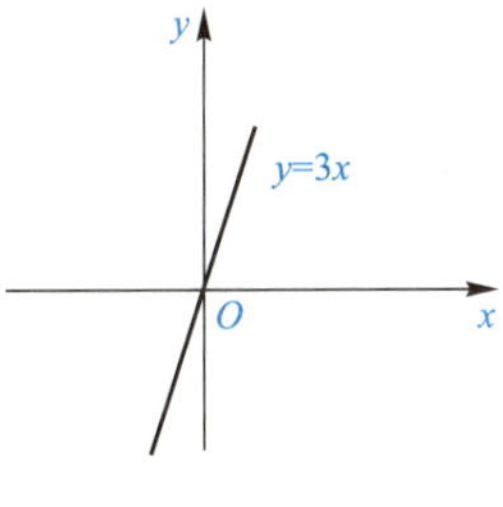


图 1-4　函数 $y=3x$

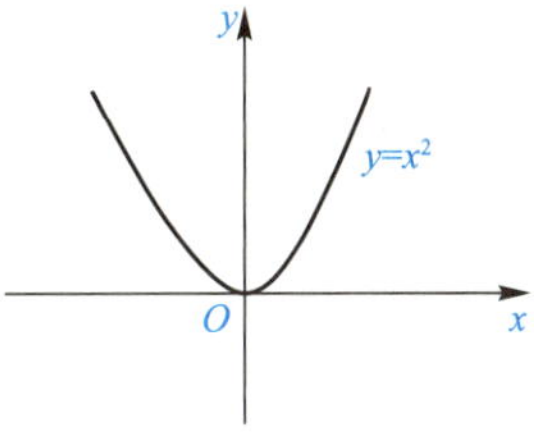


图 1-5　函数 $y=x^2$

### 2. 奇偶性

**定义 1.3** 设函数 $f(x)$ 的定义域 $D$ 关于原点对称．如果对于任意 $x\in D$，都有

$$f(-x)=-f(x)$$

成立，则称 $f(x)$ 为**奇函数**；如果对于任意 $x\in D$，都有

$$f(-x)=f(x)$$

成立，则称 $f(x)$ 为**偶函数**. 不满足以上两种情况的函数，称为**非奇非偶函数**.

例如，函数 $f(x)=3x^4$ 是偶函数，因为 $f(-x)=3(-x)^4=3x^4=f(x)$．函数 $f(x)=x^5$ 是奇函数，因为 $f(-x)=(-x)^5=-x^5=-f(x)$．函数 $f(x)=x^5+3x^4$ 既不是奇函数，也不是偶函数，因为它不满足定义的条件．

奇函数的图像关于原点对称，如图 1-6 所示；偶函数的图像关于 $y$ 轴对称，如图 1-7

所示.

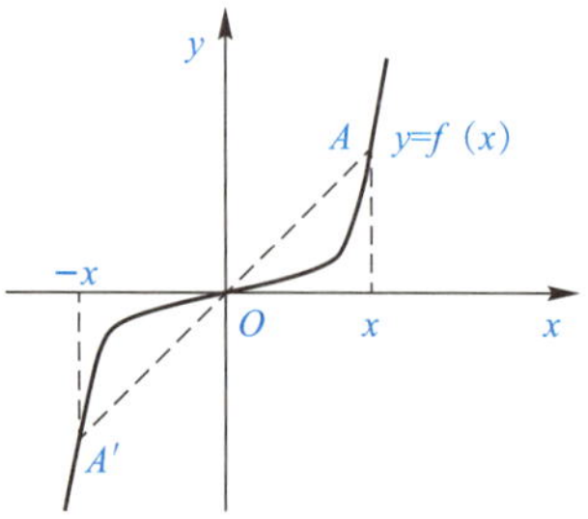


图 1-6 奇函数

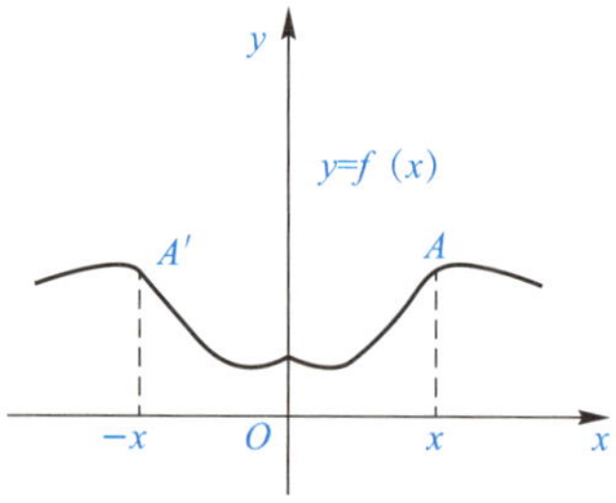


图 1-7 偶函数

**例 1-6** 判断下列函数的奇偶性：

(1) $f(x)=3^x+3^{-x}$；

(2) $f(x)=2x^4\sin x$；

(3) $f(x)=\ln(x+\sqrt{x^2+1})$；

(4) $f(x)=\sin 2x-\cos 3x$.

**【解】** (1) 因为 $D$ 为 R, $f(-x)=3^x+3^{-x}=f(x)$，所以 $f(x)$ 是偶函数.

(2) 因为 $D$ 为 R, $f(-x)=2(-x)^4\sin(-x)=-2x^4\sin x=-f(x)$，所以 $f(x)$ 是奇函数.

(3) 因为 $D$ 为 R, $f(-x)=\ln(-x+\sqrt{(-x)^2+1})=\ln(-x+\sqrt{x^2+1})$，$f(-x)+f(x)=\ln(-x+\sqrt{x^2+1})(x+\sqrt{x^2+1})=0$，即 $f(-x)=-f(x)$，所以 $f(x)=\ln(x+\sqrt{x^2+1})$ 是奇函数.

(4) 因为 $D$ 为 R, $f(-x)=\sin(-2x)-\cos(-3x)=-\sin 2x-\cos 3x$，$f(-x)\neq f(x)$ 且 $f(-x)\neq -f(x)$，所以函数 $f(x)=\sin 2x-\cos 3x$ 既不是奇函数也不是偶函数.

### 3. 函数的周期性

**定义 1.4** 设函数 $f(x)$ 的定义域为 $D$. 如果存在一个常数 $T\neq 0$，使得对任一 $x\in D$，有 $x+T\in D$，且

$$f(x+T)=f(x)$$

恒成立，则称 $f(x)$ 为**周期函数**，$T$ 称为 $f(x)$ 的**周期**. 通常我们所指的周期是指**最小正周期**.

例如，函数 $y=\sin x$，$y=\cos x$ 都是 $T=2\pi$ 的周期函数；函数 $y=\tan x$，$y=\cot x$ 都是 $T=\pi$ 的周期函数；函数 $y=2x^2+3x-1$ 不是周期函数.

以 $T$ 为周期的周期函数的图像在每个长为 $T$ 的区间上的图像都是一样的. 因此，作周期函数的图像，只要作出任意一个周期内的一段曲线，再将它从一个周期的两端平移出去即可得到整个区间上的图像. 例如，周期函数 $y=\sin x$ 的图像如图 1-8 所示.

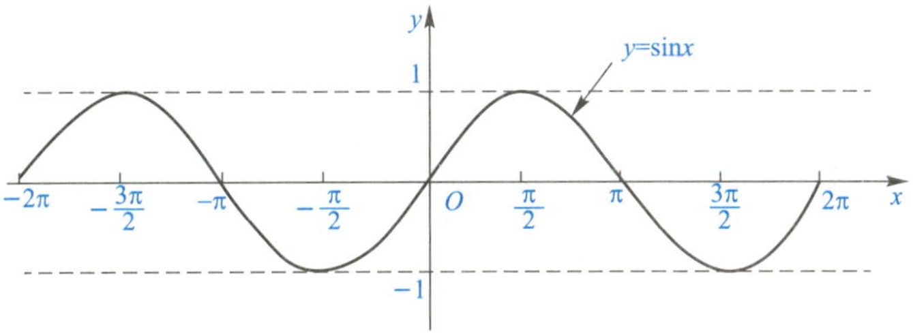


**图 1-8　周期函数 $y = \sin x$**

#### 4. 有界性

**定义 1.5**　设函数 $f(x)$ 的定义域为 $D$，区间 $I \subseteq D$. 如果存在正数 $M$，使得对任一 $x \in I$，都有 $|f(x)| \leq M$，则称函数 $f(x)$ 在区间 $I$ 内有界. 如果这样的正数 $M$ 不存在，就称函数 $f(x)$ 在区间 $I$ 内无界.

例如，函数 $y = \sin x$，$y = \cos x$ 在 $(-\infty, +\infty)$ 上是有界函数；函数 $y = \frac{1}{x}$ 在 $(1, +\infty)$ 上是有界函数. 但是在 $(0, +\infty)$ 上是无界函数. 因此，有界性是针对于某一区间而言的.

> **注意：**
> 函数是否有界与所对应的区间有关.

### 1.1.6　反函数

在研究两个变量之间的函数关系时，可根据问题的实际需要选定其中一个作为自变量，另一个为因变量.

例如，在商品销售中，已知某种商品的价格为常数 $p$，销售量为 $x$，销售收入为 $y$，当已知销售量 $x$，求销售收入 $y$ 时，根据关系式 $y = px$ 即可求得. 这时 $x$ 是自变量，$y$ 是因变量，$y$ 是 $x$ 的函数. 反之，如果已知销售收入 $y$，求对应的销售量 $x$ 时，根据 $y = px$ 可解得关系式 $x = y/p$，对于给定的 $y$ 值，可求出对应的 $x$ 值. 这时 $y$ 是自变量，$x$ 是因变量，$x$ 是 $y$ 的函数. 称 $x = y/p$ 为 $y = px$ 的反函数.

#### 1. 反函数的定义

**定义 1.6**　设函数 $y = f(x)$ 的定义域为 $D$，值域为 $M$. 如果对于 $M$ 中的每一个 $y$ 值 $(y \in M)$，都可以从函数表达式 $y = f(x)$ 确定唯一的 $x$ 值与之对应，则所确定的以 $y$ 为自变量的函数 $x = \varphi(y)$ 称为函数 $y = f(x)$ 的**反函数**，常记为 $x = f^{-1}(y)$. 这个函数的定义域为 $M$，值域为 $D$. 相对于反函数 $x = \varphi(y)$ 来说，函数 $y = f(x)$ 称为原函数.

习惯上，函数的自变量都用 $x$ 表示，因变量用 $y$ 表示，所以，反函数通常表示为

$$y=f^{-1}(x).$$

由反函数的定义可知，如果函数 $y=f(x)$ 有反函数，则 $x$ 与 $y$ 的取值是一一对应的．因此，该条件也是判定一个函数是否存在反函数的必要条件．

**例 1-7** 求函数 $y=\frac{1}{2}x+2$ 的反函数，并在同一个平面直角坐标系中作出它们的图像．

**【解】** 由 $y=\frac{1}{2}x+2$ 解得 $x=2y-4$，所以 $y=\frac{1}{2}x+2$ 的反函数是 $y=2x-4$.

原函数 $y=\frac{1}{2}x+2$ 的图像是过点(0, 2)和点(−4, 0)的直线，其反函数 $y=2x-4$ 的图像是过点(2, 0)和点(0, −4)的直线，它们的图像关于直线 $y=x$ 对称，如图 1-9 所示．

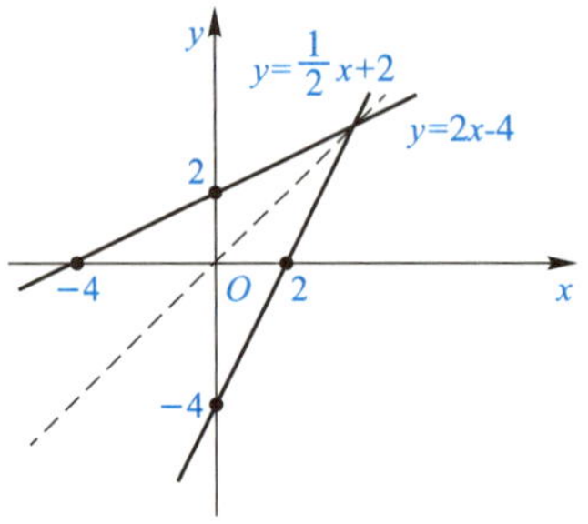


图 1-9 函数 $y=\frac{1}{2}x+2$ 与其反函数

一般地，函数 $y=f(x)$ 的图像与其反函数 $y=f^{-1}(x)$ 的图像关于直线 $y=x$ 对称，如图 1-10 所示．

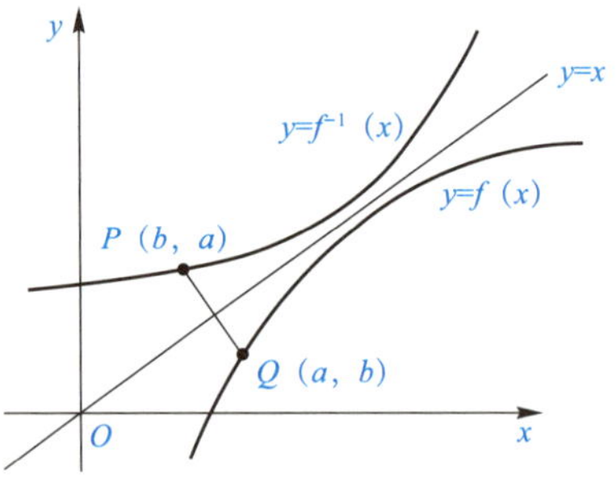


图 1-10 原、反函数

**例 1-8** 求函数 $y=\ln(x+3)-2$ 的反函数．

**【解】** 由 $y=\ln(x+3)-2$ 解得

$$\ln(x+3)=y+2,\ x+3=e^{y+2},\ x=e^{y+2}-3.$$

将 $x$ 写成 $y$，$y$ 写成 $x$，即函数 $y=\ln(x+3)-2$ 的反函数为 $y=e^{x+2}-3$.

**例 1-9** 讨论函数 $y=x^2$ 的反函数.

**【解】** 函数 $y=x^2$ 的定义域 $D$ 为 $(-\infty, +\infty)$，值域 $M$ 为 $[0, +\infty)$. 因为

$$x=\pm\sqrt{y},$$

所以，任取 $y\in(0, +\infty)$，有两个 $x$ 值与之对应. 所以 $x$ 不是 $y$ 的函数，即函数 $y=x^2$ 在区间 $(-\infty, +\infty)$ 上不存在反函数，如图 1-11 所示.

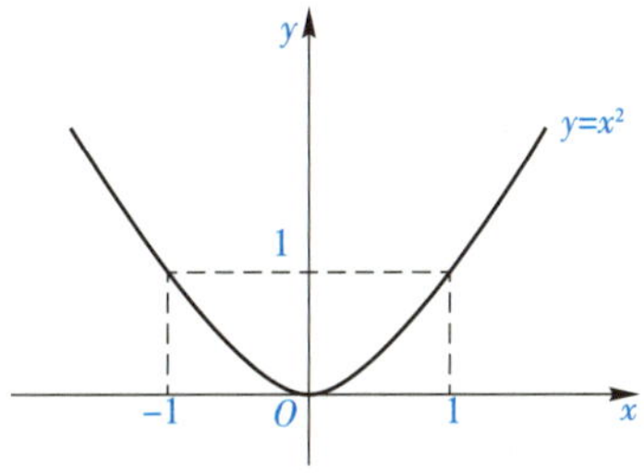


图 1-11　函数 $y=x^2$

在上例中，如果只考虑函数 $y=x^2$ 在区间 $[0, +\infty)$ 上的反函数，则由 $y=x^2$，$x\in[0, +\infty)$ 解得

$$x=\sqrt{y},$$

即 $y=x^2$ 在区间 $[0, +\infty)$ 上存在反函数 $y=\sqrt{x}$，$x\in[0, +\infty)$. 同理，函数 $y=x^2$ 在区间 $(-\infty, 0]$ 上存在反函数 $y=-\sqrt{x}$，$x\in[0, +\infty)$.

由上可知，函数在所限定的区间内是单调的，它的反函数才存在.

### 2. 反函数存在定理

**定理 1.1** 设函数 $y=f(x)$ 的定义域是 $D$，值域是 $M$. 如果函数 $y=f(x)$ 在 $D$ 上是单调增加(或减少)的，则它必存在反函数 $y=f^{-1}(x)$，$x\in M$，且反函数 $y=f^{-1}(x)$ 在 $M$ 上也是单调增加(或减少)的.

由上述定理可得，只需判断函数在所讨论的区间内是否单调，就可确定其反函数是否存在，并可判断反函数的单调性.

例如，函数 $y=x^3$ 在区间 $(-\infty, +\infty)$ 上是单调增加的，因此它必然存在反函数 $y=\sqrt[3]{x}$，$x\in(-\infty, +\infty)$，且其反函数在相应的定义区间上也是单调增加的，如图 1-12 所示.

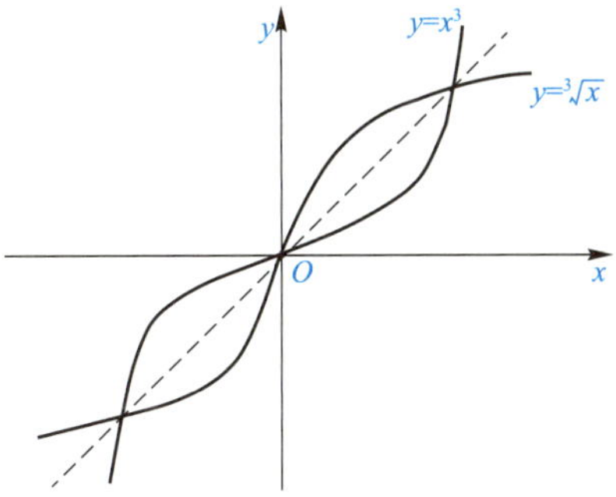


图 1-12　函数 $y=x^3$ 与其反函数

## 习题 1-1

1. 判断下列各对函数是否相同：

(1) $f(x)=x$，$g(x)=\sqrt[3]{x^3}$；

(2) $f(x)=x-2$，$g(x)=\dfrac{x^2-4}{x+2}$；

(3) $f(x)=\cos x$，$g(x)=\sqrt{1-\sin^2 x}$；

(4) $f(x)=\ln x^2$，$g(x)=2\ln x$.

2. 求下列函数的定义域：

(1) $y=\dfrac{1}{x^2-3x+2}$；

(2) $y=\sqrt{3x-2}$；

(3) $y=\ln\dfrac{1}{1-x}$；

(4) $y=\arcsin(x-1)+\sqrt{3-x}$；

(5) $y=\sqrt{\ln(x^2-9)}$；

(6) $y=\ln x+\sqrt{4-x^2}$；

(7) 若 $f(x)$ 的定义域是 $[-4,5]$，求 $f(x^2-4)$ 的定义域；

(8) 若 $f(x)$ 的定义域是 $(0,1)$，求 $f(2^x)$ 的定义域.

3. 设 $f(x)=\dfrac{1-2x}{1+2x}$，求 $f(2x-1)$，$f(e^x)$.

4. 讨论下列函数在区间 R 内的有界性：

(1) $y=2\sin^2 x$；

(2) $y=\dfrac{1}{1-3\tan x}$.

5. 证明函数 $y=\ln x$ 在区间 $(0,+\infty)$ 内单调增加.

6. 判断下列函数的奇偶性：

(1) $f(x)=\cos(2\sin x)$；

(2) $f(x)=2x^2\cos x$；

(3) $f(x)=\sin x+\cos x+1$；

(4) $f(x)=\ln(\sqrt{x^2+1}-x)$；

(5) $f(x)=\lg\dfrac{1-x}{1+x}$；

(6) $f(x)=3e^x+3e^{-x}$.

7. 下列函数中哪些是周期函数？求出周期函数的最小正周期：

(1) $y=\sin(x-\pi)$；

(2) $y=2\cos 3x$；

(3) $y=\cot\dfrac{x}{2}$；

(4) $y=x^3\cot x$.

8. 求下列函数的反函数：

(1) $y=2x^3-1$；

(2) $y=3+e^x$；

(3) $y=\sqrt[3]{3x-2}$；

(4) $y=\dfrac{2-x}{2+x}$；

(5) $y=5^{x-2}$；

(6) $y=\ln(x^2-1)$，$x>1$.

9. 画出函数 $y=3-2x$ 的图像，再利用对称关系画出它的反函数图像.

# 1.2　初等函数与分段函数

## 1.2.1　基本初等函数

幂函数、指数函数、对数函数、三角函数和反三角函数，这五类函数统称为**基本初等函数**.

### 1. 幂函数 $y=x^a$（$a$ 为常数）

当 $a>0$ 时，图像经过原点 $(0, 0)$ 和点 $(1, 1)$，在 $(0, +\infty)$ 内单调递增、无界.

当 $a<0$ 时，图像不经过原点，但经过点 $(1, 1)$，在 $(0, +\infty)$ 内单调递减、无界，曲线以 $x$ 轴和 $y$ 轴为渐近线.

函数 $y=x$，$y=x^2$，$y=x^{-1}$，$y=x^3$，$y=x^{\frac{1}{2}}$ 和 $y=x^{-2}$ 的图像如图 1-13 所示.

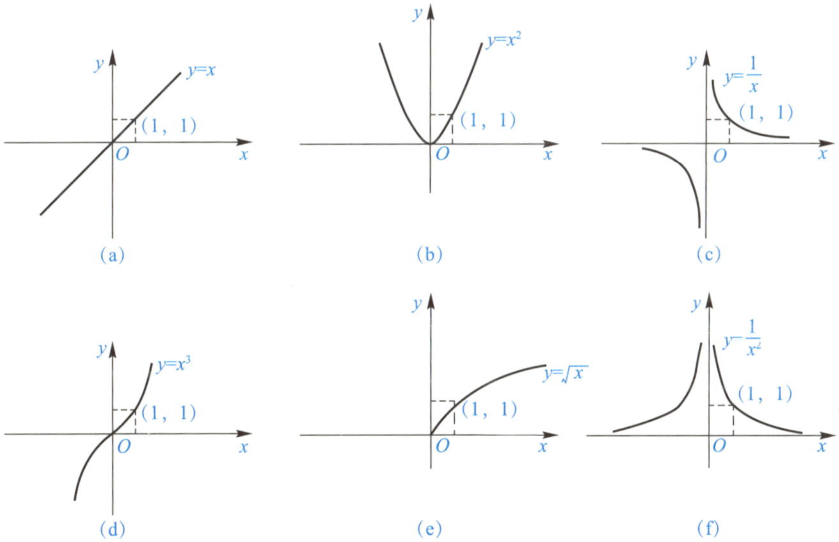


图 1-13　幂函数

### 2. 指数函数 $y=a^x$（$a>0$，$a\neq 1$）

指数函数的定义域是 $(-\infty, +\infty)$. 由于无论 $x$ 取何值，总有 $a^x>0$，且 $a^0=1$，所以它的图像在 $x$ 轴上方，值域为 $(0, +\infty)$，且通过点 $(0, 1)$.

当 $a>1$ 时，函数单调增加且无界，曲线以 $x$ 轴的负半轴为渐近线；当 $0<a<1$ 时，函数单调减少且无界，曲线以 $x$ 轴的正半轴为渐近线，如图 1-14 所示.

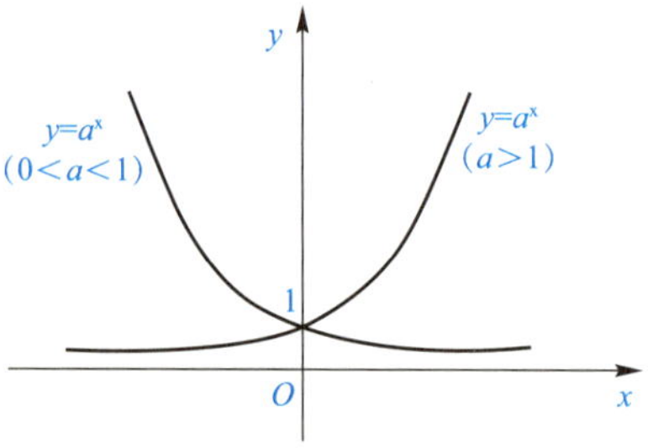


图 1-14　指数函数

### 3. 对数函数 $y=\log_a x$ ($a>0$, $a\neq 1$)

对数函数的定义域是 $(0, +\infty)$，图像全部在 $y$ 轴右方，值域是 $(-\infty, +\infty)$．无论 $a$ 取何值，曲线都通过点 $(1, 0)$．

当 $a>1$ 时，函数单调增加且无界，曲线以 $y$ 轴负半轴为渐近线；当 $0<a<1$ 时，函数单调减少且无界，曲线以 $y$ 轴的正半轴为渐近线，如图 1-15 所示．

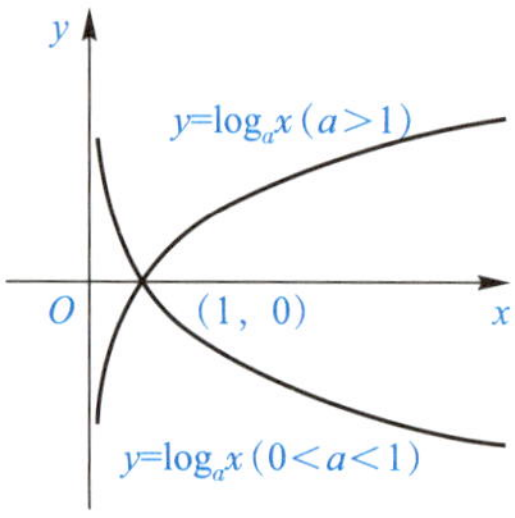


图 1-15　对数函数

对数函数 $y=\log_a x$ 和指数函数 $y=a^x$ 互为反函数，它们的图像关于直线 $y=x$ 对称．

以常数 10 为底的对数函数 $y=\log_{10}x$ 称为常用对数函数，简记为 $y=\lg x$；以无理数 $e=2.71828\cdots$ 为底的对数函数 $y=\log_e x$ 称为自然对数函数，简记为 $y=\ln x$，$y=\ln x$ 是微积分中常用的函数．

### 4. 三角函数

**定义 1.7**　函数 $y=\sin x$，$y=\cos x$，$y=\tan x$，$y=\cot x$，$y=\sec x$，$y=\csc x$ 依次称为**正弦函数、余弦函数、正切函数、余切函数、正割函数、余割函数**．这六个函数统称为**三角函数**，其中自变量都以弧度作单位来表示．

在微积分中，三角函数的自变量 $x$ 采用弧度制，而不采用角度制．例如，用 $\sin\dfrac{\pi}{6}$ 而不用 $\sin 30°$，$\sin 1$ 表示 1 弧度角的正弦值．

角度与弧度之间可以用公式 $\pi(\text{弧度})=180°$ 来换算．

正弦函数 $y=\sin x$ 的定义域为 $(-\infty, +\infty)$，值域为 $[-1, 1]$，奇函数，以 $2\pi$ 为周期，有界．如图 1-16 所示．

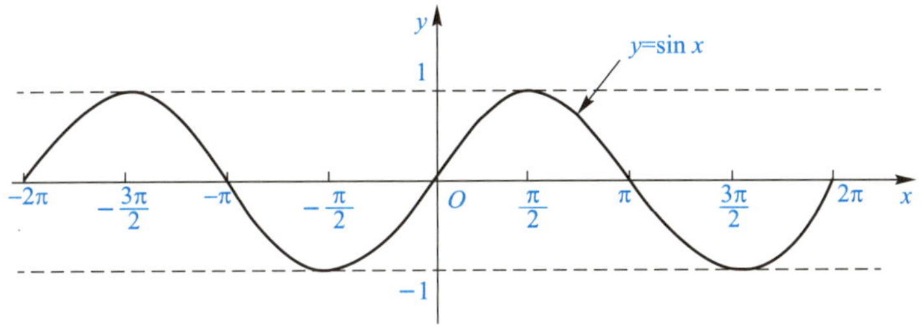


图 1-16　正弦函数

余弦函数 $y=\cos x$ 的定义域为 $(-\infty,\ +\infty)$，值域为 $[-1,\ 1]$，偶函数，以 $2\pi$ 为周期，有界．由等式 $\cos x=\sin\left(x+\frac{\pi}{2}\right)$ 知，只需将正弦曲线 $y=\sin x$ 沿 $x$ 轴向左移动 $\frac{\pi}{2}$ 个单位，即可得到余弦曲线 $y=\cos x$，如图 1-17 所示．

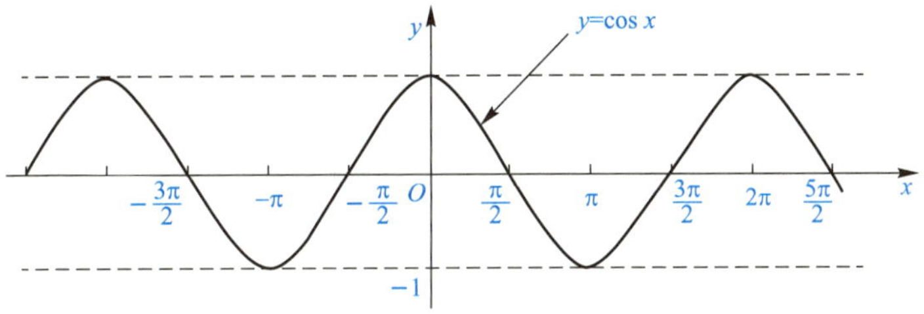


图 1-17　余弦函数

正切函数 $y=\tan x$ 的定义域为 $D=\left\{x\middle|x\in\mathrm{R},\ x\neq k\pi+\frac{\pi}{2},\ k\in\mathrm{Z}\right\}$，值域为 $(-\infty,\ +\infty)$，奇函数，以 $\pi$ 为周期，在每一个周期内单调增加，以直线 $x=k\pi+\frac{\pi}{2}(k\in\mathrm{Z})$ 为渐近线，如图 1-18 所示．

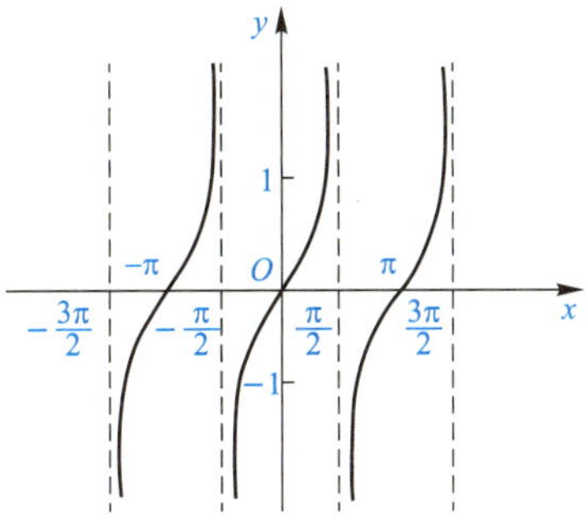


图 1-18　正切函数

余切函数 $y=\cot x$ 的定义域为 $D=\{x \mid x\in\mathbf{R},\ x\neq k\pi,\ k\in\mathbf{Z}\}$，值域为 $(-\infty,+\infty)$，奇函数，以 $\pi$ 为周期，在每一个周期内单调减少，以直线 $x=k\pi(k\in\mathbf{Z})$ 为渐近线，如图 1-19 所示．

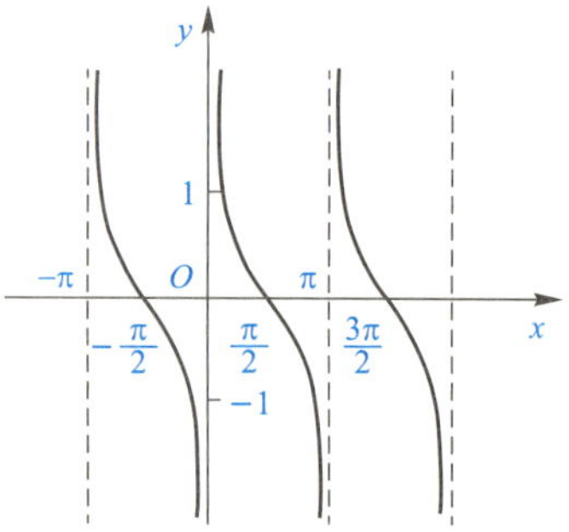


图 1-19　余切函数

正割函数 $y=\sec x$ 是余弦函数的倒数，即 $\sec x=\dfrac{1}{\cos x}$．

余割函数 $y=\csc x$ 是正弦函数的倒数，即 $\csc x=\dfrac{1}{\sin x}$．

这两个函数都是以 $2\pi$ 为周期的周期函数．

### 5. 反三角函数

**定义 1.8**　函数 $y=\arcsin x$，$y=\arccos x$，$y=\arctan x$，$y=\operatorname{arccot} x$ 依次称为反正弦函数、反余弦函数、反正切函数、反余切函数．这四个函数统称为反三角函数．

(1) 反正弦函数 $y=\arcsin x$．

定义域为 $[-1,1]$，值域为 $\left[-\dfrac{\pi}{2},\dfrac{\pi}{2}\right]$，是单调增加的奇函数，有界，图像关于原点对称，如图 1-20 所示．

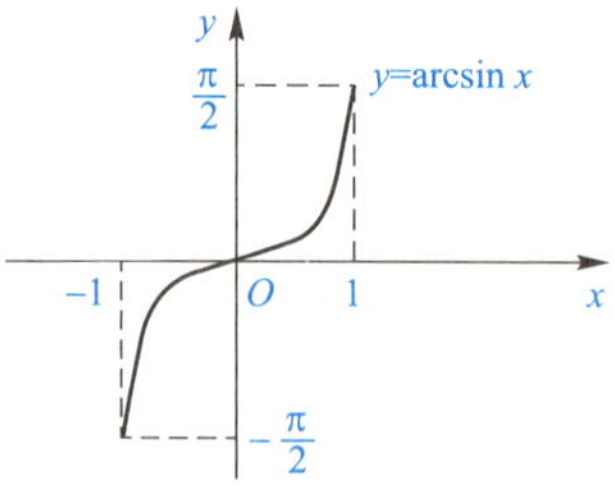


图 1-20　反正弦函数

**注意：**
反正弦函数的自变量 $x$ 表示正弦值，而函数 $y$ 表示相应的弧度值.

由反正弦函数的定义，可以得到 $\sin(\arcsin x)=x\ (-1\leqslant x\leqslant 1)$.

**例 1-10** 求下列各式的值：

(1) $\arcsin\dfrac{\sqrt{2}}{2}$；　　(2) $\arcsin\dfrac{1}{2}$；

(3) $\arcsin(-1)$；　　(4) $\arcsin\left(-\dfrac{\sqrt{3}}{2}\right)$.

**【解】** (1) 因为 $\dfrac{\pi}{4}\in\left[-\dfrac{\pi}{2},\dfrac{\pi}{2}\right]$，且 $\sin\dfrac{\pi}{4}=\dfrac{\sqrt{2}}{2}$，因此 $\arcsin\dfrac{\sqrt{2}}{2}=\dfrac{\pi}{4}$.

(2) 因为 $\dfrac{\pi}{6}\in\left[-\dfrac{\pi}{2},\dfrac{\pi}{2}\right]$，且 $\sin\dfrac{\pi}{6}=\dfrac{1}{2}$，因此 $\arcsin\dfrac{1}{2}=\dfrac{\pi}{6}$.

(3) 因为 $-\dfrac{\pi}{2}\in\left[-\dfrac{\pi}{2},\dfrac{\pi}{2}\right]$，且 $\sin\left(-\dfrac{\pi}{2}\right)=-1$，因此 $\arcsin(-1)=-\dfrac{\pi}{2}$.

(4) 因为 $-\dfrac{\pi}{3}\in\left[-\dfrac{\pi}{2},\dfrac{\pi}{2}\right]$，且 $\sin\left(-\dfrac{\pi}{3}\right)=-\dfrac{\sqrt{3}}{2}$，因此 $\arcsin\left(-\dfrac{\sqrt{3}}{2}\right)=-\dfrac{\pi}{3}$.

(2)反余弦函数$y=\arccos x$.
定义域为$[-1,1]$，值域为$[0,\pi]$，是单调减少函数，有界，如图 1-21 所示.
由反余弦函数的定义，可以得到 $\cos(\arccos x)=x\ (-1\leqslant x\leqslant 1)$.

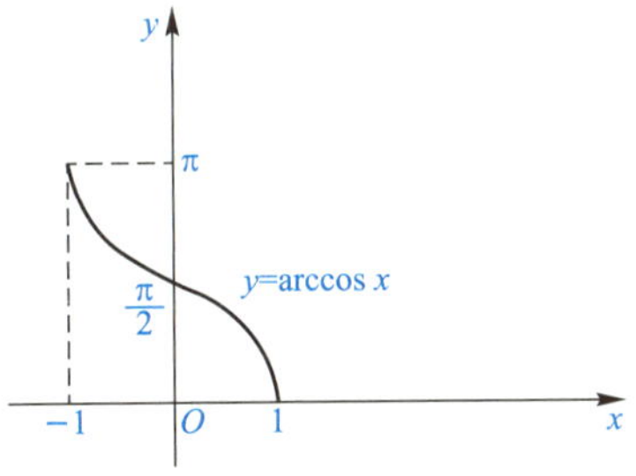


图 1-21　反余弦函数

**例 1-11** 求下列各式的值：

(1) $\arccos\dfrac{\sqrt{3}}{2}$；　　(2) $\arccos\left(-\dfrac{\sqrt{2}}{2}\right)$.

**【解】** (1) 因为 $\frac{\pi}{6}\in[0,\pi]$，且 $\cos\frac{\pi}{6}=\frac{\sqrt{3}}{2}$，因此 $\arccos\frac{\sqrt{3}}{2}=\frac{\pi}{6}$.

(2) 因为 $\frac{3\pi}{4}\in[0,\pi]$，且 $\cos\frac{3\pi}{4}=-\frac{\sqrt{2}}{2}$，因此 $\arccos\left(-\frac{\sqrt{2}}{2}\right)=\frac{3\pi}{4}$.

(3) 反正切函数 $y=\arctan x$.

定义域为 $(-\infty,+\infty)$，值域为 $\left(-\frac{\pi}{2},\frac{\pi}{2}\right)$，是单调增加的奇函数，有界，图像关于坐标原点对称，如图 1-22 所示.

(4) 反余切函数 $y=\operatorname{arccot} x$.

定义域为 $(-\infty,+\infty)$，值域为 $(0,\pi)$，是单调减少的函数，有界，如图 1-23 所示.

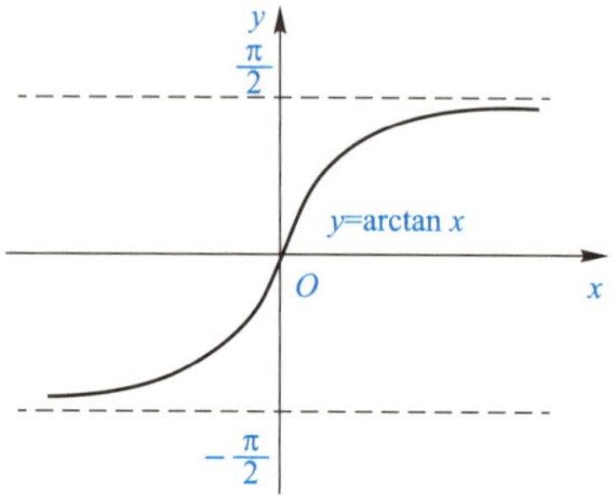


图 1-22 反正切函数

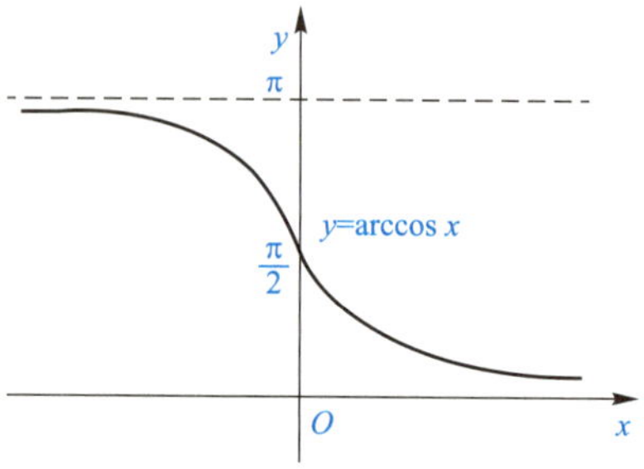


图 1-23 反余切函数

**例 1-12** 求下列各式的值：

(1) $\arctan 0$;  (2) $\arctan(-\sqrt{3})$;

(3) $\operatorname{arccot} 1$;  (4) $\operatorname{arccot}\left(-\frac{\sqrt{3}}{3}\right)$.

**【解】** 由定义得：

(1) $\arctan 0=0$;  (2) $\arctan(-\sqrt{3})=-\frac{\pi}{3}$;

(3) $\operatorname{arccot} 1=\frac{\pi}{4}$;  (4) $\operatorname{arccot}\left(-\frac{\sqrt{3}}{3}\right)=\frac{2\pi}{3}$.

### 1.2.2 复合函数

观察函数 $y=\sin x^2$，很明显，它不是基本初等函数. 但是，它可看作是由两个基本初等函数 $y=\sin u$，$u=x^2$ 复合构成的.

**定义 1.9** 设 $y=f(u)$，$u=\varphi(x)$，$x\in D$. 如果在 $D$ 的某个非空子集 $D_1$ 上，对于 $x\in$

$D_1$ 的每一个值所对应的 $u$ 值，都能使函数 $y=f(u)$ 有定义，则 $y$ 是 $x$ 的函数. 这个函数称为由函数 $y=f(u)$ 与 $u=\varphi(x)$ 复合而成的函数，简称为 $x$ 的**复合函数**，记为 $y=f[\varphi(x)]$，其中 $u$ 称为**中间变量**. 复合函数的定义域是 $D_1$.

**注意：**

(1) 不是任何两个函数都可以构成复合函数.

(2) 复合函数不仅可以有一个中间变量，也可以有多个中间变量.

(3) 复合函数不仅可以由基本初等函数构成，而更多的是由简单函数(由基本初等函数通过有限次的四则运算得到)构成.

**例 1-13** 函数 $y=\arcsin u$ 和 $u=x^2+2$ 能否构成复合函数?

【解】 $y=\arcsin u$ 的定义域为 $[-1,1]$，$u=x^2+2$ 的值域为 $[2,+\infty)$，显然 $[-1,1]\cap[2,+\infty)=\varnothing$，所以 $y=\arcsin u$ 和 $u=x^2+2$ 不能构成复合函数.

**例 1-14** 指出下列复合函数的复合过程：

(1) $y=\ln(x^2+2)$； (2) $y=\cos\sqrt{x^2-1}$.

【解】 (1) $y=\ln(x^2+2)$ 是由 $y=\ln u$，$u=x^2+2$ 复合而成的.

(2) $y=\cos\sqrt{x^2-1}$ 是由 $y=\cos u$，$u=\sqrt{v}$ 和 $v=x^2-1$ 复合而成的.

通常情况下，构成复合函数是由内向外，逐层嵌套；分解复合函数是采取由外向里，逐层分解.

**例 1-15** 设 $f(x)=\dfrac{1}{1-x}(x\neq 1)$，求 $f(f(x))$.

【解】 $f(f(x))=\dfrac{1}{1-f(x)}=\dfrac{1}{1-\dfrac{1}{1-x}}=\dfrac{x-1}{x}(x\neq 0)$.

## 1.2.3 初等函数

由基本初等函数和常数经过有限次四则运算或有限次复合所构成，且能用一个解析式表达的函数，称为**初等函数**. 例如，

$$y=\sqrt{1+x^2}-\ln x,\ y=2^x+\sin(2x-3),\ y=2x\ln(x-1),\ y=\arcsin(3x-1)$$

等都是初等函数.

本课程中所讨论的函数绝大多数都是初等函数.

### 1.2.4 分段函数

有时一个函数要用几个式子表示．这种在自变量的不同变化范围内，对应法则用不同关系式来表示的函数，称为**分段函数**.

函数

$$y=\operatorname{sgn} x=\begin{cases}1, & x>0,\\ 0, & x=0,\\ -1, & x<0\end{cases}$$

称为符号函数．它的定义域为 $D=(-\infty, +\infty)$，值域为 $M=\{-1, 0, 1\}$，函数图像如图 1-24 所示．

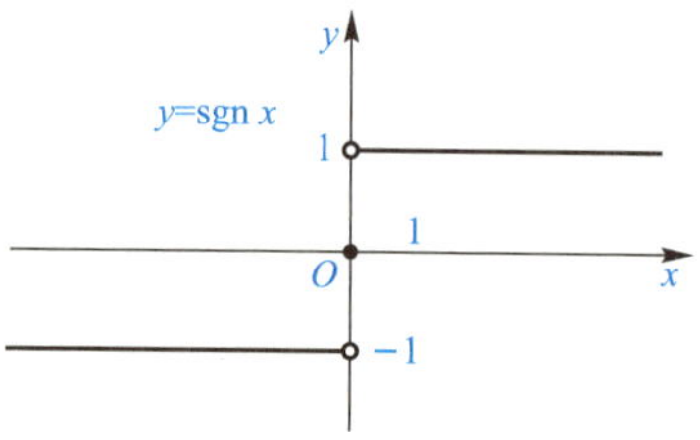


图 1-24　符号函数

设 $x$ 为任一实数，$[x]$ 表示不超过 $x$ 的最大整数．例如，

$$\left[\frac{1}{5}\right]=0,\ [\sqrt{5}]=2,\ [-7]=-7,\ [\pi]=3,\ [-\pi]=-4.$$

因此把函数

$$y=[x]$$

称为取整函数．它的定义域 $D=(-\infty, +\infty)$，值域 $M=\mathbf{Z}$．函数图像如图 1-25 所示．

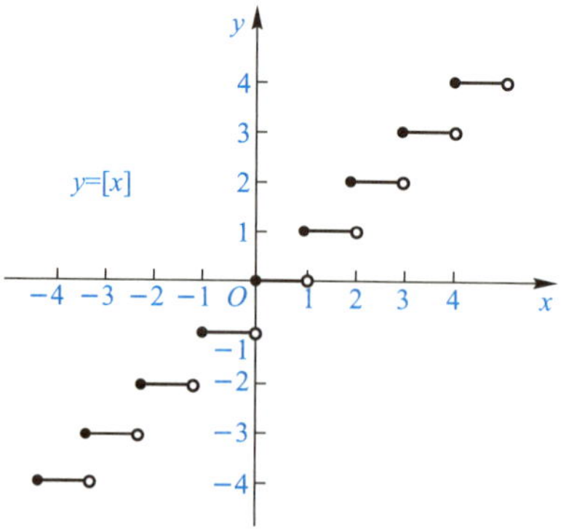


图 1-25　取整函数

**注意:**

分段函数不一定是初等函数．例如，分段函数

$$y=\begin{cases}1, & x\geqslant 0,\\ -1, & x<0\end{cases}$$

就不是初等函数，因为它不可以由基本初等函数经过有限次四则运算或有限次复合得到．

但分段函数

$$y=\begin{cases}x, & x\geqslant 0,\\ -x, & x<0\end{cases}$$

可以表示为 $y=\sqrt{x^2}$，它可看作 $y=\sqrt{u}$ 和 $u=x^2$ 复合而成的复合函数，因此它是初等函数．

## 习题 1-2

1. 判断下列函数在所给区间上的单调性：

(1) $y=x^6$, $(-\infty,0]$, $[0,+\infty)$；　(2) $y=\ln x^2$, $(0,+\infty)$, $(-\infty,+\infty)$；

(3) $y=3x^{-2}$, $(-\infty,0)$, $(0,+\infty)$；　(4) $y=5^x$, $(0,+\infty)$, $(-\infty,+\infty)$.

2. 画出下列函数的图像：

(1) $y=\dfrac{1}{\sqrt{x}}$；　(2) $y=\sqrt[3]{x}$；　(3) $y=2e^x$；　(4) $y=\log_4 x$.

3. 求下列函数的定义域：

(1) $y=x^{\frac{1}{2}}+x^{-2}$；　(2) $y=(2x+3)^{-\frac{1}{4}}$；

(3) $y=\sqrt{3^x-27}$；　(4) $y=3^{\frac{1}{2x-1}}$；

(5) $y=\ln(x^2-4x+3)$；　(6) $y=\sqrt{\lg(5-x)}$.

4. 求下列各式的值：

(1) $\arcsin\left(-\dfrac{1}{2}\right)$；　(2) $\arccos 0$；

(3) $\arctan\sqrt{3}$；　(4) $\operatorname{arccot}(-1)$.

5. 求下列函数的定义域和值域：

(1) $y=\arcsin 3x$；　(2) $y=2\arcsin(1-x)$；

(3) $y=3\arccos\dfrac{x}{4}$；　(4) $y=\dfrac{1}{3}\arccos(2-3x)$.

6. 指出下列函数的复合过程：

(1) $y = e^{\tan x}$;　　(2) $y = \ln(2x-1)^4$;

(3) $y = \sin(e^{x+3})$;　　(4) $y = \cos^3(2x-1)$.

7. 判断下列各对函数能否构成复合函数：

(1) $f(u) = \arcsin(1+u)$, $u = x^2+1$;

(2) $f(u) = \ln(u-1)$, $u = \sin 2x$;

(3) $f(u) = \sqrt{u}$, $u = \ln \dfrac{1}{2+x^2}$;

(4) $f(u) = \arccos u$, $u = \dfrac{2x}{1+x^2}$.

8. 求函数值或表达式：

(1) $f(x) = \dfrac{|x-2|}{x+1}$, 求 $f(2)$, $f(-2)$, $f(0)$, $f(x^2)$;

(2) $f(x) = \begin{cases} 1+\sin x, & x<1, \\ 1-\sin x, & x \geqslant 1, \end{cases}$ 求 $f(1)$, $f\left(\dfrac{\pi}{6}\right)$, $f(2\pi)$;

(3) $f(x) = \sin x$, 求 $f\left(-\arcsin \dfrac{1}{2}\right)$;

(4) 已知 $f(\sin x) = \cos 2x$, 求 $f(x)$.

9. 设 $f(x) = 3x^2+4x$, $\varphi(t) = \lg(1+t)$, 求 $f(\varphi(x))$, 并求其定义域.

10. 设 $y = \begin{cases} 1-x, & x \leqslant 1, \\ 1+x, & x>1, \end{cases}$ 求 $f(1)$, $f(\pi)$, $f(-\pi)$, 并作出函数的图像.

# 1.3　函数的极限与运算

函数概念描述了变量之间的关系，而极限的概念着重描述变量的变化趋势．极限是学习微积分的基础，也是研究微积分的重要工具．连续函数是微积分研究的主要对象，在微积分中几乎所有的概念都是通过极限来定义的．本节主要讨论数列与函数的极限，以及极限的运算法则．

## 1.3.1　数列的极限

### 1. 数列的定义

**定义 1.10**　在某一法则下，当 $n(n \in \mathrm{N}_+)$ 依次取 1, 2, 3, …, $n$, …时，对应的实

数排成一列数，这列数称为**数列**. 组成数列的每一个数都称为这个数列的**项**. 第一个数称为数列的**第1项**，记为 $a_1$；第二个数称为数列的**第2项**，记为 $a_2$；……以此类推，第 $n$ 个数称为数列的**第 $n$ 项**，也称为**通项**，记为 $a_n$. 因此，数列一般可以写成 $a_1$，$a_2$，…，$a_n$，…，并记为 $\{a_n\}$，有时也简记为 $a_n$.

例如，

$$3, 6, 9, 12, \cdots, 3n, \cdots;$$

$$\frac{1}{2}, \frac{1}{3}, \frac{1}{4}, \cdots \frac{1}{n+1}, \cdots;$$

$$1, -1, 1, -1, \cdots, (-1)^{n+1}, \cdots;$$

$$0, \frac{1}{2}, \frac{2}{3}, \cdots, \frac{n-1}{n}, \cdots$$

都是数列，它们的通项 $a_n$ 依次为

$$3n, \frac{1}{n+1}, (-1)^{n+1}, \frac{n-1}{n}.$$

数列可以看成一个定义域为正整数集的函数 $f(n)$，当自变量 $n$ 从小到大依次取正整数值时对应的一列函数值. 而对应的函数的解析式 $f(n)$ 就是数列的通项 $a_n$，即 $a_n=f(n)$.

### 2. 数列的极限

**例 1-16** 考察以下四个数列的变化趋势：

(1) $\frac{1}{2}, \frac{1}{3}, \cdots, \frac{1}{n+1}, \cdots$; (2) $\frac{1}{2}, \frac{2}{3}, \cdots, \frac{n}{n+1}, \cdots$;

(3) $\{a_n\}=\{(-1)^{n-1}\}$; (4) $\{a_n\}=\{n^2+3\}$.

**【解】** (1) 随着 $n$ 的无限增大，其通项 $a_n=\frac{1}{n+1}$ 无限趋近于0.

(2) 随着 $n$ 的无限增大，其通项 $a_n=\frac{n}{n+1}$ 无限趋近于1.

(3) 随着 $n$ 的无限增大，其通项 $a_n$ 总是在$-1$与1之间摆动，不趋近于某一个常数.

(4) 随着 $n$ 的无限增大，其通项 $a_n=n^2+3$ 无限增大，不趋近于某一个常数.

观察上述例子可以发现，随着 $n$ 的无限增大，各数列的通项 $a_n$ 的变化趋势可以分为两类情形. 第一类情形：当 $n$ 无限增大时，通项 $a_n$ 无限趋近于某个常数，如上例中的(1)和(2). 另一种情形：当 $n$ 无限增大时，通项 $x_n$ 不趋近于某一常数，如上例中的(3)和(4).

为更好地描述(1)和(2)这两个数列所具有的共同的性质，给出数列极限的定义如下.

**定义 1.11** 如果当 $n$ 无限增大时，数列 $\{a_n\}$ 无限接近于一个确定的常数 $A$，则称常数 $A$ 为数列 $\{a_n\}$ 的极限，或者称数列 $\{a_n\}$ **收敛**于 $A$，记为

$$\lim_{n\to\infty} a_n=A，或 a_n\to A(n\to\infty).$$

当数列 $\{a_n\}$ 的极限存在且为 $A$ 时，则数列 $\{a_n\}$ 收敛于 $A$，否则数列 $\{a_n\}$ 是发散的 .

由上面的例题可知，对于一些简单的数列通过观察可以得到它们的极限，而稍复杂数列可以先对其通项进行恒等变形，然后再求它的极限 .

**例 1-17** 设数列 $a_n = 1 + q + q^2 + \cdots + q^n$ (其中 $q$ 是常数，且满足 $|q| < 1$)，求 $\lim\limits_{n\to\infty} a_n$ .

**【解】** 由等比数列求和公式可知

$$a_n = 1 + q + q^2 + \cdots + q^n = \frac{1 - q^{n+1}}{1 - q}$$

由于 $|q| < 1$，所以当 $n$ 无限增大时，$q^{n+1}$ 无限趋近于零，所以 $\frac{1 - q^{n+1}}{1 - q}$ 无限趋近于 $\frac{1}{1 - q}$，因此 $\lim\limits_{n\to\infty} a_n = \frac{1}{1 - q}$.

一般地，有下述结论：

(1) $\lim\limits_{n\to\infty} \frac{1}{n^a} = 0(a > 0)$；

(2) $\lim\limits_{n\to\infty} q^n = 0(|q| < 1)$；

(3) $\lim\limits_{n\to\infty} C = C$($C$ 为常数).

**例 1-18** 求 $\lim\limits_{n\to\infty}(\sqrt{n + 1} - \sqrt{n})$.

**【解】** 因为

$$\sqrt{n + 1} - \sqrt{n} = \frac{(\sqrt{n + 1} - \sqrt{n})\cdot(\sqrt{n + 1} + \sqrt{n})}{\sqrt{n + 1} + \sqrt{n}} = \frac{1}{\sqrt{n + 1} + \sqrt{n}},$$

当 $n$ 无限增大时，$\frac{1}{\sqrt{n + 1} + \sqrt{n}}$ 无限趋近于零，所以有

$$\lim_{n\to\infty}(\sqrt{n + 1} - \sqrt{n}) = 0 .$$

对于收敛数列，有以下的性质 .

**定理 1.2(唯一性)** 如果数列 $\{a_n\}$ 收敛，则数列 $\{a_n\}$ 的极限是唯一的 .

利用定理 1.2 可以判断某些数列的极限不存在 . 例如，数列 $a_n = (-1)^n$ 当 $n$ 为奇数时等于-1，当 $n$ 为偶数时等于1，因此当 $n \to \infty$ 时，数列不收敛于唯一一个常数，所以数列发散，即它的极限不存在 .

对于数列 $\{a_n\}$ ，如果存在正数 $M$，使得一切 $a_n$ 都满足不等式

$$|a_n| \leqslant M ,$$

则称数列 $\{a_n\}$ 是**有界**的 . 如果这样的正数 $M$ 不存在，就说数列 $\{a_n\}$ 是**无界**的 .

例如，数列 $a_n = \frac{2n}{n + 1}$ 是有界的，因为取 $M = 2$ 时，可使不等式 $\left|\frac{2n}{n + 1}\right| < 2$，对于一

切正整数 $n$ 都成立．数列 $a_n=2n$ 是无界的，因为不论取怎样大的正数 $M$，只要 $n>\frac{M}{2}$，就有 $a_n=2n>M$．

在数轴上，一个有界数列的所有点 $a_n$ 都落在闭区间 $[-M, M]$ 上．

**定理 1.3(有界性)**　如果数列 $\{a_n\}$ 收敛，则数列 $\{a_n\}$ 一定有界．

由上述定理可知，如果数列 $\{a_n\}$ 无界，则数列一定发散．据此可判定一类数列的发散性．例如，数列 $a_n=2^n$ 无界，所以发散，即极限 $\lim\limits_{n\to\infty}2^n$ 不存在．

**注意：**

如果数列 $\{a_n\}$ 有界，也不能断定数列 $\{a_n\}$ 一定收敛．例如，数列 $a_n=(-1)^n$ 有界，但它是发散的．这就是说，数列有界是数列收敛的必要而非充分条件．

**课程思政联想**

**数列极限的定义——无限接近，方得始终**

人生是有限的，知识是无限的，人的一生虽然不能穷尽所有的知识，但人的创造性思维可以跨越无限，用可以操作的有限来表达无限．极限这一定义，是牛顿-莱布尼茨发现微积分后，经过很多数学家近 200 年的不断完善总结得到的．正是其严格且简洁的数学化的表示，奠定了微积分发展的基础．数列的极限诠释的是永远运动、无限接近的过程．如同我们最初的理想，不忘初心，砥砺前行，精益求精，无限接近，方得始终．

## 1.3.2　函数的极限

数列可看作一种特殊的函数．主要研究数列 $a_n=f(n)$ 这种特殊函数的极限．在数列极限中，由于自变量 $n$ 只能取正整数，所以自变量只有 $n\to+\infty$ 这种变化方式．

对于一般函数 $y=f(x)$，也可以讨论当自变量 $x$ 在某一变化过程中函数值 $y=f(x)$ 的变化，函数的极限就是研究在自变量的各种变化过程中函数值的变化趋势．

在讨论一般函数 $y=f(x)$ 的极限时，自变量通常取实数，其变化过程有 $x\to\infty$ 和 $x\to x_0$ 两种基本情况，下面分别讨论这两种情况的极限问题．

### 1. $x\to\infty$ 时函数的极限

$x$ 趋近于无穷大可以分为三种情形：

(1) $x$ 趋近于正无穷大，记为 $x\to+\infty$，表示 $x$ 正向无限增大的过程；

(2) $x$ 趋近于负无穷大，记为 $x\to-\infty$，表示 $x<0$ 且 $|x|$ 无限增大的过程；

(3) $x$ 趋近于无穷大，记为 $x \to \infty$， 表示 $|x|$ 无限增大的过程．

考察 $x \to \infty$ 时，函数 $f(x)=\dfrac{1}{x}$ 的变化趋势．

函数 $f(x)=\dfrac{1}{x}$ 的图像如图 1-26 所示，可以看出，当 $x$ 的绝对值无限增大时，$f(x)$ 的值无限接近于 0. 这时，把数 0 称为 $f(x)$ 当 $x \to \infty$ 时的极限．

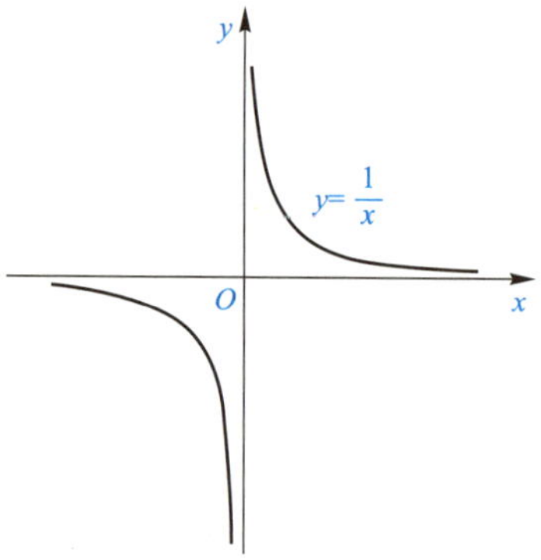


图 1-26　$f(x)=\dfrac{1}{x}$ 的图像

**定义 1.12**　设函数 $y=f(x)$ 在 $|x|>a(a>0)$ 时有定义．如果当 $x$ 的绝对值无限增大时，函数 $f(x)$ 的值无限接近于一个确定的常数 $A$，则 $A$ 称为函数 $f(x)$ 当 $x \to \infty$ 的极限，记为

$$\lim_{x\to\infty} f(x)=A，或 f(x)\to A(当 x\to\infty)．$$

例如，当 $x \to \infty$ 时，函数 $f(x)=\dfrac{1}{x}$ 的极限是 0，记为

$$\lim_{x\to\infty} f(x)=\lim_{x\to\infty}\frac{1}{x}=0，或 f(x)=\frac{1}{x}\to 0(当 x\to\infty)．$$

明显地，这里所提到的自变量 $x$ 的绝对值无限增大包含两种基本情形，即 $x$ 从某个值开始取正值无限增大(记为 $x\to+\infty$ )和 $x$ 从某个值开始取负值时其绝对值无限增大(记为 $x\to-\infty$ )．

**定义 1.13**　如果当 $x\to+\infty$ （或 $x\to-\infty$ ）时，函数 $f(x)$ 的值无限接近于一个确定的常数 $A$，则 $A$ 称为函数 $f(x)$ 当 $x\to+\infty$ （或 $x\to-\infty$ ）时的**极限**，记为

$$\lim_{x\to+\infty} f(x)=A，或 f(x)\to A(当 x\to+\infty)．$$

$$\lim_{x\to-\infty} f(x)=A，或 f(x)\to A(当 x\to-\infty)．$$

例如，由图 1–26 可知

$$\lim_{x\to+\infty}\frac{1}{x}=0，\lim_{x\to-\infty}\frac{1}{x}=0．$$

由上述讨论可知，如果，$\lim\limits_{x\to+\infty}f(x)$ 和 $\lim\limits_{x\to-\infty}f(x)$ 都存在并且相等，则 $\lim\limits_{x\to\infty}f(x)$ 也存在并且与它们相等．由上述定义可知，如果 $\lim\limits_{x\to+\infty}f(x)$ 和 $\lim\limits_{x\to-\infty}f(x)$ 有一个不存在，或两者存在但不相等，则 $\lim\limits_{x\to\infty}f(x)$ 不存在．

**定理 1.4**　$\lim\limits_{x\to\infty}f(x)=A$ 的充分必要条件是 $\lim\limits_{x\to+\infty}f(x)=\lim\limits_{x\to-\infty}f(x)=A$.

**例 1-19**　讨论函数 $y=\arctan x$ 的极限．

**【解】**　作出函数 $y=\arctan x$ 的图像如图 1-27 所示．

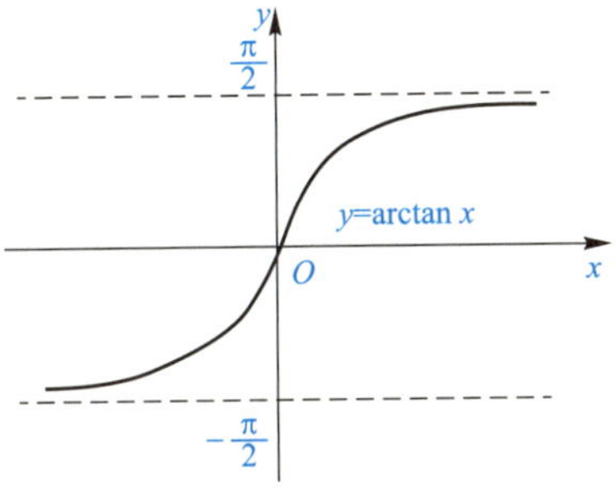


图 1-27　反正切函数

当 $x\to+\infty$ 时，函数 $\arctan x$ 无限接近于常数 $\dfrac{\pi}{2}$，所以 $\lim\limits_{x\to+\infty}\arctan x=\dfrac{\pi}{2}$；

当 $x\to-\infty$ 时，函数 $\arctan x$ 无限接近于常数 $-\dfrac{\pi}{2}$，所以 $\lim\limits_{x\to-\infty}\arctan x=-\dfrac{\pi}{2}$．

因为 $\lim\limits_{x\to+\infty}\arctan x\neq\lim\limits_{x\to-\infty}\arctan x$，所以当 $x\to\infty$ 时，极限 $\lim\limits_{x\to\infty}\arctan x$ 不存在．

### 2. $x\to x_0$ 时函数的极限

$x\to x_0$ 可以分为三种情形：

(1) $x\to x_0$，它表示 $x$ 无限接近于 $x_0$，即 $x\neq x_0$，同时 $|x-x_0|$ 无限变小趋近于零；

(2) $x\to x_0^-$，它表示 $x$ 从点 $x_0$ 的左侧无限接近于 $x_0$，即 $x<x_0$，同时 $|x-x_0|$ 无限变小趋近于零；

(3) $x\to x_0^+$，它表示 $x$ 从点 $x_0$ 的右侧无限接近于 $x_0$，即 $x>x_0$，同时 $|x-x_0|$ 无限变小趋近于零．

**例 1-20**　分析下列函数的变化趋向：

(1) $f(x)=3x-2$，当 $x\to2$ 时，函数 $f(x)$ 的变化趋向；

(2) $f(x)=\begin{cases}\dfrac{x^2-1}{x-1}, & x\neq1,\\ 1, & x=1,\end{cases}$ 当 $x\to1$ 时，函数 $f(x)$ 的变化趋向；

(3) $f(x)=\begin{cases}2x+1, & x>1,\\ 2x-1, & x\leqslant 1,\end{cases}$ 当 $x\to 1$ 时，函数 $f(x)$ 的变化趋向.

【解】 (1) 当 $x$ 无限趋近 2 时，$f(x)=3x-2$ 无限接近于 4，即 $f(x)$ 趋向于 4.

(2) 当 $x$ 无限趋近 1 时，$\dfrac{x^2-1}{x-1}=x+1\to 2$，即 $f(x)$ 趋向于 2.

(3) 当 $x$ 无限接近 1 时，$f(x)$ 恰好在此处分段，所以只能从 1 的左、右两侧分析. 当 $x$ 从左侧无限接近 1 时，$f(x)=2x-1\to 1$，即 $f(x)$ 趋向于 1；当 $x$ 从右侧无限接近 1 时，$f(x)=2x+1\to 3$，即 $f(x)$ 此时趋向于 3. 因此，当 $x$ 无限接近 1 时，$f(x)$ 不趋向于一个确定的常数.

**定义 1.14** 设函数 $f(x)$ 在点 $x_0$ 的某一邻域内( $x_0$ 可以除外)有定义. 如果当 $x$ 无限接近于定值 $x_0$，即 $x\to x_0$( $x$ 不等于 $x_0$)时，函数 $f(x)$ 的值无限接近于一个确定的常数 $A$，则 $A$ 称为函数 $f(x)$ 当 $x\to x_0$ 时的**极限**，记为

$$\lim_{x\to x_0} f(x)=A \text{ 或 } f(x)\to A(\text{当 } x\to x_0).$$

**定义 1.15** 如果当 $x\to x_0^-$ 时，函数 $f(x)$ 无限接近于一个确定的常数 $A$，那么就称 $A$ 为函数 $f(x)$ 当 $x\to x_0$ 时的**左极限**，记为

$$\lim_{x\to x_0^-} f(x)=A \text{ 或 } f(x)\to A(\text{当 } x\to x_0^-).$$

如果当 $x\to x_0^+$ 时，函数 $f(x)$ 无限接近于一个确定的常数 $A$，那么就称 $A$ 为函数 $f(x)$ 当 $x\to x_0$ 时的**右极限**，记为

$$\lim_{x\to x_0^+} f(x)=A \text{ 或 } f(x)\to A(\text{当 } x\to x_0^+).$$

**定理 1.5** 极限 $\lim\limits_{x\to x_0} f(x)=A$ 的充要条件是 $\lim\limits_{x\to x_0^+} f(x)=\lim\limits_{x\to x_0^-} f(x)=A$.

**例 1-21** 考察极限 $\lim\limits_{x\to x_0} x$ 和 $\lim\limits_{x\to x_0} C$ ( $C$ 为常数).

【解】 观察图 1-28 可看出：

当 $x\to x_0$ 时，函数 $f(x)=x$ 的值无限接近于 $x_0$，所以 $\lim\limits_{x\to x_0} f(x)=\lim\limits_{x\to x_0} x=x_0$；

当 $x\to x_0$ 时，函数 $f(x)=C$ 的值无限接近于 $C$，所以 $\lim\limits_{x\to x_0} f(x)=\lim\limits_{x\to x_0} C=C$.

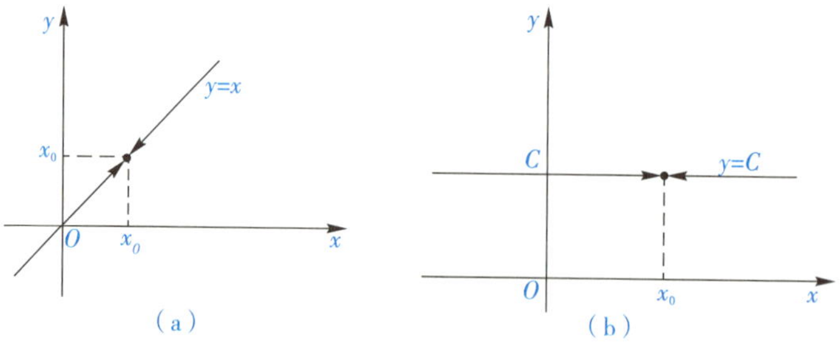


图 1-28

**例 1-22** 通过正、余弦函数的图像考察极限 $\lim\limits_{x\to 0}\sin x$ 和 $\lim\limits_{x\to 0}\cos x$ 的值.

【解】 由图 1-29 知，当 $x\to 0$ 时，$\sin x$ 无限接近于 0，$\cos x$ 无限接近于 1，所以

$$\lim_{x\to 0}\sin x=0,\quad \lim_{x\to 0}\cos x=1.$$

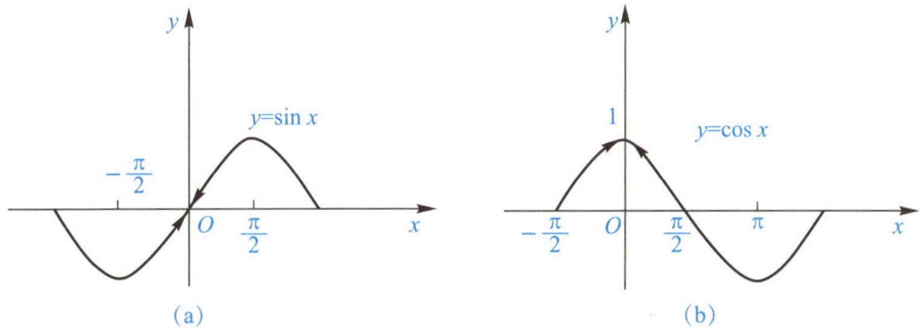


图 1-29

**例 1-23** 求函数 $f(x)=\operatorname{sgn} x=\begin{cases}1, & x>0,\\ 0, & x=0,\\ -1, & x<0\end{cases}$ 当 $x\to 0$ 时的左右极限，并讨论极限 $\lim\limits_{x\to 0}f(x)$ 是否存在.

【解】 如图 1-30 所示，当 $x\to 0$ 时，函数的左极限为 $\lim\limits_{x\to 0^-}f(x)=\lim\limits_{x\to 0^-}(-1)=-1$，右极限为 $\lim\limits_{x\to 0^+}f(x)=\lim\limits_{x\to 0^+}1=1$. 因为当 $x\to 0$ 时，函数的左极限不等于右极限，所以极限 $\lim\limits_{x\to 0}f(x)$ 不存在.

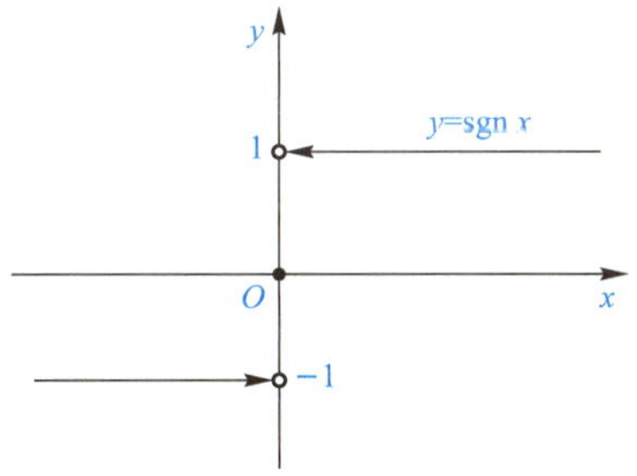


图 1-30

**例 1-24** 讨论函数 $f(x)=\dfrac{|x|}{x}$ 在 $x=0$ 处的极限.

【解】 因为当 $x<0$ 时，$|x|=-x$；当 $x>0$ 时，$|x|=x$，所以

$$\lim_{x\to 0^-}\frac{|x|}{x}=\lim_{x\to 0^-}\frac{-x}{x}=-1,\qquad \lim_{x\to 0^+}\frac{|x|}{x}=\lim_{x\to 0^+}\frac{x}{x}=1.$$

由定理可知 $\lim\limits_{x\to 0}\frac{|x|}{x}$ 不存在.

**例 1-25** 讨论函数 $f(x)=\frac{3x}{x}$ 当 $x\to 0$ 的极限.

**【解】** 因为 $x\to 0$ 时, $x\neq 0$. 因此, 有 $f(x)=\frac{3x}{x}=3$. 于是

$$\lim_{x\to 0}f(x)=\lim_{x\to 0}\frac{3x}{x}=\lim_{x\to 0}3=3.$$

> **注意:**
>
> 函数 $f(x)=\frac{3x}{x}$ 在 $x=0$ 处没有定义, 但函数在 $x=0$ 处有极限. 由此可知, 函数在 $x=x_0$ 处是否有极限与函数在 $x=x_0$ 处是否有定义是无关的.

**例 1-26** 当 $a$ 为何值时, 函数 $f(x)=\begin{cases}x\tan x+a, & x<0,\\ 2+x^2, & x>0\end{cases}$ 在 $x=0$ 处的极限存在?

**【解】** 因为函数在分段点 $x=0$ 处两边的表达式不同, 所以要考虑在分段点 $x=0$ 处的左极限与右极限. 于是有

$$\lim_{x\to 0^-}f(x)=\lim_{x\to 0^-}(x\tan x+a)=\lim_{x\to 0^-}(x\tan x)+\lim_{x\to 0^-}a=a,$$

$$\lim_{x\to 0^+}f(x)=\lim_{x\to 0^+}(2+x^2)=2.$$

要使 $\lim\limits_{x\to 0}f(x)$ 存在, 必须有 $\lim\limits_{x\to 0^+}f(x)=\lim\limits_{x\to 0^-}f(x)$, 所以 $a=2$.

因此, 当 $a=2$ 时, $\lim\limits_{x\to 0}f(x)$ 存在且 $\lim\limits_{x\to 0}f(x)=2$.

> **注意:**
>
> 在求分段函数以及含有绝对值的函数分界点处的极限时, 应分别讨论分界点处的左右极限, 只有左右极限存在且相等时, 函数的极限才存在.

### 1.3.3 无穷小与无穷大

#### 1. 无穷小的定义

**定义 1.16** 在自变量 $x$ 的某一变化过程中, 若函数 $f(x)$ 的极限为零, 则称 $f(x)$ 为该变化过程中的无穷小量, 简称无穷小.

例如，当 $x\to 0$ 时，$2x$，$x^2$，$\sin x$，$\tan x$，和 $1-\cos x$ 都趋近于零．因此，当 $x\to 0$ 时，它们都是无穷小量．

例如，当 $x\to+\infty$ 时，$\frac{1}{x}$，$\frac{1}{3^x}$，$\frac{1}{e^x}$ 和 $\frac{1}{\ln 2x}$ 都趋近于零．因此，当 $x\to+\infty$ 时，它们都是无穷小量．

**注意：**

(1) 说一个函数 $f(x)$ 是无穷小，必须指明自变量 $x$ 的变化趋向．如函数 $x-3$ 是当 $x\to 3$ 时的无穷小，但当 $x\to 1$ 时，$x-3$ 就不是无穷小．

(2) 绝对值很小的常数不是无穷小．

(3) 常数中只有数 0 是无穷小．

### 2. 无穷小的性质

**性质 1**　有限个无穷小的代数和是无穷小.

**性质 2**　有限个无穷小的乘积是无穷小.

**性质 3**　无穷小与有界函数的乘积是无穷小.

**性质 4**　常数与无穷小的乘积是无穷小．

**例 1-27**　求 $\lim\limits_{x\to\infty}\frac{\sin x}{x}$.

**【解】**　当 $x\to\infty$ 时，分子及分母分别的极限都不存在，所在不能直接应用极限运算法则．但

$$\frac{\sin x}{x}=\frac{1}{x}\cdot\sin x$$

且 $\frac{1}{x}$ 当 $x\to\infty$ 时为无穷小，$\sin x$ 是有界函数，所以根据无穷小的性质，有

$$\lim_{x\to\infty}\frac{\sin x}{x}=0.$$

**无穷小与函数的极限之间的关系：**

如果 $\lim\limits_{x\to x_0}f(x)=A$，则可以看出，极限 $\lim\limits_{x\to x_0}[f(x)-A]=0$. 设 $\alpha=f(x)-A$，则 $\alpha$ 是当 $x\to x_0$ 时的无穷小．于是，$f(x)=A+\alpha$，即函数 $f(x)$ 可以表示为它的极限与一个无穷小的和．

反之，如果函数 $f(x)$ 可以表示为一个常数 $A$ 与一个无穷小 $\alpha$ 的和，即 $f(x)=A+\alpha$，则可以看出，$\lim\limits_{x\to x_0}f(x)=\lim\limits_{x\to x_0}(A+\alpha)=A$．

综上所述，可得以下定理.

**定理 1.6**　$\lim\limits_{x\to x_0}f(x)=A$ 的充分必要条件是在同一变化过程中，$f(x)-A$ 是无穷小.

### 3. 无穷小的比较

由无穷小的性质知道，有限个无穷小的和、差、积仍然是无穷小量，而两个无穷小的商不一定是无穷小. 下面将讨论无穷小的比较，它将为极限的计算提供比较便捷的方法.

例如，当 $x\to0$ 时，$x$，$2x$，$x^2$ 都是无穷小，但

$$\lim_{x\to0}\frac{x^2}{2x}=0,\ \lim_{x\to0}\frac{2x}{x^2}=\infty,\ \lim_{x\to0}\frac{2x}{x}=2,$$

即无穷小的商可能是无穷小或无穷大，也有可能是一个非零常数等.

**定义 1.17**　设 $\alpha$ 和 $\beta$ 都是在同一自变量的同一变化过程中的无穷小，即 $\lim\alpha=0$，$\lim\beta=0$，又 $\lim\dfrac{\alpha}{\beta}$ 是在相同变化过程中的极限：

(1) 如果 $\lim\dfrac{\alpha}{\beta}=\infty$，则 $\alpha$ 是比 $\beta$ **低阶的无穷小**；

(2) 如果 $\lim\dfrac{\alpha}{\beta}=0$，则 $\alpha$ 是比 $\beta$ **高阶的无穷小**；

(3) 如果 $\lim\dfrac{\alpha}{\beta}=C$ ( $C$ 为非零常数)，则 $\alpha$ 与 $\beta$ 是**同阶的无穷小**；

(4) 如果 $\lim\dfrac{\alpha}{\beta}=1$，则 $\alpha$ 与 $\beta$ 是**等价无穷小**，记为 $\alpha\sim\beta$.

很明显，等价无穷小是同阶无穷小当 $C=1$ 时的特殊情形.

由上面的定义可知，当 $x\to0$ 时，$x^2$ 是比 $2x$ 较高阶的无穷小；$2x$ 是比 $x^2$ 较低阶的无穷小；$2x$ 与 $x$ 是同阶的无穷小.

因为 $\lim\limits_{x\to0}\dfrac{\sin x}{x}=1$，$\lim\limits_{x\to0}\dfrac{\tan x}{x}=1$，$\lim\limits_{x\to0}\dfrac{\arcsin x}{x}=1$，所以当 $x\to0$ 时，$x$，$\sin x$，$\tan x$，$\arcsin x$ 互为等价无穷小.

### 4. 无穷大的定义

**定义 1.18**　在自变量 $x$ 的某一变化过程中，若函数的绝对值 $|f(x)|$ 无限增大，则称 $f(x)$ 为该变化过程中的**无穷大量**，简称**无穷大**.

如果函数 $f(x)$ 当 $x\to x_0$(或 $x\to\infty$) 时是无穷大，则它的极限是不存在的，但为了便于描述函数的这种变化趋势，也说“函数的极限是无穷大”，记为

$$\lim_{x\to x_0}f(x)=\infty\ (\text{或}\lim_{x\to\infty}f(x)=\infty).$$

如果函数 $f(x)$ 当 $x\to x_0$(或 $x\to\infty$) 时是无穷大，且当 $x$ 充分接近 $x_0$(或 $x$ 的绝对值充分大)时，对应的函数值都是正的或都是负的，则分别记为

$$\lim_{\substack{x \to x_0 \\ (x \to \infty)}} f(x) = +\infty, \quad \lim_{\substack{x \to x_0 \\ (x \to \infty)}} f(x) = -\infty.$$

例如，当 $x \to 0$ 时，$\frac{1}{x}$，$\frac{1}{x^2}$，$\frac{1}{\sin x}$，$\ln x^2$ 都是无穷大量．当 $x \to +\infty$ 时，$x$，$x^2$，$\ln x$，$e^x$ 都是无穷大量．

例如，当 $x \to 0$ 时，函数 $f(x) = \frac{1}{x}$ 的绝对值无限地增大，如图 1-31 所示．

$$\lim_{x \to 0^+} \frac{1}{x} = +\infty, \quad \lim_{x \to 0^-} \frac{1}{x} = -\infty.$$

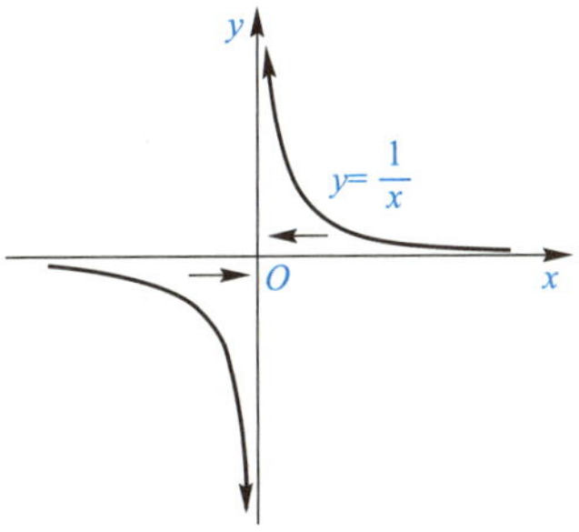


图 1-31

**注意：**

(1) 说一个函数 $f(x)$ 是无穷大，必须指明自变量 $x$ 的变化趋向，如函数 $f(x) = \frac{1}{x}$ 是当 $x \to 0$ 时的无穷大，但当 $x \to 1$ 时，就不是无穷大．

(2) 任意一个绝对值很大的常数都不是无穷大．

### 5. 无穷小与无穷大的关系

通过前面讨论得知，当 $x \to 0$ 时，$f(x) = \frac{1}{x}$ 是无穷大，则它的倒数 $\frac{1}{f(x)} = x$ 是无穷小，反之亦成立．

**定理 1.7**　在自变量的同一变化过程中，如果 $f(x)$ 是无穷大，则 $\frac{1}{f(x)}$ 是无穷小；反之，如果 $f(x)$ 是无穷小，且 $f(x) \neq 0$，则 $\frac{1}{f(x)}$ 是无穷大．

## 1.3.4 极限的运算法则

### 1. 极限的四则运算法则

在学习了函数极限定义的基础上，本节将讨论函数极限的加、减、乘、除法的运算法则.

以下的讨论中只对 $x \to x_0$ 的情形进行说明，但得到的结论对于自变量的其他变化过程都是成立的.

**定理 1.8** 如果 $\lim\limits_{x\to x_0} f(x) = A$，$\lim\limits_{x\to x_0} g(x) = B$，则存在下列运算法则.

(1) $\lim\limits_{x\to x_0}[f(x) \pm g(x)] = \lim\limits_{x\to x_0} f(x) \pm \lim\limits_{x\to x_0} g(x) = A \pm B$.

(2) $\lim\limits_{x\to x_0}[f(x) \cdot g(x)] = \lim\limits_{x\to x_0} f(x) \cdot \lim\limits_{x\to x_0} g(x) = A \cdot B$.

(3) $\lim\limits_{x\to x_0} \dfrac{f(x)}{g(x)} = \dfrac{\lim\limits_{x\to x_0} f(x)}{\lim\limits_{x\to x_0} g(x)} = \dfrac{A}{B}(B \neq 0)$.

上述定理可推广到有限个函数的情形. 例如，如果 $\lim\limits_{x\to x_0} f(x)$，$\lim\limits_{x\to x_0} g(x)$，$\lim\limits_{x\to x_0} h(x)$ 都存在，则有

$$\lim_{x\to x_0}[f(x) + g(x) - h(x)] = \lim_{x\to x_0} f(x) + \lim_{x\to x_0} g(x) - \lim_{x\to x_0} h(x);$$

$$\lim_{x\to x_0}[f(x) \cdot g(x) \cdot h(x)] = \lim_{x\to x_0} f(x) \cdot \lim_{x\to x_0} g(x) \cdot \lim_{x\to x_0} h(x).$$

特别地，在上述定理 1.7(2)中，当 $g(x) = C$（$C$ 为常数）时，因为 $\lim\limits_{x\to x_0} C = C$，所以有以下推论.

**推论 1** 如果 $\lim\limits_{x\to x_0} f(x)$ 存在，$C$ 为常数，则

$$\lim_{x\to x_0} Cf(x) = C \cdot \lim_{x\to x_0} f(x).$$

在上述定理 1.8(2)中，当 $g(x) = f(x)$，并将它推广到 $n$ 个相同函数相乘时，有以下推论.

**推论 2** 如果 $\lim\limits_{x\to x_0} f(x)$ 存在，$n$ 为正整数，则

$$\lim_{x\to x_0}[f(x)]^n = [\lim_{x\to x_0} f(x)]^n.$$

**注意：**

(1) 在使用上述运算法则时，要求每个参与运算的函数的极限都必须存在.

(2) 在使用商的法则时，要求分母的极限不能为零.

(3) 上述法则也适用于 $x \to \infty$ 时的情形.

**例 1-28** 求下列函数的极限：

(1) $\lim\limits_{x\to1}\dfrac{x^2-2}{x+4}$；　　(2) $\lim\limits_{x\to3}\dfrac{x^2-9}{x^2-5x+6}$；

(3) $\lim\limits_{x\to1}\left(\dfrac{2}{1-x^2}-\dfrac{1}{1-x}\right)$；　　(4) $\lim\limits_{x\to1}\left(\dfrac{1}{1-x}-\dfrac{3}{1-x^3}\right)$；

(5) $\lim\limits_{x\to0}\dfrac{\sqrt{1+2x}-1}{x}$；　　(6) $\lim\limits_{x\to\infty}\dfrac{3x^3+x^2-5}{4x^3-2x+1}$.

**【解】** (1) $\lim\limits_{x\to1}\dfrac{x^2-2}{x+4}=\dfrac{\lim\limits_{x\to1}(x^2-2)}{\lim\limits_{x\to1}(x+4)}=-\dfrac{1}{5}$.

(2) 当 $x\to3$ 时，分子、分母极限均为零，呈现 $\dfrac{0}{0}$ 型，不能直接用商的极限运算法则，可先分解因式，约去使分子、分母为零的公因子，再用商的极限运算法则．

$$\lim_{x\to3}\frac{x^2-9}{x^2-5x+6}=\lim_{x\to3}\frac{(x-3)(x+3)}{(x-3)(x-2)}=\lim_{x\to3}\frac{x+3}{x-2}=6.$$

(3) 当 $x\to1$ 时，$\dfrac{2}{1-x^2}$，$\dfrac{1}{1-x}$ 的极限均不存在，式 $\dfrac{2}{1-x^2}-\dfrac{1}{1-x}$ 呈现 $\infty-\infty$ 型，不能直接用“差的极限等于极限的差”的运算法则，可先进行通分化简，再用商的极限运算法则．

$$\lim_{x\to1}\left(\frac{2}{1-x^2}-\frac{1}{1-x}\right)=\lim_{x\to1}\frac{2-(1+x)}{1-x^2}=\lim_{x\to1}\frac{1-x}{(1-x)(1+x)}=\lim_{x\to1}\frac{1}{1+x}=\frac{1}{2}.$$

(4) 当 $x\to1$ 时，$\dfrac{1}{1-x}$，$\dfrac{3}{1-x^3}$ 的极限均不存在，式 $\dfrac{1}{1-x}-\dfrac{3}{1-x^3}$ 呈现 $\infty-\infty$ 型．先通分化简，再求极限．

$$原式=\lim_{x\to1}\frac{1+x+x^2-3}{1-x^3}=\lim_{x\to1}\frac{(x+2)(x-1)}{(1-x)(1+x+x^2)}=-\lim_{x\to1}\frac{x+2}{1+x+x^2}=-1.$$

(5) 当 $x\to0$ 时，虽然分子、分母的极限都存在，但是因为分母的极限为零，所以不能直接用四则运算求极限，可先进行分子有理化，然后再求极限．

$$原式=\lim_{x\to0}\frac{(\sqrt{1+2x}-1)(\sqrt{1+2x}+1)}{x(\sqrt{1+2x}+1)}=\lim_{x\to0}\frac{2}{\sqrt{1+2x}+1}=1.$$

(6) 当 $x\to\infty$ 时，因为分子、分母的极限都不存在，所以不能直接用极限的运算法则．用 $x^3$ 同除分子及分母，再根据四则运算法则求极限．

$$\lim_{x\to\infty}\frac{3x^3+x^2-5}{4x^3-2x+1}=\lim_{x\to\infty}\frac{3+\dfrac{1}{x}-\dfrac{5}{x^3}}{4-\dfrac{2}{x^2}+\dfrac{1}{x^3}}=\frac{\lim\limits_{x\to\infty}\left(3+\dfrac{1}{x}-\dfrac{5}{x^3}\right)}{\lim\limits_{x\to\infty}\left(4-\dfrac{2}{x^2}+\dfrac{1}{x^3}\right)}=\frac{3+0-0}{4-0+0}=\frac{3}{4}.$$

**注意：**

(1)应用极限运算法则求极限时，必须保证每项极限都存在．对于除法法则，只有分母极限不为零时才能适用．

(2)求函数极限时，经常出现$\frac{0}{0}$，$\frac{\infty}{\infty}$，$\infty-\infty$等情况，都不能直接运用极限运算法则，必须对原式进行恒等变形及化简，然后再求极限．常使用的有以下几种方法：

①对于$\infty-\infty$型，往往需要先通分及化简，再求极限；

②对于无理分式，先分子、分母有理化，消去公因式，再求极限；

③对分子、分母进行因式分解，化简，再求极限．

**例 1-29** 求$\lim\limits_{x\to\infty}\frac{x^3+5x^2-2}{4x^2+1}$.

【解】 由于分子的次数比分母的次数高，如果用$x^3$同除分子及分母，则得

$$\lim_{x\to\infty}\frac{1+\frac{5}{x}-\frac{2}{x^3}}{\frac{4}{x}+\frac{1}{x^3}},$$

其分母极限为零，因此不能直接用极限的运算法则．可考虑先求原函数倒数的极限，得

$$\lim_{x\to\infty}\frac{4x^2+1}{x^3+5x^2-2}=\lim_{x\to\infty}\frac{\frac{4}{x}+\frac{1}{x^3}}{1+\frac{5}{x}-\frac{2}{x^3}}=\frac{0}{1}=0,$$

所以

$$\lim_{x\to\infty}\frac{x^3+5x^2-2}{4x^2+1}=\infty.$$

当$x\to\infty$时，如果分子分母均是含$x$的多项式，可得以下的结论：

$$\lim_{x\to\infty}\frac{a_0x^m+a_1x^{m-1}+\cdots+a_m}{b_0x^n+b_1x^{n-1}+\cdots+b_n}=\begin{cases}\infty, & \text{当 } n<m \text{ 时},\\ \frac{a_0}{b_0}, & \text{当 } n=m \text{ 时},\\ 0, & \text{当 } n>m \text{ 时},\end{cases}\quad (a_0\neq 0,\ b_0\neq 0).$$

上述结论对数列极限同样适用．

### 2. 复合函数的极限运算法则

**定理 1.9** 设函数$y=f(u)$与$u=\varphi(x)$满足条件：

(1) $\lim\limits_{u\to a}f(u)=A$；

(2) 当 $x \neq x_0$ 时，$\varphi(x) \neq a$，且 $\lim\limits_{x\to x_0}\varphi(x)=a$，则复合函数 $f[\varphi(x)]$ 当 $x\to x_0$ 时的极限存在，且 $\lim\limits_{x\to x_0} f[\varphi(x)] = \lim\limits_{u\to a} f(u) = A$.

由上述定理可知，在一定条件下，求极限可以采用换元的方式.

**例 1-30** 求 $\lim\limits_{x\to 8}\dfrac{\sqrt[3]{x}-2}{x-8}$.

【解】
$$\lim_{x\to 8}\frac{\sqrt[3]{x}-2}{x-8} \xlongequal{u=\sqrt[3]{x}} \lim_{u\to 2}\frac{u-2}{u^3-8} = \lim_{u\to 2}\frac{u-2}{(u-2)(u^2+2u+4)}$$
$$= \lim_{u\to 2}\frac{1}{u^2+2u+4} = \frac{1}{12}.$$

## 习题 1-3

1. 观察数列一般项 $a_n$ 的变化趋势，写出它们的极限：

(1) $a_n = \dfrac{n-2}{n+1}$；　　(2) $a_n = 1-\dfrac{1}{n^2}$；

(3) $a_n = 5+(-1)^n\dfrac{1}{n}$；　　(4) $a_n = 6+(-1)^n$.

2. 求下列数列的极限：

(1) $\lim\limits_{n\to\infty}(\sqrt{n+1}-\sqrt{n})$；　　(2) $\lim\limits_{n\to\infty}\dfrac{3n^2-7}{2n^2+5n}$；

(3) $\lim\limits_{n\to\infty}\dfrac{2^n}{3^n}$；　　(4) $\lim\limits_{n\to\infty}\left(1+\dfrac{1}{2^n}\right)$；

(5) $\lim\limits_{n\to\infty}(\sqrt{n^2-1}-n)$；　　(6) $\lim\limits_{n\to\infty}\left[\dfrac{1}{1\cdot 2}+\dfrac{1}{2\cdot 3}+\dfrac{1}{3\cdot 4}+\cdots+\dfrac{1}{n(n+1)}\right]$.

3. 利用函数图像，求下列极限：

(1) $\lim\limits_{x\to 3}(2x+1)$；　　(2) $\lim\limits_{x\to -1}(x^2-2)$；

(3) $\lim\limits_{x\to 1}(e^x-1)$；　　(4) $\lim\limits_{x\to 1^-}\arcsin x$.

4. 设函数 $f(x)=\begin{cases} x, & x<0, \\ 0, & x=0, \\ 2x^2-1, & x>0, \end{cases}$ 作图并讨论 $\lim\limits_{x\to 0}f(x)$ 是否存在.

5. 设函数 $f(x)=\begin{cases} 1-2x, & x<0, \\ 1, & x=0, \\ 1+2x, & x>0, \end{cases}$ 作图并讨论 $\lim\limits_{x\to 0}f(x)$ 是否存在.

6. 当 $x\to 0$ 时，判断下列函数哪些是无穷小，哪些是无穷大：

(1) $y=3x^2$;

(2) $y=2\sqrt[3]{x}$;

(3) $y=\dfrac{4}{x}$;

(4) $y=\dfrac{5}{2x^3}$;

(5) $y=2\sin x$;

(6) $y=\cot 2x$.

7. 下列函数在自变量怎样变化时是无穷小，是无穷大？

(1) $y=\dfrac{1}{2x+1}$;

(2) $y=\dfrac{x-1}{x+3}$;

(3) $y=\tan 2x$;

(4) $y=3\ln x$.

8. 求下列各式的极限：

(1) $\lim\limits_{x\to -2}(x^2-2x-5)$;

(2) $\lim\limits_{x\to 1}\dfrac{x^2-3}{x^3+3x+2}$;

(3) $\lim\limits_{x\to 0}\dfrac{4x^2-x}{x^2+2x}$;

(4) $\lim\limits_{x\to 1}\dfrac{\sqrt{3x-2}-\sqrt{x}}{x-1}$;

(5) $\lim\limits_{x\to 0}\dfrac{1-\sqrt{1+x^2}}{x^2}$;

(6) $\lim\limits_{n\to\infty}\left(\dfrac{1}{n^2}+\dfrac{2}{n^2}+\cdots+\dfrac{n}{n^2}\right)$;

(7) $\lim\limits_{x\to +\infty}\dfrac{\sqrt{x^2-3x}-1}{2x}$;

(8) $\lim\limits_{x\to 3}\dfrac{x^3-27}{x-3}$;

(9) $\lim\limits_{x\to\infty}\dfrac{2x^2-x+3}{3x^2+2}$;

(10) $\lim\limits_{x\to\infty}\dfrac{2x^2-x+5}{x^3+2x+1}$.

9. (1) 已知 $\lim\limits_{x\to 1}\dfrac{x^2-ax+4}{x-1}=-3$，求 $a$；

(2) $\lim\limits_{x\to +\infty}(\sqrt{x^2+kx}-x)=4$，求 $k$.

# 1.4 两个重要极限

## 1.4.1 第一个重要极限

$$\lim_{x\to 0}\frac{\sin x}{x}=1 \text{ 或 } \lim_{x\to 0}\frac{x}{\sin x}=1.$$

**例 1-31** 求 $\lim\limits_{x\to 0}\dfrac{\sin 3x}{x}$.

【解】 因为

$$\lim_{x\to 0}\frac{\sin 3x}{x}=\lim_{x\to 0}\left(\frac{\sin 3x}{3x}\cdot 3\right)=3\lim_{x\to 0}\frac{\sin 3x}{3x},$$

设 $t=3x$，则当 $x\to 0$ 时，$t\to 0$，所以

$$\lim_{x\to 0}\frac{\sin 3x}{x}=3\lim_{t\to 0}\frac{\sin t}{t}=3\times 1=3.$$

注意，上面的解题过程可简写为

$$\lim_{x\to 0}\frac{\sin 3x}{x}=3\lim_{x\to 0}\frac{\sin 3x}{3x}=3\times 1=3.$$

**例 1-32** 求 $\lim\limits_{x\to 0}\frac{\tan x}{x}$.

【解】 $\lim\limits_{x\to 0}\frac{\tan x}{x}=\lim\limits_{x\to 0}\left(\frac{\sin x}{x}\cdot\frac{1}{\cos x}\right)=\lim\limits_{x\to 0}\frac{\sin x}{x}\cdot\lim\limits_{x\to 0}\frac{1}{\cos x}=1\times 1=1.$

**例 1-33** 求 $\lim\limits_{x\to 0}\frac{\sin 2x}{\sin 3x}$.

【解】 对分式的分子和分母同除以 $x$，然后再利用例 1-31 的解法，即可求得

$$\lim_{x\to 0}\frac{\sin 2x}{\sin 3x}=\lim_{x\to 0}\frac{\frac{\sin 2x}{x}}{\frac{\sin 3x}{x}}=\frac{\lim\limits_{x\to 0}\frac{\sin 2x}{2x}\cdot 2}{\lim\limits_{x\to 0}\frac{\sin 3x}{3x}\cdot 3}=\frac{2}{3}.$$

**例 1-34** 求 $\lim\limits_{x\to 0}\frac{1-\cos x}{x^2}$.

【解】 $\lim\limits_{x\to 0}\frac{1-\cos x}{x^2}=\lim\limits_{x\to 0}\frac{2\sin^2\frac{x}{2}}{x^2}=\lim\limits_{x\to 0}\frac{1}{2}\left(\frac{\sin\frac{x}{2}}{\frac{x}{2}}\right)^2=\frac{1}{2}.$

**例 1-35** 求 $\lim\limits_{x\to 0}\frac{\cos 2x-\cos 4x}{x^2}$.

【解】 $\lim\limits_{x\to 0}\frac{\cos 2x-\cos 4x}{x^2}=\lim\limits_{x\to 0}\frac{2\sin x\cdot\sin 3x}{x^2}=\lim\limits_{x\to 0}\frac{\sin x}{x}\cdot\lim\limits_{x\to 0}\left(6\cdot\frac{\sin 3x}{3x}\right)=1\times 6=6.$

### 1.4.2 第二个重要极限

$$\lim_{x\to\infty}\left(1+\frac{1}{x}\right)^x=\mathrm{e}\quad\text{或}\quad\lim_{x\to 0}(1+x)^{\frac{1}{x}}=\mathrm{e}.$$

e 是一个无理数，e=2. 71828⋯.

**例 1-36** 求极限 $\lim\limits_{x\to\infty}\left(1+\dfrac{1}{x}\right)^{-x}$.

【解】 $\lim\limits_{x\to\infty}\left(1+\dfrac{1}{x}\right)^{-x}=\lim\limits_{x\to\infty}\left[\left(1+\dfrac{1}{x}\right)^{x}\right]^{-1}=e^{-1}=\dfrac{1}{e}.$

**例 1-37** 求极限 $\lim\limits_{x\to\infty}\left(1+\dfrac{4}{x}\right)^{x}$.

【解】 所求极限可化为

$$\lim_{x\to\infty}\left(1+\frac{4}{x}\right)^{x}=\lim_{x\to\infty}\left[\left(1+\frac{4}{x}\right)^{\frac{x}{4}}\right]^{4}.$$

设 $t=\dfrac{x}{4}$，则当 $x\to\infty$ 时，有 $t\to\infty$， 于是

$$\lim_{x\to\infty}\left(1+\frac{4}{x}\right)^{x}=\lim_{t\to\infty}\left[\left(1+\frac{1}{t}\right)^{t}\right]^{4}=e^{4}.$$

注意，上面的解题过程可简写为

$$\lim_{x\to\infty}\left(1+\frac{4}{x}\right)^{x}=\lim_{x\to\infty}\left[\left(1+\frac{4}{x}\right)^{\frac{x}{4}}\right]^{4}=e^{4}.$$

**例 1-38** 求极限 $\lim\limits_{x\to0}(1+\tan x)^{\cot x}$.

【解】 设 $t=\tan x$， 则 $x\to0$ 时，$t\to0$， 于是

$$\lim_{x\to0}(1+\tan x)^{\cot x}=\lim_{t\to0}(1+t)^{\frac{1}{t}}=e.$$

**例 1-39** 求极限 $\lim\limits_{x\to\infty}\left(\dfrac{x+1}{x-1}\right)^{x}$.

【解】

$$\lim_{x\to\infty}\left(\frac{x+1}{x-1}\right)^{x}=\lim_{x\to\infty}\frac{\left(1+\frac{1}{x}\right)^{x}}{\left(1-\frac{1}{x}\right)^{x}}=\lim_{x\to\infty}\left(1+\frac{1}{x}\right)^{x}\cdot\lim_{-x\to\infty}\left(1+\frac{1}{-x}\right)^{-x}=e\cdot e=e^{2}.$$

## 习题 1-4

1. 求下列极限：

(1) $\lim\limits_{x\to0}\dfrac{\sin 3x}{\sin 2x}$；　　(2) $\lim\limits_{x\to0}\dfrac{\tan x-\sin x}{4x}$；

(3) $\lim\limits_{x\to 0}\dfrac{1-\cos 2x}{x\sin x}$;　(4) $\lim\limits_{x\to 0}\dfrac{\tan 5x}{\sin 3x}$;

(5) $\lim\limits_{x\to\infty}3x\cdot\sin\dfrac{1}{x}$;　(6) $\lim\limits_{x\to 0}\dfrac{\sin x}{x^3-4x}$;

(7) $\lim\limits_{x\to 0}\dfrac{\arcsin x}{3x}$;　(8) $\lim\limits_{x\to 0}\dfrac{\tan x-\sin x}{x^3}$.

2. 求下列极限：

(1) $\lim\limits_{x\to\infty}\left(1+\dfrac{1}{2x}\right)^x$;　(2) $\lim\limits_{x\to\infty}\left(1-\dfrac{1}{x}\right)^{2x}$;

(3) $\lim\limits_{t\to 0}(1+3t)^{\frac{1}{t}}$;　(4) $\lim\limits_{x\to\infty}\left(1+\dfrac{2}{x}\right)^{2x}$;

(5) $\lim\limits_{x\to\infty}\left(\dfrac{x-2}{x}\right)^x$;　(6) $\lim\limits_{x\to\frac{\pi}{2}}(1+\cos x)^{\sec x}$;

(7) $\lim\limits_{x\to\infty}\left(\dfrac{x+a}{x-a}\right)^x$;　(8) $\lim\limits_{x\to\infty}\left(\dfrac{3x-1}{3x+1}\right)^x$.

# 1.5　函数的连续性

在现实生活中，许多变量都是连续变化的，如气温与气压的变化、动物与植物的生长、河水的流动、物体的热胀冷缩、人的身高体重变化等，其特点是时间变化很小时，这些变量的变化也很小．这种变化现象体现在数学上就是函数的连续性．函数的连续性是与函数的极限密切相关的另一个基本概念．

## 1.5.1　函数连续的概念

为研究函数的连续性，首先引入函数增量的概念．

### 1. 函数的增量

设 $f(x)=x^2$，当自变量 $x$ 由 $x_0=1$ 变到 $x_1=1.01$ 时，对应的函数值由 $f(x_0)=f(1)=1$ 变到 $f(x_1)=f(1.01)=1.01^2=1.0201$，则自变量 $x$ 的改变量是 $x_1-x_0=1.01-1=0.01$，函数 $f(x)$ 的改变量是 $f(x_1)-f(x_0)=1.0201-1=0.0201$.

**定义 1.19**　如果函数 $y=f(x)$ 在点 $x_0$ 的某一邻域内有定义，当自变量 $x$ 由 $x_0$ 变到 $x_1$ 时，函数对应的值由 $f(x_0)$ 变到 $f(x_1)$，则差 $x_1-x_0$ 称为**自变量 $x$ 的增量**(或**改变量**)，记为 $\Delta x$，即

$$\Delta x=x_1-x_0, \qquad \text{(式 1-1)}$$

而差 $f(x_1)-f(x_0)$ 称为**函数 $y=f(x)$ 在 $x_0$ 处的增量**，记为 $\Delta y$，即

$$\Delta y=f(x_1)-f(x_0). \quad \text{(式 1-2)}$$

由式 1-1 可得

$$x_1=x_0+\Delta x. \quad \text{(式 1-3)}$$

将式 1-3 代入式 1-2，可得函数增量的另一种表达形式：

$$\Delta y=f(x_0+\Delta x)-f(x_0).$$

上述关系式的几何解释如图 1-32 所示.

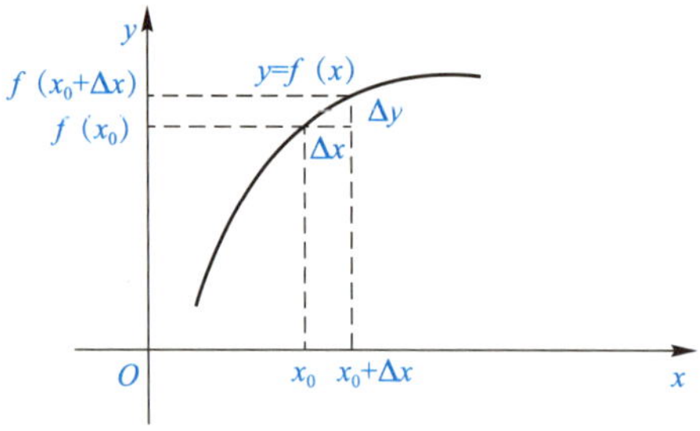


图 1-32

**注意：**

(1) $\Delta y$ 是一个整体记号，不能看作是 $\Delta$ 与 $y$ 的乘积.

(2) $\Delta y$ 可正可负可为 0，不一定是“增加的”量.

**例 1-40** 设 $y=f(x)=3x^2-1$，求适合下列条件的自变量的增量 $\Delta x$ 和函数的增量 $\Delta y$.

(1) $x$ 由 1 变化到 0.5；

(2) $x$ 由 1 变化到 $1+\Delta x$；

(3) $x$ 由 $x_0$ 变化到 $x_0+\Delta x$.

【解】 (1) $\Delta x=0.5-1=-0.5$，

$$\Delta y=f(0.5)-f(1)=(3\times0.5^2-1)-(3\times1^2-1)=-2.25.$$

(2) $\Delta x=(1+\Delta x)-1=\Delta x$，

$$\Delta y=f(1+\Delta x)-f(1)=[3(1+\Delta x)^2-1]-(3\times1^2-1)$$
$$=3+6\Delta x+3(\Delta x)^2-3=6\Delta x+3(\Delta x)^2.$$

(3) $\Delta x=(x_0+\Delta x)-x_0=\Delta x$，

$$\Delta y=f(x_0+\Delta x)-f(x_0)=[3(x_0+\Delta x)^2-1]-(3x_0^2-1)$$
$$=6x_0\Delta x+3(\Delta x)^2.$$

### 2. 函数连续的定义

观察图 1-33 可知，函数 $y=f(x)$ 所表示的曲线在点 $M(x_0, f(x_0))$ 处连续，当 $\Delta x\to$

0 时，$\Delta y=f(x_0+\Delta x)-f(x_0)\to 0$.

观察图 1-34 可知，函数 $y=g(x)$ 所表示的曲线在点 $M(x_0, f(x_0))$ 处不连续，当 $\Delta x\to 0$ 时，$\Delta y=g(x_0+\Delta x)-g(x_0)\to C\neq 0$.

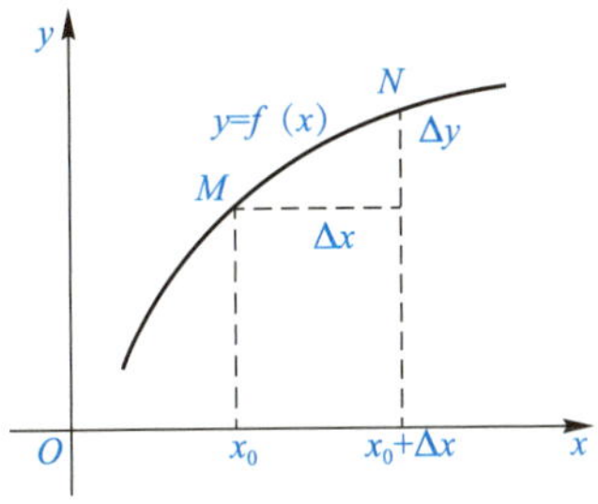


图 1-33　连续函数

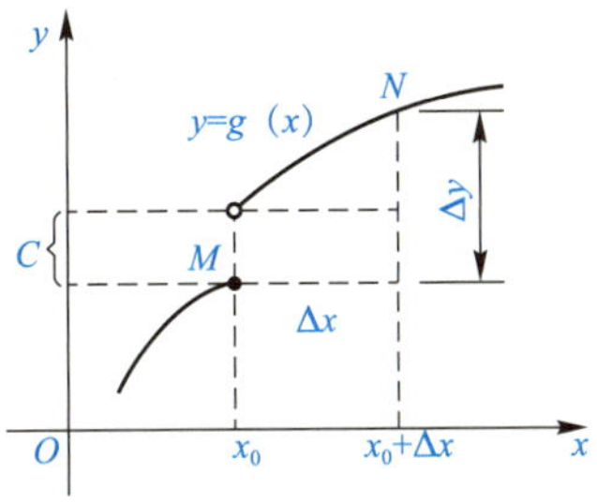


图 1-34　不连续函数

**定义 1.20**　设函数 $y=f(x)$ 在点 $x_0$ 的某个邻域内有定义，如果当自变量 $x$ 在点 $x_0$ 处的增量 $\Delta x\to 0$ 时，函数 $y=f(x)$ 相应的增量 $\Delta y=f(x_0+\Delta x)-f(x_0)\to 0$，即

$$\lim_{\Delta x\to 0}\Delta y=\lim_{\Delta x\to 0}[f(x_0+\Delta x)-f(x_0)]=0,$$

则称函数 $y=f(x)$ 在点 $x_0$ 处**连续**.

**例 1-41**　证明函数 $y=f(x)=x^2-2x+3$ 在点 $x=x_0$ 处连续.

**【证】**　设自变量在点 $x=x_0$ 处有增量 $\Delta x$，则函数相应的增量是

$$\begin{aligned}\Delta y&=f(x_0+\Delta x)-f(x_0)\\&=[(x_0+\Delta x)^2-2(x_0+\Delta x)+3]-(x_0^2-2x_0+3)\\&=(\Delta x)^2+2x_0\Delta x-2\Delta x.\end{aligned}$$

因为 $\lim\limits_{\Delta x\to 0}\Delta y=\lim\limits_{\Delta x\to 0}[(\Delta x)^2+2x_0\Delta x-2\Delta x]=0$，所以，函数 $y=f(x)=x^2-2x+3$ 在点 $x=x_0$ 处连续.

在上述定义中，如果 $x=x_0+\Delta x$，则 $\Delta y=f(x)-f(x_0)$. 于是

$$x=x_0+\Delta x,\ f(x)=f(x_0)+\Delta y.$$

因为

$$\Delta x\to 0\Leftrightarrow x\to x_0,$$

$$\Delta y\to 0\Leftrightarrow f(x)\to f(x_0),$$

所以，上述函数连续的定义又可叙述如下.

**定义 1.21**　设函数 $y=f(x)$ 在点 $x_0$ 的某个邻域内有定义，如果函数 $y=f(x)$ 当 $x\to x_0$ 时的极限存在，且等于它在点 $x_0$ 处的函数值，即

$$\lim_{x\to x_0}f(x)=f(x_0),$$

则称函数 $y=f(x)$ 在点 $x_0$ 处**连续**.

由上述定义可知，$y=f(x)$ 在点 $x_0$ 连续必须满足以下三个条件：

(1) 函数 $y=f(x)$ 在点 $x_0$ 及其近旁有定义;

(2) 函数 $y=f(x)$ 在点 $x_0$ 处有极限,即 $\lim\limits_{x\to x_0}f(x)$ 存在;

(3) 极限值等于函数值,即 $\lim\limits_{x\to x_0}f(x)=f(x_0)$.

类似地,可以给出函数在点 $x_0$ 处左连续及右连续的概念.

**定义 1.22** 如果函数 $y=f(x)$ 在点 $x_0$ 处的左极限 $\lim\limits_{x\to x_0^-}f(x)$ 存在且等于 $f(x_0)$,即

$$\lim_{x\to x_0^-}f(x)=f(x_0),$$

则称函数 $f(x)$ 在点 $x_0$ 处**左连续**;

如果函数 $y=f(x)$ 在点 $x_0$ 处的右极限 $\lim\limits_{x\to x_0^+}f(x)$ 存在且等于 $f(x_0)$,即

$$\lim_{x\to x_0^+}f(x)=f(x_0),$$

则称函数 $f(x)$ 在点 $x_0$ 处**右连续**.

根据极限存在的充要条件,有下面的结论.

如果函数 $f(x)$ 在点 $x_0$ 处连续,则它在点 $x_0$ 处左连续且右连续;反之,如果函数 $f(x)$ 在点 $x_0$ 处左连续且右连续,则它在点 $x_0$ 处连续.

**例 1-42** 设某城市停车场的收费(单位:元) $y$ 与时间(单位:小时) $x$ 之间的关系为

$$f(x)=\begin{cases}5+2x, & 0<x<2,\\ 9+3(x-2), & x\geqslant 2.\end{cases}$$

讨论函数 $f(x)$ 在 $x=2$ 处是否连续.

【解】 因为 $\lim\limits_{x\to 2^-}f(x)=\lim\limits_{x\to 2^-}(5+2x)=9$, $\lim\limits_{x\to 2^+}f(x)=\lim\limits_{x\to 2^+}[9+3(x-2)]=9$,所以 $\lim\limits_{x\to 2}f(x)=9$.

又因为 $f(2)=9$,所以 $\lim\limits_{x\to 2}f(x)=f(2)$.

故函数 $f(x)$ 在 $x=2$ 处连续.

下面给出函数在区间上连续的概念.

如果函数 $f(x)$ 在开区间 $(a,b)$ 内每一点都连续,则称**函数 $f(x)$ 在开区间 $(a,b)$ 内连续**,开区间 $(a,b)$ 称为函数 $f(x)$ 的**连续区间**.

如果函数 $f(x)$ 在开区间 $(a,b)$ 内每一点都连续,且在点 $a$ 处右连续,在点 $b$ 处左连续,则称 $f(x)$ **在闭区间 $[a,b]$ 上连续**.

在闭区间 $[a,b]$ 上连续的函数,是闭区间 $[a,b]$ 上的一条连绵不断的曲线,如图 1-35 所示.

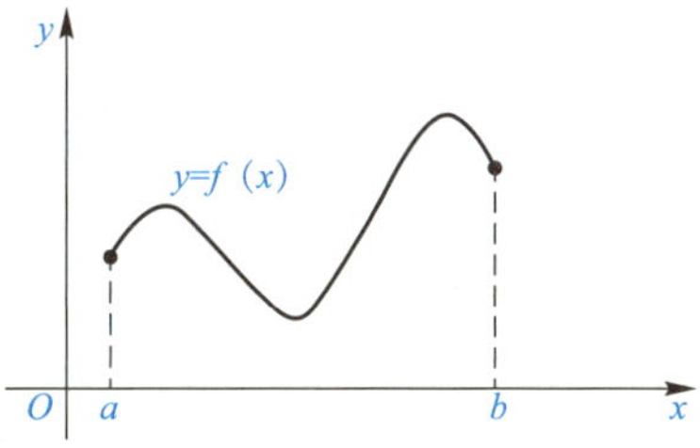


图 1-35

**例 1-43** 证明 $y=x^3$ 在区间 $(-\infty, +\infty)$ 内连续.

【证】 设 $x_0$ 是区间 $(-\infty, +\infty)$ 内的任意一点，当自变量 $x$ 在点 $x_0$ 处有增量 $\Delta x$ 时，对应的函数值的增量为

$$\Delta y=(x_0+\Delta x)^3-x_0^3=3x_0^2\Delta x+3x_0(\Delta x)^2+(\Delta x)^3.$$

因为

$$\lim_{\Delta x\to 0}\Delta y=\lim_{\Delta x\to 0}[3x_0^2\Delta x+3x_0(\Delta x)^2+(\Delta x)^3]=0,$$

所以 $y=x^3$ 在点 $x_0$ 处连续. 又因为 $x_0$ 是区间 $(-\infty, +\infty)$ 内的任意一点，所以，$y=x^3$ 在区间 $(-\infty, +\infty)$ 内连续.

## 1.5.2　初等函数的连续性

根据函数图像可以看出，幂函数、指数函数、对数函数、三角函数和反三角函数在其定义域内是连续的，由此得到结论：基本初等函数在其定义域内都是连续的.

根据连续函数的定义和极限的运算法则，可得连续函数的运算法则.

**定理 1.10** 如果 $f(x)$ 和 $g(x)$ 都在点 $x_0$ 处连续，则它们的和 $f(x)+g(x)$、差 $f(x)-g(x)$、积 $f(x)\cdot g(x)$、商 $\dfrac{f(x)}{g(x)}$ $(g(x)\neq 0)$ 在点 $x_0$ 处连续.

【证】 只证明 $f(x)+g(x)$ 在点 $x_0$ 处连续的情形，其他情形可类似证明.

因为 $f(x)$ 和 $g(x)$ 都在点 $x_0$ 处连续，所以

$$\lim_{x\to x_0}f(x)=f(x_0),\quad \lim_{x\to x_0}g(x)=g(x_0).$$

根据极限的运算法则，得

$$\lim_{x\to x_0}[f(x)+g(x)]=\lim_{x\to x_0}f(x)+\lim_{x\to x_0}g(x)=f(x_0)+g(x_0).$$

由函数在点 $x_0$ 处连续的定义知，$f(x)+g(x)$ 在点 $x_0$ 处连续.

**定理 1.11** 如果函数 $u=\varphi(x)$ 在点 $x_0$ 处连续，且 $u_0=\varphi(x_0)$，而函数 $y=f(u)$ 在点 $u_0$ 处连续，则复合函数 $y=f[\varphi(x)]$ 在点 $x_0$ 处连续.

【证】 因为 $\varphi(x)$ 在点 $x_0$ 处连续，即当 $x\to x_0$ 时，有 $u\to u_0$，所以

$$\lim_{x\to x_0} f[\varphi(x)] = \lim_{u\to u_0} f(u) = f(u_0) = f[\varphi(x_0)].$$

由函数在点 $x_0$ 处连续的定义知，$f[\varphi(x)]$ 在点 $x_0$ 处连续.

**例 1-44** 讨论函数 $y=\sin\dfrac{1}{x}$ 的连续性.

【解】 函数 $y=\sin\dfrac{1}{x}$ 可看作由 $y=\sin u$ 及 $u=\dfrac{1}{x}$ 复合而成. $y=\sin u$ 在 $(-\infty,+\infty)$ 内是连续的，$u=\dfrac{1}{x}$ 在 $(-\infty,0)$ 及 $(0,+\infty)$ 内是连续的. 根据上述定理，函数在 $(-\infty,0)$ 及 $(0,+\infty)$ 内是连续的.

根据基本初等函数的连续性及前面的定理，可得下面的定理.

**定理 1.12** 所有初等函数在其定义区间内都是连续的.

**例 1-45** 求函数 $f(x)=\dfrac{3-x}{(x+1)(x-2)}$ 的连续区间.

【解】 因为函数 $f(x)$ 是初等函数，所以根据上述定理，函数的连续区间就是它的定义区间. 故所求函数的连续区间为 $(-\infty,-1)\cup(-1,2)\cup(2,+\infty)$.

> **注意：**
> 因为分段函数一般不是初等函数，所以定理 1.12 对分段函数一般不成立. 在讨论分段函数的连续性时，要根据连续的定义讨论分段点的连续性.

如果 $f(x)$ 是初等函数，$x_0$ 是其定义域区间内的点，则 $f(x)$ 在点 $x_0$ 处连续. 于是，根据连续性的定义，有

$$\lim_{x\to x_0} f(x) = f(x_0).$$

这就是说，初等函数对定义域内的点求极限，就是求它的函数值. 注意到 $\lim\limits_{x\to x_0} x = x_0$，因此有

$$\lim_{x\to x_0} f(x) = f(x_0) = f(\lim_{x\to x_0} x).$$

上式表明，对于连续函数，极限符号与函数符号可以交换次序. 利用这一点，可方便地求出初等函数在定义域区间上的极限.

**例 1-46** 求 $\lim\limits_{x\to 0}\ln(\cos x)$.

【解】 因为 $f(x)=\ln(\cos x)$ 是复合函数，在 $x=0$ 处有定义，因此

$$\lim_{x\to 0}\ln(\cos x) = \ln(\cos 0) = 0.$$

**例 1-47** 求 $\lim\limits_{x\to 0}\sin(1+x)^{\frac{1}{x}}$.

【解】 $\lim\limits_{x\to 0}\sin(1+x)^{\frac{1}{x}}=\sin[\lim\limits_{x\to 0}(1+x)^{\frac{1}{x}}]=\sin \mathrm{e}$.

### 1.5.3 函数的间断点

**定义 1.23** 如果函数 $y=f(x)$ 在点 $x_0$ 处不连续，则称点 $x_0$ 为函数 $f(x)$ 的**间断点**.

由函数连续的定义可知，如果函数 $y=f(x)$ 在点 $x_0$ 处有下列三种情况之一，则 $x_0$ 是 $f(x)$ 的一个间断点：

(1) 函数 $y=f(x)$ 在点 $x_0$ 处没有定义；

(2) 函数在点 $x_0$ 处有定义，但极限 $\lim\limits_{x\to x_0}f(x)$ 不存在；

(3) 函数在点 $x_0$ 处有定义，且极限 $\lim\limits_{x\to x_0}f(x)$ 存在，但 $\lim\limits_{x\to x_0}f(x)\neq f(x_0)$.

间断点可分为两类.

(1)第一类间断点：$\lim\limits_{x\to x_0^+}f(x)$，$\lim\limits_{x\to x_0^-}f(x)$ 都存在的间断点. 有以下两种情形：

①当 $\lim\limits_{x\to x_0^-}f(x)$ 与 $\lim\limits_{x\to x_0^+}f(x)$ 都存在，但不相等时，称点 $x_0$ 为 $f(x)$ 的**跳跃间断点**；

②当 $\lim\limits_{x\to x_0}f(x)$ 存在，但极限值不等于 $f(x_0)$ 时，称点 $x_0$ 为 $f(x)$ 的**可去间断点**.

(2)第二类间断点：除去第一类间断点的间断点.

例如，函数 $y=\frac{1}{x}$ 在点 $x=0$ 处无定义，所以函数在点 $x=0$ 处不连续，即点 $x=0$ 是函数的间断点. 又 $\lim\limits_{x\to 0}\frac{1}{x}=\infty$，所以这类间断点又称为**无穷间断点**，无穷间断点属于第二类间断点.

### 1.5.4 闭区间上连续函数的性质

**定理 1.13(有界定理)** 若 $f(x)$ 在闭区间 $[a,b]$ 上连续，则 $f(x)$ 在 $[a,b]$ 上有界.

**定理 1.14(最值定理)** 若 $f(x)$ 在闭区间 $[a,b]$ 上连续，则 $f(x)$ 在 $[a,b]$ 上必有最大值与最小值，如图 1-36 所示.

例如，函数 $y=\sin x$ 在闭区间 $[0,\pi]$ 上连续，当 $x=\frac{\pi}{2}$ 时，函数在该闭区间上有最大值 1. 当 $x=0$ 或 $x=\pi$ 时，函数在该区间上有最小值 0.

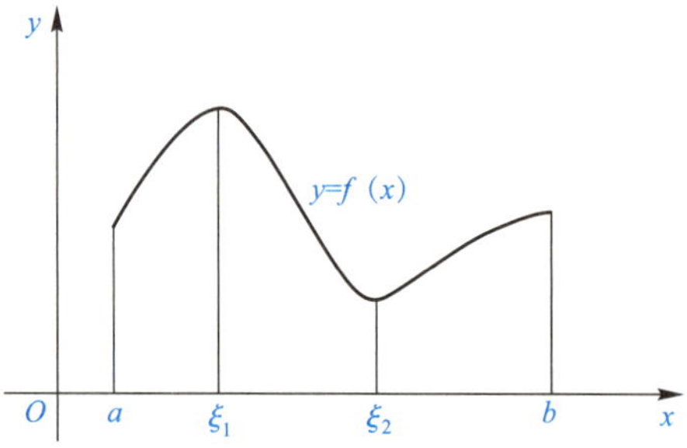


图 1-36

**注意:**

如果函数 $f(x)$ 在闭区间 $[a,b]$ 上不连续，或只在开区间 $(a,b)$ 内连续，则函数 $f(x)$ 在该区间上不一定有最大值或最小值.

**定理 1.15(介值定理)** 如果函数 $f(x)$ 在闭区间 $[a,b]$ 上连续，且在这区间的端点取不同的函数值

$$f(a)=A \text{ 与 } f(b)=B,$$

则对于 $A$ 与 $B$ 之间的任意一个数 $C$，在开区间 $(a,b)$ 内至少有一点 $\xi$，使得

$$f(\xi)=C(a<\xi<b).$$

如图 1-37 所示，$f(x)$ 在闭区间 $[a,b]$ 上连续，且 $f(a)\leqslant C\leqslant f(b)$，在 $(a,b)$ 内的 $\xi_1$、$\xi_2$、$\xi_3$ 点的函数值都等于 $C$，即 $f(\xi_1)=f(\xi_2)=f(\xi_3)=C$.

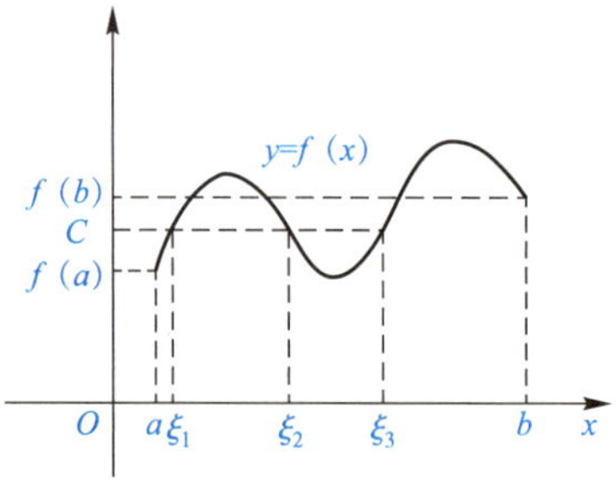


图 1-37

**推论** 如果函数 $f(x)$ 在闭区间 $[a,b]$ 上连续，且 $f(a)$ 与 $f(b)$ 异号，则在 $(a,b)$ 内至少存在一点 $\xi$，使得 $f(\xi)=0$.(图 1-38)

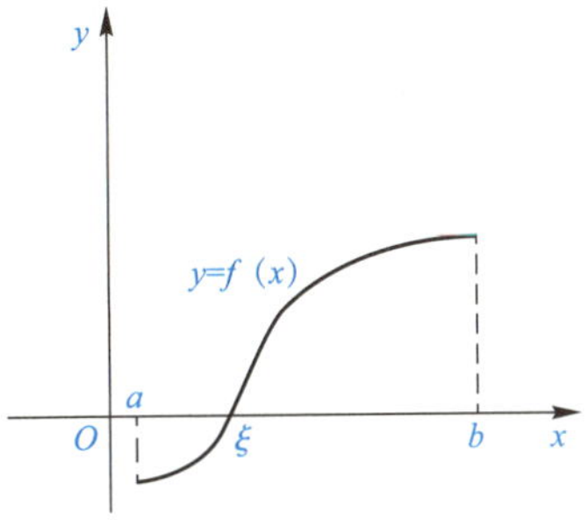


图 1-38

**例 1-48** 证明方程 $x^6+2x-1=0$ 在区间(0, 1)内至少有一个根.

【证】 设 $f(x)=x^6+2x-1$. 因为 $f(x)$ 是初等函数，且在[0, 1]上有定义，所以在闭区间[0, 1]上连续. 又因为

$$f(0)=-1<0,\quad f(1)=2>0,$$

所以，根据介值定理，在区间(0, 1)内至少有一点 $\xi$，使

$$f(\xi)=0(0<\xi<1),$$

即方程 $x^6+2x-1=0$ 在区间(0, 1)内至少有一个根.

**课程思政联想**

**函数的连续与间断——珍惜当下，未来可期**

工作和生活中，很多事物的变化都是连续的，像植物的生长、气温的变换、知识的积累等，不能急于求成，必须遵循它原本的规律. 比如学习，知识的积累是需要时间和付出持久不懈的努力，妄图寻求捷径的想法是不科学的，只能事与愿违. 一个人从出生一直到老去的过程，也告诉我们时间是连续的，生命是连续的，人的一生就是一个不断前进的过程，过去不必后悔，未来还在继续，把握当下，不要让任何不必要的人和事物，任何不好的习惯成为打破你美好生活的“间断点”. 在人生这条连续曲线中，没有人会一直向上，也没有人会一直下跌，起起落落是人生的常态. 不管遇到什么境遇，生命都是人生中最宝贵的，一旦出现“间断点”，人生便不会再有连续的可能了.

## 习题 1-5

1. 设函数 $y=f(x)=x^2-x+1$，求适合下列条件的自变量的增量和函数值的增量：

(1) 当 $x$ 由 1 变到 2；　　(2) 当 $x$ 由 3 变到 2；

(3) 当 $x$ 由 2 变到 $2+\Delta x$；　　(4) 当 $x$ 由 $x_0$ 变到 $x$.

2. 讨论函数 $f(x)=\begin{cases}2x-1, & x\geqslant 1,\\ 4-3x, & x<1\end{cases}$ 在点 $x=1$ 处的连续性，并画出它的图像.

3. 求函数 $f(x)=\dfrac{x+1}{x^2+x-6}$ 的连续区间，并求极限 $\lim\limits_{x\to 2}f(x)$，$\lim\limits_{x\to -3}f(x)$，$\lim\limits_{x\to 0}f(x)$.

4. 求下列函数的连续区间：

(1) $f(x)=\dfrac{x+1}{2x^2+3x-5}$；　　(2) $y=\dfrac{2}{x-3}+\sqrt{x-2}$.

5. 求下列函数的极限：

(1) $\lim\limits_{x\to 1}\arccos\dfrac{\sqrt{2x-1}}{2}$；　　(2) $\lim\limits_{x\to \frac{\pi}{2}}\lg\sin x$；

(3) $\lim\limits_{x\to 0}\dfrac{e^{\sin x}+1}{e^{\cos x}-2}$；　　(4) $\lim\limits_{x\to +\infty}\dfrac{\ln(1+x)-\ln x}{x}$；

(5) $\lim\limits_{x\to +\infty}\dfrac{\sqrt{3x^4+x^2+1}}{x^2+2}$；　　(6) $\lim\limits_{x\to 1}\dfrac{x-\sqrt{x}}{\sqrt{x}-1}$；

(7) $\lim\limits_{x\to e}\dfrac{\ln x^2}{2x}$；　　(8) $\lim\limits_{x\to 1}\arctan x$.

6. 设函数

$$f(x)=\begin{cases}e^x+2, & x<0,\\ a+x^3, & x\geqslant 0.\end{cases}$$

当 $a$ 为何值时，才能使 $f(x)$ 在点 $x=0$ 处连续？

# 1.6　函数与极限的应用

## 1.6.1　函数关系应用举例

在运用数学知识解决实际问题时，常常要先用数学语言来描述实际问题，也就是建立问题中变量之间的函数关系，即建立该实际问题的数学模型，然后进行分析、计算．下面通过几个例题来说明函数关系的应用．

**例 1-49** 如图 1-39 所示，有一块边长为 $a$ 的正方形铁皮，将其四个角各截去一个边长为 $x$ 的小正方形，然后折成一个无盖的盒子，写出体积 $V$ 与边长 $x$ 的函数式，并讨论这个函数的定义域.

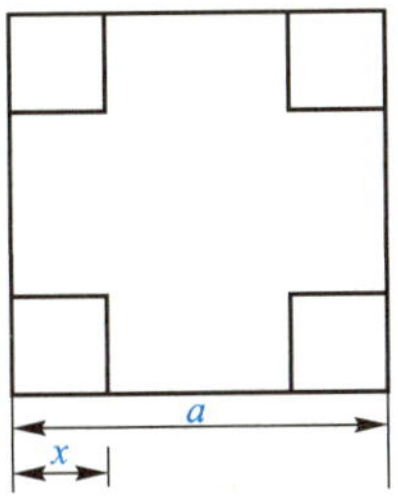


图 1-39

**【解】** 因为底面边长为 $a-2x$，得底面积为 $(a-2x)^2$.

又长方体高为 $x$，所以长方体体积为 $V=x(a-2x)^2$.

由 $a-2x>0$，得 $x<\dfrac{a}{2}$. 又 $x>0$，则函数定义域为 $0<x<\dfrac{a}{2}$.

**例 1-50** 用长为 $l$ 的铁丝弯成上面是半圆形、下面是矩形的框架，如图 1-40 所示．若矩形底边长为 $2x$，求此框架的面积 $y$ 与 $x$ 的函数式，并写出它的定义域.

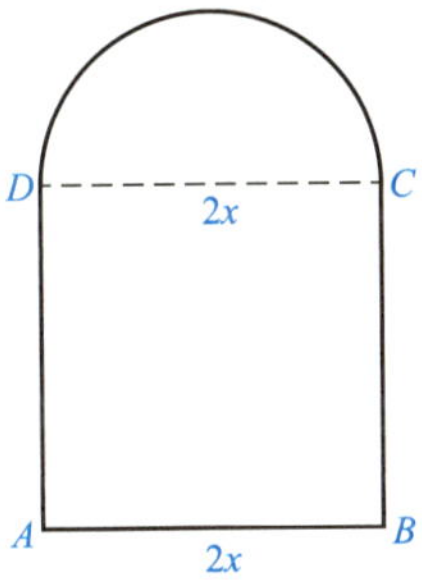


图 1-40

**【解】** 设 $AB=2x$，则弧长 $CD=\pi x$，于是 $AD=\dfrac{l-2x-\pi x}{2}$.

因此，面积为

$$y=2x\cdot\frac{l-2x-\pi x}{2}+\frac{\pi x^2}{2},$$

即

$$y=-\frac{\pi+4}{2}x^2+lx.$$

再由$\begin{cases}2x>0,\\ \dfrac{l-2x-\pi x}{2}>0,\end{cases}$ 解之得$0<x<\dfrac{l}{2+\pi}$，即函数式是$y=-\dfrac{\pi+4}{2}x^2+lx$，定义域为$\left(0,\dfrac{l}{2+\pi}\right)$.

**例 1-51** 长为$l$的弦两端固定，在点$A(a,0)$处将弦向上拉起到点$B(a,h)$处后如图 1-41 中的形状. 假定当弦在向上拉起的过程中，弦上各点只是沿着垂直于两端连线方向移动的，以$x$表示弦上各点的位置，$y$表示点$x$上升的高度，试建立$x$与$y$的函数关系式.

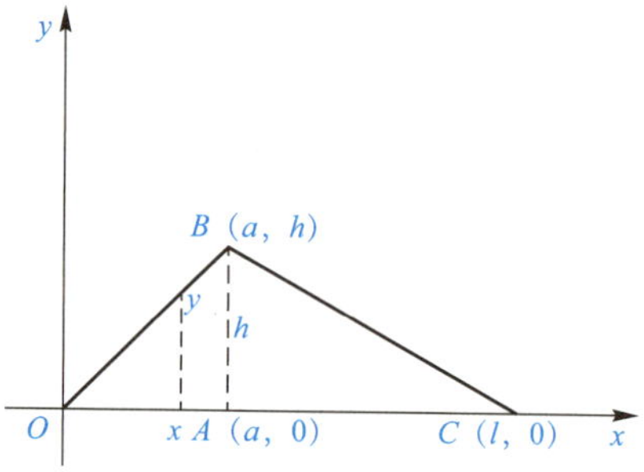


图 1-41

**【解】** $y=\dfrac{h}{a}x$，$0\leqslant x<a$；又因为线段$BC$的斜率为$k_{BC}=\dfrac{h}{a-l}$，所以线段$BC$的方程为

$$y=\frac{h}{a-l}(x-l),\ a\leqslant x\leqslant l.$$

因此，所求函数关系为

$$y=\begin{cases}\dfrac{h}{a}x, & 0\leqslant x<a,\\ \dfrac{h}{a-l}(x-l), & a\leqslant x\leqslant l.\end{cases}$$

**例 1-52** 在机械中常用一种曲柄连杆机构，如图 1-42 所示，当主动轮匀速转动时，连杆$AB$带动滑块$B$作往复直线运动. 设主动轮半径为$r$，转动角速度为$\omega$，连杆长度为$l$，求滑块$B$的运动规律.

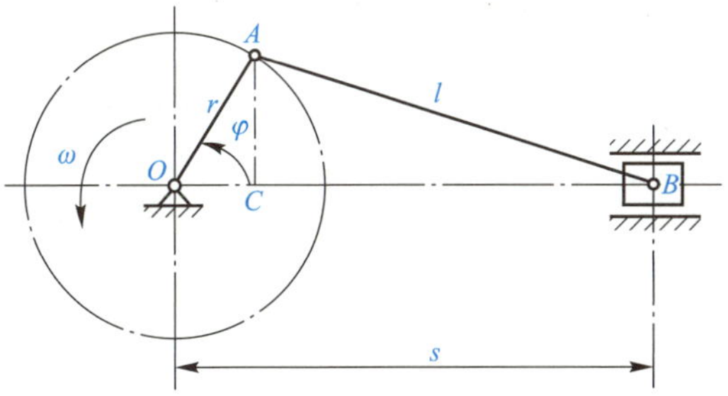


图 1-42

【解】　假设经过时间 $t$ 时，滑块 $B$ 离点 $O$ 的距离为 $s$，求滑块 $B$ 的规律就是建立 $s$ 和 $t$ 之间的函数关系．

假设主动轮开始放置(即 $t=0$)时，$OB$ 到 $OA$ 的转角为 $\omega_0$，经过时间 $t$ 后，主动轮转了角 $\omega t$，则 $OB$ 到 $OA$ 的转角为 $\varphi=\omega t+\omega_0$.

因为 $s=OC+CB$，且 $OC=r\cos(\omega t+\omega_0)$，$CB=\sqrt{AB^2-CA^2}=\sqrt{l^2-r^2\sin^2(\omega t+\omega_0)}$，所以 $s=r\cos(\omega t+\omega_0)+\sqrt{l^2-r^2\sin^2(\omega t+\omega_0)}$ 即为所求滑块 B 的运动规律，它的定义域为 $[0,+\infty)$.

综上所述，建立函数关系的一般步骤如下：

(1)分析题意，确定问题中的变量与常量，并确定自变量和因变量；

(2)根据题意，运用数学、物理、经济与其他知识，列出常量、变量之间的关系式，并进行适当化简，得到所求函数关系的表达式；

(3)考虑变量的实际意义，确定函数的定义域．

## 1.6.2　函数极限应用举例

**例 1-53**　设一产品价格 $p$ 与时间 $t$ 满足关系 $p(t)=300-3e^{-0.5t}$，请对该产品价格做一个长期预测．

【解】
$$\lim_{t\to\infty}p(t)=\lim_{t\to\infty}(300-3e^{-0.5t})=\lim_{t\to\infty}300-\lim_{t\to\infty}3e^{-0.5t}$$
$$=\lim_{t\to\infty}300-3\lim_{t\to\infty}e^{-0.5t}=300-0=300.$$

该产品的长期价格为 300 元．

**例 1-54**　设某动物园鱼类的数量 $y$ 与时间 $t$ 满足的关系 $y=\dfrac{2000}{1+3e^{-0.12t}}$，请对该动物园鱼类的数量做一个长期预测．

【解】
$$\lim_{t\to\infty}y(t)=\lim_{t\to\infty}\frac{2\ 000}{1+3e^{-0.12t}}=\frac{2\ 000}{1+0}=2\ 000.$$

随着时间的增长，该动物园鱼类的数量为 2 000 只．

**例 1-55** 设推出一种新的图片制作软件时，在短期内销售量 $N$ 会迅速增加，然后开始下降，其函数关系式为 $N(t)=\dfrac{20t}{t^2+30}$ ( $t$ 为月份)，请对该软件的销售量作一个长期预测．

**【解】** $$\lim_{t\to\infty}N(t)=\lim_{t\to\infty}\frac{20t}{t^2+30}=\lim_{t\to\infty}\frac{\dfrac{20t}{t^2}}{1+\dfrac{30}{t^2}}=\frac{0}{1+0}=0.$$

当 $t\to\infty$ 时，该软件的销售量极限为 0. 也就是说，购买此款软件的人会越来越少，从而转向购买其他新的图片制作软件．

**例 1-56** 设生产某机器零件的成本是 $C(x)=200+\sqrt{50+36x^2}$ (单位：元)，$x$ 为零件的数量，请对零件生产量很大时的平均成本作出预测．

**【解】** $$\lim_{x\to\infty}C(x)=\lim_{x\to\infty}\frac{200+\sqrt{50+36x^2}}{x}=\lim_{x\to\infty}\left(\frac{200}{x}+\sqrt{\frac{50}{x^2}+36}\right)=\sqrt{36}=6.$$

零件生产量很大时，平均成本为 6 元．

## 习题 1-6

1. 将直径为 $d$ 的圆木料锯成截面为矩形的木材，试建立矩形截面的两条边长之间的函数关系式．

2. 已知一有盖的圆柱体铁桶容积为 $V$，试建立圆柱体铁桶的表面积 $S$ 与底面半径 $r$ 之间的函数关系式．

3. 如图 1-43 所示，有一块半径为 $R$ 的半圆形钢板，计划剪裁成等腰梯形 $ABCD$ 的形状，它的下底 $AB$ 是⊙$O$ 的直径，上底 $CD$ 的端点在圆周上，写出这个梯形周长 $y$ 和腰长 $x$ 间的函数式，并求出它的定义域．

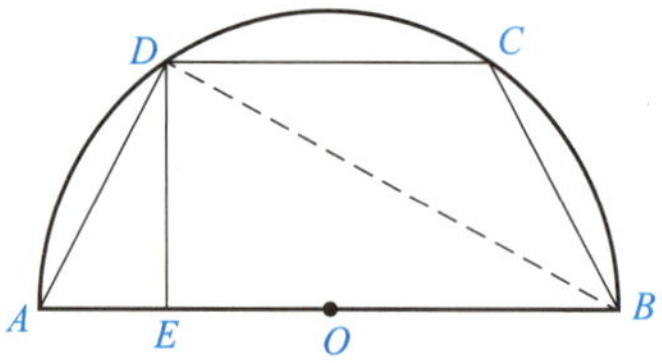


图 1-43

4. 电压在某电路上等速下降，在实验开始时，电压为 40V，经过 6s 后电压降到 28V，试把电压 $u$ 写成时间 $t$ 的函数．

5. 在半径为 $R$ 的球内作内接圆柱体，试将圆柱体的体积 $V$ 表示为高 $h$ 的函数，并写出函数的定义域.

6. 一物体做直线运动，已知阻力的大小与物体运动的速度成正比，但方向相反，当物体以 3 m/s 速度运动时阻力为 9 N，建立阻力与速度间的函数关系.

7. 假设某种传染病流行 $t$ 天后，传染的人数 $N(t)$ 为

$$N(t)=\frac{5\ 000}{1+300\mathrm{e}^{-0.1t}},$$

(1) $t$ 为多少天时，会有 3 000 人传染上这种疾病?

(2) 若从长远估计，将有多少人传染上这种疾病?

8. 设生产某外墙涂料的成本是 $C(x)=200+\sqrt{30+500x^2}$ 元，$x$ 为涂料的吨数，请对生产该涂料量很大时的平均成本作出预测.

# 本章小结

【主要内容】

函数的概念、函数的图像与性质；反函数、基本初等函数、复合函数、初等函数、分段函数的概念与性质；数列与函数极限的定义；左、右极限的概念；无穷小、无穷大的概念及相互的关系与性质；极限的四则运算；两个重要极限的应用；函数连续的概念；初等函数的连续性；函数间断点的类型；闭区间上连续函数的性质.

【重　　点】极限的计算.

【难　　点】极限与连续的概念.

【学习要求】

### 1. 函数的概念

(1)掌握函数概念的三要素，能判定函数的定义域和值域，掌握函数的图像与性质.

(2)理解反函数与原函数的概念，掌握原、反函数图像之间的关系.

(3)掌握基本初等函数的性质和图像、复合函数和初等函数的概念，以及函数应用问题的求解.

### 2. 函数的极限

(1)掌握数列极限的定义、函数极限的定义、极限存在的充分必要条件；掌握极限的运算法则；会求分段函数在分段点处的极限；会利用两个重要极限进行计算；理解无穷小、无穷大的概念及相互的关系.

(2)掌握函数极限的应用.

### 3. 函数的连续性

掌握函数在某点处连续的两个等价定义；理解函数在某点处连续与函数在该点处有极限的关系；能判别间断点的类型；掌握初等函数的连续性.

## 复习题

1. 填空题

(1) 函数 $y=\arcsin(2x-1)$ 的定义域是________.

(2) 函数 $y=e^{\sin(2-3x)}$ 的复合过程是________.

(3) $\lim\limits_{x\to\infty}\dfrac{\sin 2x}{3x}=$________.

(4) $\lim\limits_{n\to\infty}\left(1-\dfrac{1}{n}\right)^{n}=$________.

(5) $\lim\limits_{\Delta x\to 0}\dfrac{\sqrt{x+\Delta x}-\sqrt{x}}{\Delta x}=$________.

(6) 函数 $y=\sin\dfrac{1}{x^2-3x+2}$ 的连续区间是________.

(7) 已知 $a$、$b$ 为常数，$\lim\limits_{x\to\infty}\dfrac{ax^2+bx-1}{3x+1}=-2$，则 $a=$______，$b=$______.

(8) $f(x)=\sqrt{x^2-5x+6}$ 的连续区间是________.

(9) 若 $\lim\limits_{x\to\infty}\varphi(x)=a$（$a$ 为常数），则 $\lim\limits_{x\to\infty}e^{\varphi(x)}=$______.

(10) 当 $x\to 0$ 时，$\sqrt{4+ax}-2$ 与 $\sin 2x$ 为等价无穷小，则 $a=$______.

2. 判断正误

(1) $f(x)=2x^3\cos x$ 是奇函数.　(　　)

(2) 若函数 $f(x)$ 在点 $x_0$ 处极限存在，则 $f(x)$ 在点 $x_0$ 处连续.　(　　)

(3) 分段函数必有间断点.　(　　)

(4) $\tan 2x$ 与 $\sin 2x$ 当 $x\to 0$ 时是等价无穷小.　(　　)

(5) 初等函数在其定义区间内是连续的.　(　　)

(6) $\lim\limits_{x\to 1}\dfrac{\sin x}{x}=1$.　(　　)

(7) 数列 $x_n=(-1)^n\dfrac{n}{n+1}$ 收敛于 1.　(　　)

(8) 初等函数 $f(x)$ 在点 $x_0$ 处连续，则有 $\lim\limits_{x \to x_0} f(x) = f(x_0)$． (　　)

3. 选择题

(1) 下列极限存在的是(　　)．

A. $\lim\limits_{x \to \infty} e^x$　　B. $\lim\limits_{x \to \infty} \dfrac{x^3 + 1}{3x^3 - 1}$　　C. $\lim\limits_{x \to 0^+} \ln x$　　D. $\lim\limits_{x \to 1} \sin \dfrac{1}{x - 1}$

(2) 函数 $f(x)$ 在点 $x_0$ 处连续是 $\lim\limits_{x \to x_0} f(x)$ 存在的(　　)．

A. 必要条件　　B. 充要条件

C. 充分条件　　D. 既不充分也不必要条件

(3) $f(x) = 2^{\frac{1}{x}}$ 在 $x = 0$ 处(　　)．

A. 有定义　　B. 极限存在　　C. 左极限存在　　D. 右极限存在

(4) 当 $0 < x < +\infty$ 时，$f(x) = \dfrac{1}{x}$ (　　)．

A. 有最大值与最小值　　B. 有最大值无最小值

C. 无最大值有最小值　　D. 无最大值无最小值

(5) 当 $x \to 1$ 时，下列变量中为无穷大的是(　　)．

A. $\dfrac{x - 1}{x + 1}$　　B. $\dfrac{x - 1}{x + 2}$　　C. $\dfrac{x + 1}{x - 1}$　　D. $\dfrac{x^2 - 1}{x - 1}$

(6) $\lim\limits_{x \to 0}\left(x \cdot \sin \dfrac{1}{x}\right)$ 的值为(　　)．

A. 0　　B. 1　　C. $\infty$　　D. 不存在

(7) 当 $x \to 0$ 时，与 $\sqrt{1 + x} - \sqrt{1 - x}$ 等价的无穷小是(　　)．

A. $x$　　B. $2x$　　C. $x^2$　　D. $2x^2$

(8) 已知 $\lim\limits_{x \to 0} \dfrac{\sin ax}{2x} = 2$，则常数 $a$ 的值为(　　)．

A. 1　　B. 2　　C. 3　　D. 4

4. 求下列极限：

(1) $\lim\limits_{x \to \infty} \dfrac{x^2 - x - 1}{(x - 2)^2}$；　　(2) $\lim\limits_{\theta \to 0} \dfrac{1 - \cos \theta}{\theta \sin \theta}$；

(3) $\lim\limits_{x \to 0} \dfrac{\ln(1 + x)}{\sin 2x}$；　　(4) $\lim\limits_{x \to \infty} \dfrac{x - \cos x}{x}$；

(5) $\lim\limits_{n \to \infty} \sqrt{n}\,(\sqrt{n + 2} - \sqrt{n - 3})$；　　(6) $\lim\limits_{x \to 2}\left(\dfrac{1}{x - 2} - \dfrac{12}{x^3 - 8}\right)$．

5. 求下列极限：

(1) $\lim\limits_{x \to +\infty} e^{-x} \sin x$；　　(2) $\lim\limits_{x \to 0} (1 - 2x)^{\frac{1}{2x}}$；

(3) $\lim\limits_{x\to\infty}\left(\dfrac{2x-1}{2x+1}\right)^{x}$；　　(4) $\lim\limits_{x\to1}\dfrac{\sqrt{x+2}-\sqrt{3}}{x-1}$；

(5) $\lim\limits_{x\to0}\dfrac{1-\cos 2x+\tan^2 x}{x\sin x}$.

6. 设$f(x)=\ln x$，求 $\lim\limits_{x\to1}\dfrac{f(x)}{x-1}$.

7. 已知 $\lim\limits_{x\to\infty}\left(\dfrac{x+c}{x-c}\right)^{x}=4$，求 $c$ 的值.

8. 讨论函数 $f(x)=\begin{cases}x+2, & x<0,\\ 2-x, & x\geqslant 0\end{cases}$ 在点 $x=0$ 处的连续性，并作出它的图像.

9. 设 $f(x)=\begin{cases}\dfrac{\sin x}{x}, & x<0,\\ k-2, & x=0,\\ x\sin\dfrac{1}{x}+1, & x>0,\end{cases}$ 当 $k$ 为何值时，函数 $f(x)$ 在其定义域内是连续的?

10. 证明方程 $\sin x+x+1=0$ 在区间 $\left(-\dfrac{\pi}{2},\dfrac{\pi}{2}\right)$ 内至少有一个根.

# 数学实验　初识数学软件 MATLAB、绘图及求极限

MATLAB(矩阵实验室)为 Matrix Laboratory 的缩写，是一款由美国 MathWorks 公司出品的商业数学软件，与 MatheMatica、Maple 并称为三大数学软件．该软件可用于算法开发、数据可视化、数据分析以及数值计算，同时，还具有矩阵运算、绘制函数和数据、实现算法等功能．该软件主要应用于工程计算、控制设计、信号处理与通信、图像处理、信号检测、金融建模设计与分析等领域.

## 1. MATLAB 的启动、退出和操作界面

(1) MATLAB 的启动.

启动 MATLAB 常用三种方法.

①双击 Windows 桌面上的 MATLAB 图标即可启动该程序.

②单击 Windows 桌面左下角任务栏的“开始”，选择“程序”菜单，选择“MATLAB 7.0”即可启动程序.

③在 MATLAB 7.0 的安装路径中找到 MATLAB 系统启动程序 MATLAB. exe，然后运行该程序.

(2) MATLAB 的退出 .

退出 MATLAB 也有三种方法.

①单击 MATLAB 主窗口的“关闭”按钮 .

②单击 MATLAB 主窗口 File 菜单，选择 Exit MATLAB 命令 .

③在 MATLAB 主窗口中输入 Exit 或 Quit 命令 .

(3) MATLAB 的操作界面 .

MATLAB 7.0 的工作界面主要由菜单、命令窗口、当前目录窗口及历史命令窗口组成 .

MATLAB 7.0 默认的用户界面如图 1-44 所示 .

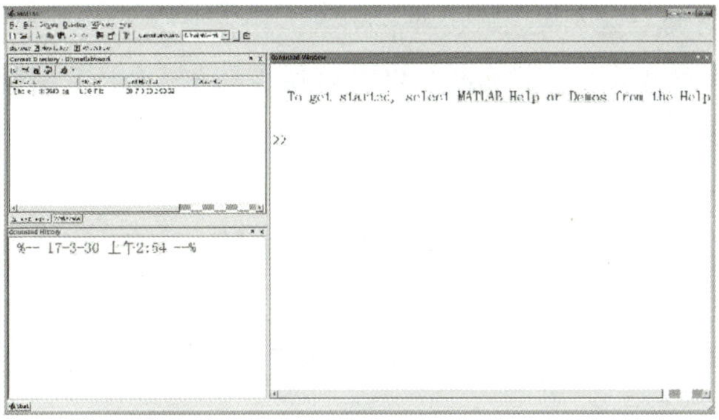


图 1-44

(4) MATLAB 的基本操作 .

MATLAB 7.0 的命令窗口 (Command Window) 用于接受 MATLAB 7.0 命令，在该窗口下输入命令，可实现相应的程序功能 . MATLAB 7.0 的命令窗口中字符“>>”为运算提示符，表示当前 MATLAB 处于准备状态 . 在提示符后面输入一段程序后按回车键 (Enter)，MATLAB 可以运行该程序，并给出相应的结果，然后再次进入准备状态，MATLAB 命令窗口如图 1-45 所示 .

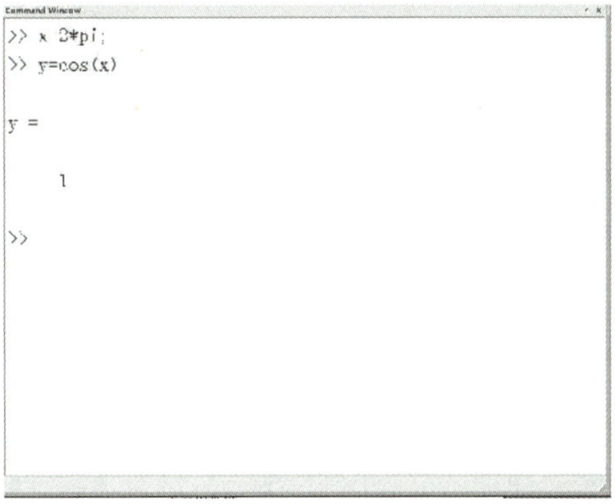


图 1-45

### 2. MATLAB 画图功能

(1)二维作图.

MATLAB 提供了丰富的画图功能，其中二维作图是 MATLAB 图形功能的基础.

①plot 命令.

绘制二维图形最常用的命令是 plot.

i. 当 plot 函数仅有一个输入变量时，即 plot(X).

当 $X$ 为实向量，该命令表示以 $X$ 的索引坐标为横坐标、以 $X$ 的各元素为纵坐标绘制图形.

当 $X$ 为复向量，该命令表示以 $X$ 的实部为横坐标、虚部为纵坐标绘制图形.

ii. 当 plot 函数有两个输入变量时，即 plot(X, Y).

该命令表示以 $X$ 的各元素为横坐标、以 $Y$ 的各元素为纵坐标绘制图形.

②图形线型及颜色.

要绘制不同线型颜色及标识时，就要在 plot 命令中输入第三个变量，即 plot(X, Y, 'Linespec')，第三个变量表示图形显示属性的设置选项：线型、颜色及标识.

i. 线型："-"表示实线；":"表示点线；"-·"表示虚点线；"--"表示虚线.

ii. 颜色："y"表示黄；"k"表示黑；"w"表示白；"b"表示蓝；"g"表示绿；"r"表示红；"c"表示青；"m"表示紫.

iii. 标识："·"表示点；"o"表示圆点；"x"表示叉号；"+"表示加号；"*"表示星号；"s"表示方形；"d"表示菱形；"p"表示五角星；"h"表示六角星.

例如，在 MATLAB 命令窗口中输入以下命令，得到的图形如图 1-46 所示.

```
>>x=1: 10;
y=11: 2: 30;
plot(x, y, '--k')
```

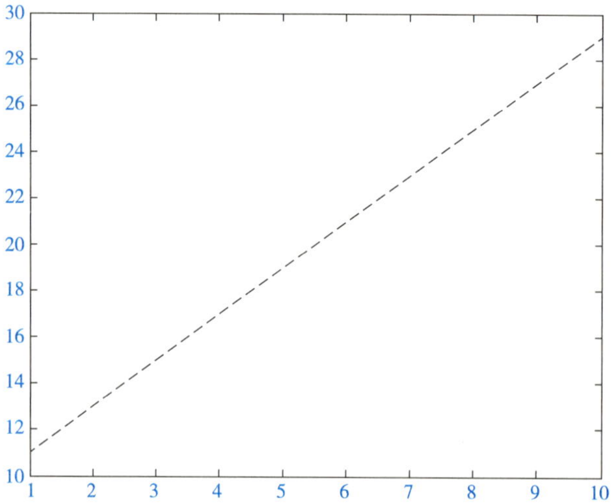


图 1-46

(2)三维作图.

MATLAB 常用的三维作图命令：plot3，调用格式：plot3(x，y，z).

该命令表示绘制以向量 $x$、$y$、$z$ 为 $X$、$Y$、$Z$ 轴坐标值的空间曲线.

其中，命令 plot3(x，y，z，s)中 s 为定义线型、颜色等字符串.

例如，在 MATLAB 命令窗口中输入以下命令，得到的图形如图 1-47 所示.

```
>>x=0: pi/50: 10* pi;
plot3(sin(x), cos(x), x)
grid on
```

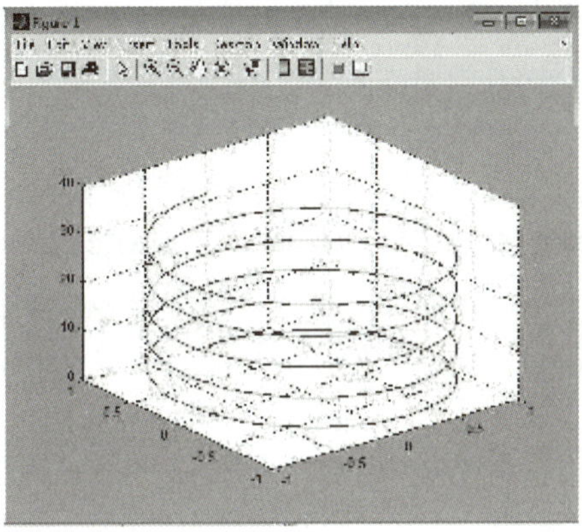

图 1-47

### 3. 利用 MATLAB 软件求极限

利用 MATLAB 对函数求极限前，需要对函数中所涉及的变量进行定义，可以用 syms 函数进行定义，且 syms 函数一次可以定义多个变量. 例如，syms 函数定义 3 个变量 $a$、$b$、$c$，命令如下：

```
>>syms a b c
```

在 MATLAB 中用 limit 函数来求函数的极限，limit 函数的调用格式主要有以下几种：

limit(f，x，a)：表示函数极限 $\lim\limits_{x\to a} f(x)$；

limit(f，x，a，'right')：表示函数极限 $\lim\limits_{x\to a^+} f(x)$；

limit(f，x，a，'left')：表示函数极限 $\lim\limits_{x\to a^-} f(x)$；

limit(f，x，inf)：表示函数极限 $\lim\limits_{x\to \infty} f(x)$；

limit(f，x，inf，'right')：表示函数极限 $\lim\limits_{x\to +\infty} f(x)$；

limit(f，x，inf，'left')：表示函数极限 $\lim\limits_{x\to -\infty} f(x)$.

**例 1-57** 设$f(x)=x+1$，计算$\lim\limits_{x\to 3}f(x)$.

【解】
```
clc                        % 清屏
syms x                     % 定义函数自变量 x
f=x+1;                     % 定义函数表达式
limit(f, x, 3)             % 输出 lim f(x)   (x→3)
ans=                       % MATLAB 主窗口下的程序运行结果
4                          % 4
```

**例 1-58** 设$f(x)=\arcsin x$，计算$\lim\limits_{x\to 1^-}\arcsin x$.

【解】
```
clc                        % 清屏
syms x                     % 定义函数自变量 x
f=asin(x);                 % 定义函数表达式 f = arcsinx
limit(f, x, 1,'left')      % 输出 limarcsinx   (x→1⁻)
ans =                      % MATLAB 主窗口下的程序运行结果
1/2* pi                    % 极限为 π/2
```

**例 1-59** 设$f(x)=\arccos x$，计算$\lim\limits_{x\to -1^+}\arccos x$.

【解】
```
clc                        % 清屏
syms x                     % 定义函数自变量 x
f=acos(x);                 % 定义函数表达式 f = arccosx
limit(f, x, 1,'right')     % 输出 limarccosx   (x→-1⁺)
ans=                       % MATLAB 主窗口下的程序运行结果
pi                         % π
```

**例 1-60** 计算$\lim\limits_{x\to\infty}\left(1+\dfrac{3}{x}\right)^x$.

【解】
```
clc                        % 清屏
syms x                     % 定义函数自变量 x
limit((1+3/x)^x, x, inf)   % 输出 lim(1 + 3/x)^x   (x→∞)
ans=                       % MATLAB 主窗口下的程序运行结果
exp(3)                     % e^3
```

## 拓展阅读

### 刘徽及割圆术

刘徽，（约 225 年—约 295 年），魏晋时期伟大的数学家．他撰写的《九章算术注》提出了数学史上著名的“割圆术”．刘徽的“割圆术”将极限和无穷小分割引入数学证明，成为人类文明史中不朽的篇章．

## 在线测试

扫一扫 测一测

# 第 2 章　导数与微分

导数和微分是建立在函数极限基础之上的微分学基本概念．导数反映了函数相对于自变量的变化的快慢程度，即变化率问题，而微分刻画了当自变量有微小变化时，函数改变量的近似值．本章主要介绍导数和微分这两个基本概念，推导出基本初等函数求导公式和初等函数求导的方法，在此基础上进一步讨论微分学的理论和应用，且应用相关知识解决实际问题．

## 2.1　导　数

导数是函数的一种特殊的极限，反映了函数变化的快慢程度，是研究函数的单调性、极值、最值等问题的重要工具．

### 2.1.1　导数的概念

为了说明导数概念，我们先讨论速度和切线问题，这两个问题在历史上都与导数概念的形成有密切的关系．

#### 1. 直线运动的速度

设有一个质点在数轴上运动，$s$ 表示 $t$ 时刻质点所在点的坐标．显然，$s$ 是 $t$ 的函数，表示为 $s=f(t)$．

(1) 如果质点是匀速运动，则其速度 $v$ 就是所经过的路程除以所经历的时间．设 $\Delta s$ 是质点在时间 $t_0$ 到 $t$ 之间所经过的路程，$v$ 为平均速度，那么

$$v=\frac{\Delta s}{\Delta t}=\frac{f(t)-f(t_0)}{t-t_0}. \tag{2-1}$$

(2) 如果质点是作非匀速运动，就是说质点在不同时刻速度是不同的，那么从数量上应该怎样描述时刻 $t_0$ 的速度(称为瞬时速度)呢?

如果时间间隔选得较短，式 2-1 在实践中也可以来说明质点在时刻 $t_0$ 的速度，但对于质点在时刻 $t_0$ 的速度的精确概念来说，这样做是不够的，而更确切地应当这样：令 $t \to t_0$，取式 2-1 的极限．如果这个极限存在，设为 $v$，即

$$v=\lim_{\Delta t \to 0} \frac{\Delta s}{\Delta t}=\lim_{t \to t_0} \frac{f(t)-f(t_0)}{t-t_0}.$$

这时就把这个极限值 $v$ 称为质点在时刻 $t_0$ 的瞬时速度．

### 2. 切线问题

如图 2-1 所示，设有曲线 $C$ 及 $C$ 上一点 $M$，在点 $M$ 外另取 $C$ 上一点 $N$，作割线 $MN$. 当点 $N$ 沿曲线 $C$ 趋于点 $M$ 时，如果割线 $MN$ 绕点 $M$ 旋转而趋于极限位置 $MT$，直线 $MT$ 就称为曲线 $C$ 在点 $M$ 处的切线．这里极限位置的含义是：只要弦长 $|MN|$ 趋于零，则 $\angle NMT$ 也趋于零．

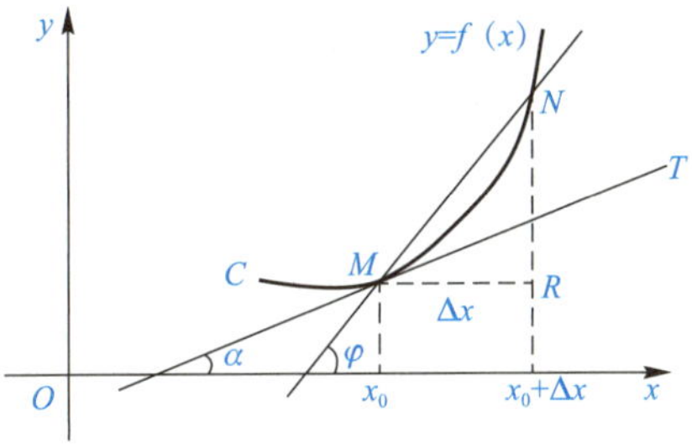


图 2-1

现在就曲线 $C$ 为函数 $y=f(x)$ 的图形的情形来讨论切线问题．设 $M(x_0, y_0)$ 是曲线 $C$ 上的点，则 $y_0=f(x_0)$，要求曲线 $C$ 在点 $M$ 处的切线，根据切线的定义，只要求出切线的斜率就可以，亦即求出过点 $M$ 的割线的斜率的极限．为此在点 $M$ 外另取曲线 $C$ 上的一点 $N(x, y)$，则割线 $MN$ 斜率为

$$\tan \varphi=\frac{y-y_0}{x-x_0}=\frac{f(x)-f(x_0)}{x-x_0},$$

其中，$\varphi$ 为割线 $MN$ 的倾斜角．当点 $N$ 沿曲线 $C$ 趋于点 $M$ 时，$x \to x_0$，此时，若 $\lim\limits_{x \to x_0} \frac{f(x)-f(x_0)}{x-x_0}$ 存在，设为 $k$，即

$$k=\lim_{x \to x_0} \frac{f(x)-f(x_0)}{x-x_0},$$

则 $k$ 就是切线的斜率．这里 $k=\tan \alpha$，其中 $\alpha$ 是切线 $MT$ 的倾斜角．于是通过点 $M(x_0, f(x_0))$ 且以 $k$ 为斜率的直线 $MT$ 便是曲线 $C$ 在点 $M$ 处的切线．

**注意：**

事实上，由极限位置的含义：条件 $|MN|\to 0$，$\angle NMT\to 0$ 是满足的，由 $x\to x_0$ 知 $|MN|\to 0$. 由 $\angle NMT=\varphi-\alpha$，而 $x\to x_0$ 时，$\varphi\to\alpha$，故 $\angle NMT\to 0$. 所以直线 $MT$ 确为曲线 $C$ 在点 $M$ 处的切线．

上面的两个问题的具体含义不相同，但从抽象的数量关系来看，它们的实质是一样的，都归结为计算函数改变量与自变量改变量的比值，当自变量改变量趋于零时的极限．这种特殊形式的极限就是我们要研究的函数的导数．

**定义 2.1** 设函数 $y=f(x)$ 在点 $x_0$ 的某个邻域内有定义，当自变量 $x$ 在点 $x_0$ 处有增量 $\Delta x$（点 $x_0+\Delta x$ 仍在该邻域内）时，函数有相应的增量

$$\Delta y=f(x_0+\Delta x)-f(x_0).$$

如果当 $\Delta x\to 0$ 时，两个增量之比的极限

$$\lim_{\Delta x\to 0}\frac{\Delta y}{\Delta x}=\lim_{\Delta x\to 0}\frac{f(x_0+\Delta x)-f(x_0)}{\Delta x}$$

存在，则称函数 $y=f(x)$ 在点 $x_0$ 处可导，并称这个极限值为函数 $y=f(x)$ 在点 $x_0$ 处的**导数**，记为

$$f'(x_0),\ y'\Big|_{x=x_0},\ \frac{\mathrm{d}y}{\mathrm{d}x}\Big|_{x=x_0},\ \text{或}\ \frac{\mathrm{d}f(x)}{\mathrm{d}x}\Big|_{x=x_0},$$

即

$$f'(x_0)=\lim_{\Delta x\to 0}\frac{\Delta y}{\Delta x}=\lim_{\Delta x\to 0}\frac{f(x_0+\Delta x)-f(x_0)}{\Delta x}.$$

此时，也称函数 $y=f(x)$ 在点 $x_0$ 处具有导数，或导数存在．

如果上述极限不存在，则称函数 $y=f(x)$ 在点 $x_0$ 处**不可导**. 如果极限为无穷大，这时函数 $y=f(x)$ 在点 $x_0$ 处不可导，但为了方便，也称函数 $y=f(x)$ 在点 $x_0$ 处的导数是无穷大．

有了导数的概念，前面讨论的两个实例可以叙述为：

(1) 变速直线运动的速度 $v(t_0)$ 是路程 $s=s(t)$ 在点 $t_0$ 时刻的导数，即

$$v(t_0)=s'(t_0)=\frac{\mathrm{d}s}{\mathrm{d}t}\Big|_{t=t_0}.$$

(2) 曲线在点 $M(x_0,f(x_0))$ 处的切线斜率等于函数 $f(x)$ 在点 $x_0$ 处的导数，即

$$k_{\text{切}}=\tan\alpha=f'(x_0).$$

**定义 2.2** 若函数 $f(x)$ 在区间 $(a,b)$ 内每一点都可导，就称函数 $f(x)$ 在区间 $(a,b)$ 内可导．这时函数 $y=f(x)$ 对于区间 $(a,b)$ 内的每一个确定的 $x$ 值，都对应着一个确定的导数，这就构成一个新的函数，称这个函数为原来函数 $y=f(x)$ 的导函数．

用定义求函数的导数，可分为以下三个步骤：

(1)求增量：$\Delta y = f(x+\Delta x) - f(x)$；

(2)算比值：$\dfrac{\Delta y}{\Delta x} = \dfrac{f(x+\Delta x)-f(x)}{\Delta x}$；

(3)取极限：$y' = \lim\limits_{\Delta x \to 0} \dfrac{\Delta y}{\Delta x}$.

**例 2-1** 求函数 $f(x)=x^2$ 在点 $x=3$ 和 $x=x_0$ 处的导数．

【解】 在 $x=3$ 处增量为 $\Delta x$，对应的函数的增量是

$$\Delta y = f(3+\Delta x) - f(3) = (3+\Delta x)^2 - 3^2 = 6\Delta x + (\Delta x)^2.$$

两个增量之比是

$$\frac{\Delta y}{\Delta x} = \frac{6\Delta x + (\Delta x)^2}{\Delta x} = 6 + \Delta x.$$

对上式两端取极限，得

$$f'(3) = \lim_{\Delta x \to 0} \frac{\Delta y}{\Delta x} = \lim_{\Delta x \to 0}(6+\Delta x) = 6.$$

类似地，可求得

$$f'(x_0) = \lim_{\Delta x \to 0} \frac{\Delta y}{\Delta x} = \lim_{\Delta x \to 0} \frac{(x_0+\Delta x)^2 - x_0^2}{\Delta x} = \lim_{\Delta x \to 0}(2x_0 + \Delta x) = 2x_0.$$

上述结果中，由于 $x_0$ 可以是区间 $(-\infty, +\infty)$ 内的任意值，因此函数 $f(x)=x^2$ 在区间 $(-\infty, +\infty)$ 内的任意点都存在导数．

**例 2-2** 求函数 $f(x)=C$（$C$ 为常数）的导数．

【解】 $f'(x) = \lim\limits_{\Delta x \to 0} \dfrac{f(x+\Delta x)-f(x)}{\Delta x} = \lim\limits_{\Delta x \to 0} \dfrac{C-C}{\Delta x} = 0$，

即

$$(C)' = 0.$$

这就是说，常数的导数等于零．

**例 2-3** 求函数 $f(x)=\log_a x\,(a>0, a\neq 1)$ 的导数．

【解】 $f'(x) = \lim\limits_{\Delta x \to 0} \dfrac{f(x+\Delta x)-f(x)}{\Delta x} = \lim\limits_{\Delta x \to 0} \dfrac{\log_a(x+\Delta x) - \log_a x}{\Delta x}$

$$= \lim_{\Delta x \to 0} \frac{1}{\Delta x}\log_a \frac{x+\Delta x}{x} = \lim_{\Delta x \to 0} \frac{1}{x}\cdot\frac{x}{\Delta x}\log_a\left(1+\frac{\Delta x}{x}\right) = \frac{1}{x}\lim_{\Delta x \to 0}\log_a\left(1+\frac{\Delta x}{x}\right)^{\frac{x}{\Delta x}}$$

$$= \frac{1}{x}\cdot\frac{1}{\ln a} = \frac{1}{x\ln a},$$

即

$$(\log_a x)'=\frac{1}{x\ln a}.$$

特别地，当 $a=\mathrm{e}$ 时，$\ln \mathrm{e}=1$，则 $(\ln x)'=\frac{1}{x\ln \mathrm{e}}=\frac{1}{x}$.

**例 2-4** 求函数 $y=a^x(a>0,\ a\neq 0)$ 的导数．

【解】 (1) 求增量：$\Delta y=a^{x+\Delta x}-a^x=a^x(a^{\Delta x}-1)$.

(2) 算比值：$\frac{\Delta y}{\Delta x}=a^x\frac{a^{\Delta x}-1}{\Delta x}$.

(3) 取极限：令 $a^{\Delta x}-1=t$，则 $\Delta x=\log_a(1+t)$，且当 $\Delta x\to 0$ 时 $t\to 0$.

由此得 $\lim\limits_{\Delta x\to 0}\frac{\Delta y}{\Delta x}=\lim\limits_{\Delta x\to 0}\left[a^x\frac{a^{\Delta x}-1}{\Delta x}\right]=a^x\lim\limits_{\Delta x\to 0}\frac{a^{\Delta x}-1}{\Delta x}=a^x\lim\limits_{t\to 0}\frac{t}{\log_a(1+t)}$

$$=a^x\lim_{t\to 0}\frac{1}{\frac{1}{t}\log_a(1+t)}=a^x\lim_{t\to 0}\frac{1}{\log_a(1+t)^{\frac{1}{t}}}=a^x\frac{1}{\log_a \mathrm{e}}=a^x\ln a,$$

即

$$(a^x)'=a^x\ln a.$$

特别地，当 $a=\mathrm{e}$ 时

$$(\mathrm{e}^x)'=\mathrm{e}^x\ln \mathrm{e}=\mathrm{e}^x.$$

**例 2-5** 求函数 $y=\cos x$ 的导数．

【解】 (1) 求增量：

$$\Delta y=\cos(x+\Delta x)-\cos x=-2\sin\left(x+\frac{\Delta x}{2}\right)\sin\frac{\Delta x}{2}.$$

(2) 算比值：$\frac{\Delta y}{\Delta x}=-\sin\left(x+\frac{\Delta x}{2}\right)\frac{\sin\frac{\Delta x}{2}}{\frac{\Delta x}{2}}$.

(3) 取极限：根据 $\sin x$ 的连续性及重要极限 $\lim\limits_{x\to 0}\frac{\sin x}{x}=1$，得

$$y'=\lim_{\Delta x\to 0}\frac{\Delta y}{\Delta x}=\lim_{\Delta x\to 0}\left[-\sin\left(x+\frac{\Delta x}{2}\right)\right]\frac{\sin\frac{\Delta x}{2}}{\frac{\Delta x}{2}}$$

$$=-\sin x\cdot 1=-\sin x,$$

即

$$(\cos x)'=-\sin x.$$

用类似的方法，可求得

$$(\sin x)'=\cos x.$$

特别是幂函数求导公式：$(x^{\alpha})'=\alpha x^{\alpha-1}$（$\alpha$ 为实常数），该公式以后论证．

将部分基本初等函数的导数作为公式归纳如下：

$(C)'=0$（$C$ 为常数）；　　$(x^{\alpha})'=\alpha x^{\alpha-1}$（$\alpha$ 为实常数）；

$(\sin x)'=\cos x$；　　$(\cos x)'=-\sin x$；

$(\log_a x)'=\dfrac{1}{x\ln a}$；　　$(\ln x)'=\dfrac{1}{x}$.

今后将直接运用这些导数公式进行求导运算．

## 2.1.2　导数的几何意义

$f'(x_0)$ 是曲线 $y=f(x)$ 在点 $M(x_0,f(x_0))$ 的切线斜率，从而曲线 $y=f(x)$ 上点 $M(x_0,f(x_0))$ 处的切线方程为

$$y-f(x_0)=f'(x_0)(x-x_0);$$

法线方程为

$$y-f(x_0)=-\frac{1}{f'(x_0)}(x-x_0)\,(f'(x_0)\neq 0).$$

特别地，若 $f'(x_0)=\infty$，则切线垂直于 $x$ 轴，切线方程为 $x=x_0$.

**例 2-6**　求抛物线 $y=x^2$ 在点 (1，1) 处的切线方程和法线方程．

**【解】**　因为 $y'=(x^2)'=2x$，由导数的几何意义又知，曲线 $y=x^2$ 在点 (1，1) 处的切线斜率为 $y'|_{x=1}=2x|_{x=1}=2$.

所以，所求的切线方程为 $y-1=2(x-1)$，即 $y=2x-1$.

法线方程为 $y-1=-\dfrac{1}{2}(x-1)$ 即 $y=-\dfrac{1}{2}x+\dfrac{3}{2}$.

## 2.1.3　函数的可导性与连续性

若函数 $y=f(x)$ 在点 $x$ 处可导，由 $\lim\limits_{\Delta x\to 0}\dfrac{\Delta y}{\Delta x}=f'(x)$ 根据函数的极限与无穷小的关系，可得 $\dfrac{\Delta y}{\Delta x}=f'(x)+\alpha(\Delta x)$，其中 $\alpha(\Delta x)$ 是 $\Delta x\to 0$ 的无穷小．两端各乘以 $\Delta x$，即得 $\Delta y=f'(x)\Delta x+\alpha(\Delta x)\Delta x$，由此可见 $\lim\limits_{\Delta x\to 0}\Delta y=0$. 这就是说 $y=f(x)$ 在点 $x$ 处连续．也可以说如果函数 $y=f(x)$ 在点 $x$ 处可导，那么在点 $x$ 处必连续．但反过来不一定成立，即在点 $x$ 处连

续的函数未必在点 $x$ 处可导.

**注意:**

函数 $y=f(x)$ 在点 $x_0$ 处连续是函数 $y=f(x)$ 在点 $x_0$ 处可导的必要条件.

**例 2-7** 讨论函数 $y=|x|=\begin{cases}x, & x\geqslant 0,\\ -x, & x<0\end{cases}$ 在 $x=0$ 处是否可导.

**【解】** 因为 $\Delta y=f(0+\Delta x)-f(0)=|\Delta x|$,

所以在 $x=0$ 点的右导数: $f'_+(0)=\lim\limits_{\Delta x\to 0^+}\dfrac{\Delta y}{\Delta x}=\lim\limits_{\Delta x\to 0^+}\dfrac{|\Delta x|}{\Delta x}=\lim\limits_{\Delta x\to 0^+}\dfrac{\Delta x}{\Delta x}=1$.

而左导数: $f'_-(0)=\lim\limits_{\Delta x\to 0^-}\dfrac{\Delta y}{\Delta x}=\lim\limits_{\Delta x\to 0^-}\dfrac{|\Delta x|}{\Delta x}=\lim\limits_{\Delta x\to 0^-}\dfrac{-\Delta x}{\Delta x}=-1$.

左右导数不相等, 故函数在该点不可导, 如图 2-2 所示.

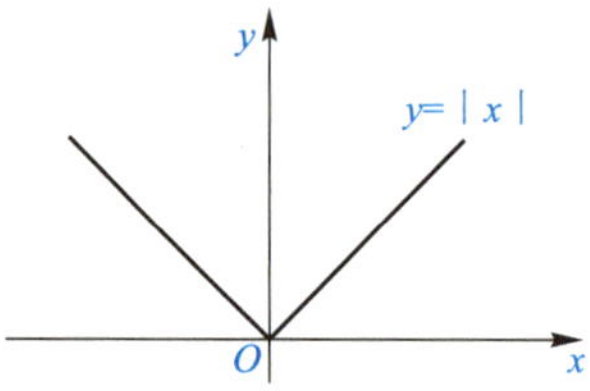


图 2-2

显然 $y=|x|$ 在 $x=0$ 处连续但是不可导.

所以, 函数连续是可导的必要条件而不是充分条件.

## 习题 2-1

1. 选择题

(1) 设函数为 $y=f(x)$ 在点 $x_0$ 处可导, 则下面结论错误的是(　　).

A. $y=f(x)$ 在点 $x_0$ 处有极限　　B. $y=f(x)$ 在点 $x_0$ 处连续

C. $y=f(x)$ 在点 $x_0$ 处可微　　D. $f'(x_0)=\lim\limits_{x\to x_0}f(x)$ 恒成立

(2) 若 $f(x)$ 在点 $x_0$ 处连续, 则 $f(x)$ 在点 $x_0$ 处(　　).

A. 一定可导　　B. 必不可导　　C. 有极限　　D. 无极限

(3) 若 $f'(x_0)=2$, 则 $\lim\limits_{h\to 0}\dfrac{f(x_0+3h)-f(x_0)}{h}=$(　　).

A. 3　　B. 6　　C. 9　　D. 12

(4)若$f(x)=|x-2|$，则$f(x)$在$x=2$处(　　).

A. 既连续也可导　　B. 连续但不可导　　C. 可导但不连续　　D. 既不可导也不连续

(5)函数$y=|\sin x|$在$x=0$处导数(　　).

A. 等于$-1$　　B. 等于1　　C. 等于0　　D. 不存在

(6)设函数为$y=f(x)$，当自变量$x$由$x_0$改变到$x_0+\Delta x$时，相应函数的改变量$\Delta y=$(　　).

A. $f(x_0+\Delta x)-f(x_0)$　　B. $f'(x_0)+\Delta x$

C. $f(x_0+\Delta x)$　　D. $f(x_0)+\Delta x$

2. 根据导数的定义求下列函数的导数：

(1) $y=ax-1$;　　(2) $y=\sqrt{x}$.

3. 设$y=\sin x$，证明$y'=\cos x$，并求$f'\left(\frac{\pi}{2}\right)$，$f'(\pi)$.

4. 利用公式求下列函数的导数：

(1) $y=x^3$;　　(2) $y=3^x$;

(3) $y=\sqrt{\frac{1}{x}}$;　　(4) $y=\frac{1}{x^2}$;

(5) $y=\log_4 x$;　　(6) $y=\sqrt[3]{x^2}$.

5. 求下列函数在指定点的导数：

(1) $y=\frac{1}{x^3}$，$x=3$;　　(2) $y=\frac{x^2\sqrt{x}}{\sqrt[3]{x}}$，$x=1$.

6. 求曲线$y=e^x$在点(0，1)处的切线的斜率.

7. 求抛物线$y=x^2$上的切线满足下列条件的切点：

(1)平行于$x$轴；

(2)与$x$轴构成45°的角；

(3)与$x$轴构成60°的角.

8. 求曲线$y=\sin x$在点($\pi$，0)处的切线方程和法线方程.

9. 求曲线$y=\log_3 x$在横坐标为$x=3$所对应的点处的切线方程和法线方程.

10. 求抛物线$y=3x^2-6x+1$上具有水平切线的点.

11. 函数$y=|x-1|$在$x=1$处连续吗？可导吗？为什么？

12. 求函数

$$f(x)=\begin{cases}x^2\sin\frac{1}{x}, & x\neq 0,\\ 0, & x=0\end{cases}$$

在点$x=0$处的导数.

13. 证明：函数

$$y=\begin{cases} x\sin\dfrac{1}{x}, & x\neq 0, \\ 0, & x=0 \end{cases}$$

在 $x=0$ 处连续，但在 $x=0$ 处不可导.

14. 设 $f(x)=\begin{cases}\ln(1+x)+b, & x<0, \\ e^{ax}-1, & x\geqslant 0\end{cases}$ 且 $f'(0)$ 存在，求 $a$、$b$.

15. 某工厂生产一批产品固定成本为 2000 元，每增产 1 t 产品成本增加 50 元，设该产品市场需求规律为 $Q=1100-10p$（$p$ 为价格）产销平衡．试求：产量为 100 t 时的边际利润．

# 2.2 导数的运算

由基本初等函数经过有限次四则运算和复合运算构成初等函数．如果掌握了导数的四则运算和复合函数的求导法则，就能解决比较复杂的函数的求导问题．

## 2.2.1 导数的四则运算

由导数定义，可以证明函数和、差、积、商的求导法则，若函数 $u=u(x)$，$v=v(x)$ 在点 $x$ 处可导：

**法则 1** $[u(x)\pm v(x)]'=u'(x)\pm v'(x)$；

**法则 2** $[u(x)v(x)]'=u'(x)v(x)+u(x)v'(x)$；

**推论 1** $[cu(x)]'=cu'(x)$；

**法则 3** $\left[\dfrac{u(x)}{v(x)}\right]'=\dfrac{u'(x)v(x)-u(x)v'(x)}{v^2(x)}(v(x)\neq 0)$.

下面我们利用导数的定义仅证明法则 2，其余由读者自己证明．

**【证】** 设 $\Delta u=u(x+\Delta x)-u(x)$，$\Delta v=v(x+\Delta x)-v(x)$，则

$$u(x+\Delta x)=u(x)+\Delta u,\ v(x+\Delta x)=v(x)+\Delta v,$$

于是 $[u(x)v(x)]'=\lim\limits_{\Delta x\to 0}\dfrac{u(x+\Delta x)v(x+\Delta x)-u(x)v(x)}{\Delta x}$

$$=\lim_{\Delta x\to 0}\frac{[u(x)+\Delta u]\cdot[v(x)+\Delta v]-u(x)v(x)}{\Delta x}$$

$$=\lim_{\Delta x\to 0}\left[\frac{\Delta u}{\Delta x}\cdot v(x)+u(x)\cdot\frac{\Delta v}{\Delta x}+\frac{\Delta u}{\Delta x}\cdot\Delta v\right].$$

由于 $v(x)$ 在点 $x$ 处可导，因此在点 $x$ 处连续，即当 $\Delta x\to 0$ 时有 $\Delta v\to 0$. 又 $\lim\limits_{\Delta x\to 0}\left[\dfrac{\Delta u}{\Delta x}\cdot v(x)\right]=u'(x)\cdot v(x)$，$\lim\limits_{\Delta x\to 0}\left[\dfrac{\Delta v}{\Delta x}\cdot u(x)\right]=u(x)\cdot v'(x)$，$\lim\limits_{\Delta x\to 0}\left[\dfrac{\Delta u}{\Delta x}\cdot \Delta v\right]=0$，故有

$$[u(x)v(x)]'=u'(x)v(x)+u(x)v'(x).$$

法则 2 可简单地表示为

$$(uv)'=u'v+uv'.$$

法则 1、法则 2 可以推广到有限个可导函数的情形 .

**推论 2**　$(u_1\pm u_2\pm\cdots\pm u_n)'=u'_1\pm u'_2\pm\cdots\pm u'_n$ .

$(u_1u_2\cdots u_n)'=u'_1u_2\cdots u_n+u_1u'_2\cdots u_n+\cdots+u_1u_2\cdots u'_n$.

**例 2-8**　设 $f(x)=x^3-e^x+\sin x+\ln 3$，求 $f'(x)$ 及 $f'(0)$.

**【解】**　因为 $f'(x)=(x^3-e^x+\sin x+\ln 3)'=3x^2-e^x+\cos x+0$，所以 $f'(0)=3\times 0-e^0+\cos 0=0$.

**例 2-9**　函数 $y=\dfrac{1}{x}+x^5+7$，求 $y'$.

**【解】**　$y'=\left(\dfrac{1}{x}\right)'+(x^5)'+(7)'=-\dfrac{1}{x^2}+5x^4$.

**例 2-10**　函数 $y=x^2\sin x$，求 $y'$.

**【解】**　$y'=(x^2)'\sin x+x^2(\sin x)'=2x\cdot\sin x+x^2\cos x$ .

**例 2-11**　函数 $y=x\ln x+6x^3+\cos\pi$，求 $y'$.

**【解】**

$$\begin{aligned}y'&=(x\ln x+6x^3+\cos\pi)'\\&=(x\ln x)'+(6x^3)'+(\cos\pi)'\\&=x'\ln x+x(\ln x)'+6(x^3)'\\&=\ln x+x\cdot\frac{1}{x}+6\times 3x^2\\&=\ln x+18x^2+1.\end{aligned}$$

**例 2-12**　函数 $y=\tan x$，求 $y'$.

**【解】**　因为 $y=\tan x=\dfrac{\sin x}{\cos x}$，所以

$$y'=(\tan x)'=\left(\frac{\sin x}{\cos x}\right)'=\frac{(\sin x)'\cos x-\sin x(\cos x)'}{\cos^2x}$$

$$=\frac{\cos^2x+\sin^2x}{\cos^2x}=\frac{1}{\cos^2x}=\sec^2x,$$

即 $(\tan x)'=\sec^2 x$.

这就是正切函数的导数公式．类似地，可求得余切函数的导数公式

$$(\cot x)'=-\csc^2 x.$$

**例 2-13** 求过曲线 $y=\dfrac{x^2-2x-3}{x}$ 上一点 (3, 0) 的切线方程．

**【解】** 求此函数导数时，应先化简再求导，可以简化求导过程．

因为 $y=\dfrac{x^2-2x-3}{x}=x-2-\dfrac{3}{x}$,

所以

$$y'=(x-2-3x^{-1})'=1+0-(-3x^{-2})=1+\frac{3}{x^2},\ y'|_{x=3}=\frac{4}{3},$$

于是，过曲线上点(3, 0)处的切线方程为 $y-0=\dfrac{4}{3}(x-3)$，即 $4x-3y-12=0$.

**例 2-14** 求过曲线 $y=\dfrac{1}{1+\sqrt{x}}+\dfrac{1}{1-\sqrt{x}}$ 上一点 $\left(9,\ -\dfrac{1}{4}\right)$ 的切线的斜率．

**【解】** 因为 $y=\dfrac{1}{1+\sqrt{x}}+\dfrac{1}{1-\sqrt{x}}=\dfrac{2}{1-x}$，所以

$$y'=-\frac{2\cdot(-1)}{(1-x)^2}=\frac{2}{(1-x)^2}.$$

曲线上点 $\left(9,\ -\dfrac{1}{4}\right)$ 处的切线斜率为 $k=f'(9)=\dfrac{1}{32}$.

### 2.2.2 复合函数的求导法则

前面学习了基本初等函数求导公式及四则运算，那么复合函数怎样求导呢?

由公式 $(\sin x)'=\cos x$ 可以推出 $(\sin 2x)'=\cos 2x$，正确吗? 显然错误，因为 $(\sin 2x)'=(2\sin x\cos x)'=2[(\sin x)'\cos x+\sin x(\cos x)']=2\cos 2x$，此类题应该用复合函数求导法则求导．对于复合函数 $y=f[\varphi(x)]$ 的求导，我们有下面的定理．

**定理 2.1** 如果函数 $u=\varphi(x)$ 在点 $x$ 处可导，而函数 $y=f(u)$ 在对应点 $u=\varphi(x)$ 处可导，则复合函数 $y=f[\varphi(x)]$ 在点 $x$ 处可导，且其导数为

$$\frac{\mathrm{d}y}{\mathrm{d}x}=f'(u)\cdot\varphi'(x)=f'[\varphi(x)]\varphi'(x).$$

**【证】** 给自变量 $x$ 以增量 $\Delta x$，则 $u$ 取得相应的增量 $\Delta u$，$y$ 取得相应的增量 $\Delta y$.

当 $\Delta u\neq 0$ 时，则有

$$\frac{\Delta y}{\Delta x}=\frac{\Delta y}{\Delta u}\cdot\frac{\Delta u}{\Delta x}.$$

因为 $u=\varphi(x)$ 在点 $x$ 处可导，所以必连续．因此，当 $\Delta x\to 0$ 时，$\Delta u\to 0$．于是

$$\lim_{\Delta x\to 0}\frac{\Delta y}{\Delta u}=\lim_{\Delta u\to 0}\frac{\Delta y}{\Delta u}=f'(u).$$

又

$$\lim_{\Delta x\to 0}\frac{\Delta u}{\Delta x}=\varphi'(x),$$

所以

$$\lim_{\Delta x\to 0}\frac{\Delta y}{\Delta x}=\lim_{\Delta x\to 0}\left(\frac{\Delta y}{\Delta u}\cdot\frac{\Delta u}{\Delta x}\right)=\lim_{\Delta x\to 0}\frac{\Delta y}{\Delta u}\cdot\lim_{\Delta x\to 0}\frac{\Delta u}{\Delta x}=\lim_{\Delta u\to 0}\frac{\Delta y}{\Delta u}\cdot\lim_{\Delta x\to 0}\frac{\Delta u}{\Delta x}=f'(u)\varphi'(x).$$

即复合函数 $y=f[\varphi(x)]$ 在点 $x$ 处可导，且其导数为

$$\frac{\mathrm{d}y}{\mathrm{d}x}=f'(u)\varphi'(x)=f'[\varphi(x)]\varphi'(x).$$

简记为 $y'_x=\dfrac{\mathrm{d}y}{\mathrm{d}u}\cdot\dfrac{\mathrm{d}u}{\mathrm{d}x}=y'_u\cdot u'_x$.

当 $\Delta u=0$，可以证明上式仍然成立．

由此得复合函数求导法则：**两个可导函数的复合函数的导数等于函数对中间变量的导数与中间变量对自变量的导数的积．**

复合函数的求导法则也称为**链式法则**，它可以推广到多个变量的情形．例如，如果

$$y=f(u),\quad u=\varphi(v),\quad v=\psi(x),$$

且它们都可导，则

$$y'_x=y'_u\cdot u'_v\cdot v'_x=f'(u)\cdot\varphi'(v)\cdot\psi'(x).$$

**例 2-15** 求函数(1) $y=\sin 2x$；(2) $y=\sin^2 x$；(3) $y=\sin x^2$ 的导数．

**【解】** (1) 因为 $y=\sin 2x$ 由 $y=\sin u$ 与 $u=2x$ 复合而成，所以

$$y'_x=y'_u u'_x=\cos 2x\cdot 2=2\cos 2x.$$

(2) 因为 $y=\sin^2 x$ 由 $y=u^2$ 与 $u=\sin x$ 复合而成，所以

$$y'_x=y'_u u'_x=2u\cdot\cos x=2\sin x\cdot\cos x=\sin 2x.$$

(3) 因为 $y=\sin x^2$ 由 $y=\sin u$ 与 $u=x^2$ 复合而成，所以

$$y'_x=y'_u u'_x=\cos x^2\cdot 2x=2x\cos x^2.$$

**例 2-16** 求函数(1) $y=\ln 2x$；(2) $y=\mathrm{e}^{2x}$ 的导数．

**【解】** (1) $y=\ln 2x$ 可以看作由 $y=\ln u$，$u=2x$ 复合而成，又

$$y'_u=(\ln u)'=\frac{1}{u},\quad u'_x=(2x)'=2,$$

因此

$$y'_x = y'_u \cdot u'_x = \frac{1}{u} \cdot 2 = \frac{1}{2x} \cdot 2 = \frac{1}{x}.$$

另解

$$y' = (\ln 2 + \ln x)' = 0 + \frac{1}{x} = \frac{1}{x}.$$

(2) $y = e^{2x}$ 可以看作由 $y = e^u$，$u = 2x$ 复合而成，又

$$y'_u = (e^u)' = e^u, \quad u'_x = (2x)' = 2,$$

因此

$$y'_x = y'_u \cdot u'_x = e^u \cdot 2 = e^{2x} \cdot 2 = 2e^{2x}.$$

另解

$$y' = (e^x e^x)' = (e^x)' e^x + e^x (e^x)' = 2e^{2x}.$$

**例 2-17** 求函数 $y = (2-3x)^5$ 的导数.

【解】 $y' = [(2-3x)^5]' = 5(2-3x)^4 \cdot (2-3x)' = 5(2-3x)^4 \cdot (-3) = -15(2-3x)^4$.

**例 2-18** 求函数 $y = e^{\sin x}$ 的导数.

【解】 $y' = (e^{\sin x})' = e^{\sin x}(\sin x)' = e^{\sin x}\cos x$.

从以上几例可以看出，应用复合函数求导法求导时，关键是将函数分解为可以求导的若干个简单函数的复合．在熟练了以后，中间变量可以不写出来，从外到内逐层求导，一直求到对自变量的导数为止．

**例 2-19** 证明幂函数的导数公式：$(x^\alpha)' = \alpha x^{\alpha-1}(x > 0)$.

【证】 因为 $x^\alpha = e^{\ln x^\alpha} = e^{\alpha \ln x}$，所以

$$(x^\alpha)' = (e^{\ln x^\alpha})' = (e^{\alpha \ln x})' = e^{\alpha \ln x}(\alpha \ln x)' = x^\alpha \cdot \alpha \cdot \frac{1}{x} = \alpha x^{\alpha-1}.$$

### 2.2.3 隐函数的导数

表达成这种 $y=f(x)$ 形式的函数我们称之为**显函数**，如 $y=\sin x - x$. 有的函数是由某个方程 $F(x, y) = 0$ 确定，把方程所确定的函数称为**隐函数**，如 $y - \sin x - x = 0$，$y - \sin y - x = 0$. 一般情况下，对隐函数求导可化为显函数求导，如把 $y-\sin x-x=0$ 化为 $y=\sin x+x$ 即可，然而有的隐函数很难甚至不能化成显函数，那么怎样对隐函数求导呢？

下面通过例子说明这种求导方法．

**例 2-20** 求上面方程 $y - \sin x - x = 0$ 和 $y - \sin y - x = 0$ 所确定的隐函数的导数 $y'$.

【解】 在方程 $y-\sin x-x=0$ 中，将 $y$ 看作 $x$ 的函数，将两边关于 $x$ 求导，得

$$y'-\cos x-1=0,\quad 即\ y'=\cos x+1.$$

在 $y-\sin y-x=0$ 方程中，同理将两边关于 $x$ 求导，得

$$y'-(\sin y)'-(x)'=0,$$

即

$$y'-y'\cos y-1=0,$$

$$y'=\frac{1}{1-\cos y}.$$

**注意：**

上述结果中的 $y$ 仍然是由方程 $y-\sin y-x=0$ 所确定的隐函数．习惯上对隐函数求导，结果可以用含有 $y$ 的式子表示．

对隐函数求导数时，方程两端同时对 $x$ 求导，只需在方程 $F(x,\ y)=0$ 中，将 $y$ 看作 $x$ 的函数，$y$ 的表达式看作 $x$ 的复合函数，利用复合函数的求导法则，得到一个关于 $x$、$y$、$y'$ 的方程，从中解出 $y'$ 即得所求隐函数的导数．

**例 2-21** 求方程 $e^y+xy-e^x=0$ 确定的隐函数 $y=f(x)$ 的导数．

【解】 方程两端对 $x$ 求导数，得

$$e^y y'+y+xy'-e^x=0,$$

即有

$$y'=\frac{e^x-y}{x+e^y}.$$

**例 2-22** 求由方程 $\sin y=e^{x+y}$ 所确定的隐函数 $y=f(x)$ 的导数 $y'_x$．

【解】 方程两端对 $x$ 求导数，得

$$y'\cos y=e^{x+y}(1+y'),$$

解得

$$y'=\frac{e^{x+y}}{\cos y-e^{x+y}}.$$

**例 2-23** 求由方程 $xy+\ln y=1$ 确定的隐函数 $y=f(x)$ 在点（1，1）处的导数．

【解】 方程两端对 $x$ 求导，得

$$y+xy'+\frac{y'}{y}=0,$$

解得

$$y' = -\frac{y^2}{xy+1}.$$

将 $x=1$，$y=1$ 代入上式，得 $y' = -\frac{1}{2}$.

**例 2-24** 求幂指函数 $y = x^x$（$x>0$）的导数.

**【解】** 两边取对数，得

$$\ln y = x\ln x,$$

两边对 $x$ 求导，得

$$\frac{1}{y}\cdot y' = \ln x + 1,$$

整理，得

$$y' = y(\ln x + 1) = x^x(\ln x + 1).$$

此题先取对数，再利用隐函数的求导法求导，这种方法称为**对数求导法**.

一般地，幂指函数 $y = u(x)^{v(x)}$ 可以用对数求导法求导，也可以将幂指函数写成 $y = e^{v(x)\ln u(x)}$，再用复合函数求导法求导.

**例 2-25** 求 $y = x^{\sin x}$（$x>0$）的导数.

**【解法 1】** $y' = (x^{\sin x})' = (e^{\sin x\ln x})' = e^{\sin x\ln x}(\sin x\ln x)'$

$$= e^{\sin x\ln x}[(\sin x)'\cdot\ln x + \sin x\cdot(\ln x)'] = x^{\sin x}\left(\cos x\cdot\ln x + \frac{\sin x}{x}\right).$$

**【解法 2】** 两边取自然对数，得

$$\ln y = \sin x\cdot\ln x,$$

两边对 $x$ 求导，得

$$\frac{y'}{y} = \cos x\cdot\ln x + \frac{\sin x}{x},$$

$$y' = y\left(\cos x\cdot\ln x + \frac{\sin x}{x}\right) = x^{\sin x}\left(\cos x\cdot\ln x + \frac{\sin x}{x}\right).$$

**例 2-26** 求函数 $y = \sqrt{\frac{(x+1)(3x+1)}{(x+3)(x+4)}}\left(x > -\frac{1}{3}\right)$ 的导数.

**【解】** 两边取对数，得

$$\ln y = \frac{1}{2}[\ln(x+1) + \ln(3x+1) - \ln(x+3) - \ln(x+4)].$$

两边对 $x$ 求导数，得

$$\frac{1}{y}\cdot y'=\frac{1}{2}\left(\frac{1}{x+1}+\frac{3}{3x+1}-\frac{1}{x+3}-\frac{1}{x+4}\right),$$

即

$$y'=\frac{1}{2}y\left(\frac{1}{x+1}+\frac{3}{3x+1}-\frac{1}{x+3}-\frac{1}{x+4}\right)$$

$$=\frac{1}{2}\sqrt{\frac{(x+1)(3x+1)}{(x+3)(x+4)}}\left(\frac{1}{x+1}+\frac{3}{3x+1}-\frac{1}{x+3}-\frac{1}{x+4}\right).$$

**例 2-27** 求 $y=\arcsin x$ 的导数.

**【解】** $y=\arcsin x$ 是 $x=\sin y$ 的反函数，$y\in\left(-\frac{\pi}{2},\frac{\pi}{2}\right)$，所以由 $\sin^2 y+\cos^2 y=1$ 得

$$\cos y=\sqrt{1-\sin^2 y}=\sqrt{1-x^2}.$$

$x=\sin y$ 两边对 $x$ 求导数，得

$$x'=(\sin y)',$$

$$1=y'\cos y,$$

$$y'=\frac{1}{\cos y}=\frac{1}{\sqrt{1-x^2}},$$

即

$$(\arcsin x)'=\frac{1}{\sqrt{1-x^2}}.$$

类似地，有 $(\arccos x)'=-\frac{1}{\sqrt{1-x^2}}$.

**例 2-28** 求 $y=\arctan x$ 的导数.

**【解】** $y=\arctan x$ 是 $x=\tan y$ 的反函数，$y\in\left(-\frac{\pi}{2},\frac{\pi}{2}\right)$，$x=\tan y$ 两边对 $x$ 求导数，

$$x'=(\tan y)',$$

$$1=\left(\frac{\sin y}{\cos y}\right)',$$

$$1=y'\frac{1}{\cos^2 y},$$

即

$$(\arctan x)'=y'=\cos^2 y=\frac{\cos^2 y}{\cos^2 y+\sin^2 y}=\frac{1}{1+\tan^2 y}=\frac{1}{1+x^2}.$$

类似地，有 $(\text{arccot}\, x)'=-\frac{1}{1+x^2}$.

例 2-29　$y=\arcsin\sqrt{x}$，求 $y'$.

【解】　$y'=(\arcsin\sqrt{x})'=\dfrac{1}{\sqrt{1-(\sqrt{x})^2}}\cdot(\sqrt{x})'=\dfrac{1}{\sqrt{1-x}}\cdot\dfrac{1}{2\sqrt{x}}=\dfrac{1}{2\sqrt{x-x^2}}$.

## 2.2.4　高阶导数

设函数 $y=f(x)$ 在区间 $I$ 上可导，若其导函数在区间 $I$ 上仍可导，则称 $y=f(x)$ 在区间 $I$ 上二阶可导，并称 $[f'(x)]'$ 为 $y=f(x)$ 在区间 $I$ 上的二阶导数，记为 $f''(x)=[f'(x)]'$，$\dfrac{d^2y}{dx^2}=\dfrac{d}{dx}\left(\dfrac{dy}{dx}\right)$.

类似地，函数 $y=f(x)$ 的二阶导数的导数称为 $y=f(x)$ 的三阶导数，三阶导数的导数称为四阶导数，……一般地，$y=f(x)$ 的 $n-1$ 阶导数的导数称为 $y=f(x)$ 的 $n$ 阶导数，分别记为

$$y''',\ y^{(4)},\ \cdots,\ y^{(n)},$$

或

$$f'''(x),\ f^{(4)}(x),\ \cdots,\ f^{(n)}(x),$$

或

$$\frac{d^3y}{dx^3},\ \frac{d^4y}{dx^4},\ \cdots,\ \frac{d^ny}{dx^n}.$$

二阶及二阶以上的导数统称为高阶导数.

由高阶导数的定义可知，求函数的高阶导数是由低到高逐阶进行求导.

例 2-30　求函数 $y=2x^3-1$ 的二阶导数.

【解】　$y'=(2x^3)'-1'=6x^2$，

$y''=(6x^2)'=12x$.

例 2-31　求 $y=e^x+\ln x+2$ 的二阶导数.

【解】　$y'=(e^x)'+(\ln x)'+2'=e^x+\dfrac{1}{x}$，

$y''=(e^x)'+\left(\dfrac{1}{x}\right)'=e^x+\dfrac{1'\cdot x-1\cdot x'}{x^2}=e^x-\dfrac{1}{x^2}$.

例 2-32　求 $y=e^{3x}$ 的 $n$ 阶导数.

【解】　$y'=3e^{3x}$，$y''=3^2e^{3x}$，$y'''=3^3e^{3x}$，$y^{(4)}=3^4e^{3x}$，…，$y^{(n)}=3^ne^{3x}$.

一般地，可得 $(e^{kx})^{(n)}=k^ne^{kx}$.

特别地，当 $k=1$ 时，可得 $(e^x)^{(n)}=e^x$.

**例 2-33** 求 $y=\sin x$ 的 $n$ 阶导数.

【解】 $y'=\cos x=\sin\left(x+\dfrac{\pi}{2}\right)$;

$y''=\cos\left(x+\dfrac{\pi}{2}\right)=\sin\left(x+\dfrac{\pi}{2}+\dfrac{\pi}{2}\right)=\sin\left(x+2\cdot\dfrac{\pi}{2}\right)$;

$y'''=\cos\left(x+2\cdot\dfrac{\pi}{2}\right)=\sin\left(x+3\cdot\dfrac{\pi}{2}\right)$;

……

$y^{(n)}=\sin\left(x+n\cdot\dfrac{\pi}{2}\right)$.

类似地，可求 $y=\cos x$ 的 $n$ 阶导数为 $y^{(n)}=\cos\left(x+n\cdot\dfrac{\pi}{2}\right)$.

**例 2-34** 求函数 $y=\dfrac{1}{x}$ 的 $n$ 阶导数.

【解】 $y'=(-1)x^{-2}$;

$y''=(-1)\cdot(-2)x^{-3}=(-1)^2\cdot1\cdot2\cdot x^{-3}$;

$y'''=(-1)\cdot(-2)\cdot(-3)x^{-4}=(-1)^3\cdot1\cdot2\cdot3\cdot x^{-4}$;

……

$y^{(n)}=(-1)^n\cdot1\cdot2\cdot3\cdot\cdots n\cdot x^{-(n+1)}=(-1)^n\dfrac{n!}{x^{n+1}}$.

**例 2-35** 已知函数 $y=xe^x$，求 $y^{(n)}$.

【解】 因为 $y'=e^x+xe^x=e^x(x+1)$;

$y''=e^x(x+1)+e^x=e^x(x+2)$;

$y'''=e^x(x+2)+e^x=e^x(x+3)$;

……

$y^{(n)}=e^x(x+n)$.

**例 2-36** 求 $y=x^\alpha$（$\alpha$ 为任意常数）的 $n$ 阶导数.

【解】 $y'=\alpha x^{\alpha-1}$;

$y''=\alpha(\alpha-1)x^{\alpha-2}$;

$y'''=\alpha(\alpha-1)(\alpha-2)x^{\alpha-3}$;

……

$y^{(n)}=\alpha(\alpha-1)(\alpha-2)\cdots(\alpha-n+1)x^{\alpha-n}$.

特殊地，当 $\alpha=n$（$n$ 为正整数）时，得到

$$y^{(n)}=n(n-1)(n-2)\cdots 3\cdot 2\cdot 1=n!\ .$$

**例 2-37** 已知物体作直线运动的方程是 $s=v_0t+\frac{1}{2}gt^2$（$v_0$、$g$ 都是常数），求物体运动的加速度．

**【解】** 因为 $s'=v_0+gt$，$s''=g$，所以物体运动的加速度 $a=g$.

## 习题 2-2

1. 求下列函数的导数：

(1) $y=x+\ln x+\frac{1}{x}$；　　(2) $y=x^3+3^x+\log_3 x-\sqrt[3]{3}$；

(3) $y=x\tan x+1$；　　(4) $y=\frac{1-\ln x}{1+\ln x}$；

(5) $y=3a^x-2e^x+e^3$；　　(6) $y=\frac{3x}{x^2+1}$；

(7) $y=\ln^2 x+\ln 2x-\ln x^2-\ln 2$；　　(8) $y=4\cos(3x-1)$；

(9) $y=\sin x+\sin^2 x-\sin 2x$；　　(10) $y=\cos^3 2x$.

2. 求下列函数在指定点的导数：

(1) $f(x)=2x^2-3x+1$，求 $f'(0)$，$f'(1)$；

(2) $y=\cos x\cdot\ln x$，求 $y'|_{x=\pi}$；

(3) $f(x)=\sqrt{x^2+1}$，在 $x=1$ 处；

(4) $y=\ln\sin x$，在 $x=\frac{\pi}{3}$ 处．

3. 求下列隐函数的导数：

(1) $x^2+y^2+xy=1$；　　(2) $y=\ln y-3x$；

(3) $e^{xy}=xy$；　　(4) $y=x\cdot\ln y$.

4. 求下列隐函数在指定点的导数：

(1) $y=1+xe^y$，$(0,1)$；　　(2) $y=\cos x+\frac{1}{2}\sin y$，$\left(\frac{\pi}{2},0\right)$.

5. 利用对数求导法求下列函数的导数：

(1) $y=(\ln x)^x$；　　(2) $y=(\cos x)^{\sin x}$；

(3) $xe^y=ye^x$；　　(4) $y=2\sqrt{\frac{(x+3)(2x-4)}{(x+1)(5x+2)}}\,(x>2)$.

6. 求下列函数的二阶导数：

(1) $y = 3x^4 - 4x^2 + 5$;　(2) $y = \sqrt{x} + \frac{1}{\sqrt{x}}$;

(3) $y = 3^x - x^3$;　(4) $y = \cos^2 x \cdot \ln x$;

(5) $y = \sin x^2$;　(6) $y = e^{-x^2}$.

7. 求下列函数在指定点的二阶导数：

(1) $f(x) = (x-2)^4$, $x = -2$;　(2) $f(x) = e^{3x}$, $x = 0$.

8. 求下列函数的 $n$ 阶导数：

(1) $y = x\ln x$;　(2) $y = \cos x$.

9. 已知 $f(x) = x^7 - 5x^3 - 4x + 1$，试证 $f'(x) = f'(-x)$.

10. 以初速度 $v_0$ 上抛的物体，其上升高度 $s$ 与时间 $t$ 的关系是 $s = v_0 t - \frac{1}{2}gt^2$，求：

(1) 该物体的速度 $v(t)$；

(2) 该物体达到最高点的时刻.

11. 在曲线 $y = 3 + x - x^2$ 上求一点，使这点的切线平行于 $x$ 轴.

12. 求曲线 $x^2 + xy + y^2 = 4$ 在点 $M(2, -2)$ 的切线方程.

13. 证明周期函数的导函数仍为周期函数.

# 2.3　函数的微分

导数反映了函数的变化率，为了反映自变量微小变化时函数的改变量，需要引进微分的概念.

## 2.3.1　微分的定义

设函数 $y = f(x)$ 在点 $x_0$ 处可导，即在该点有极限

$$\lim_{\Delta x \to 0} \frac{\Delta y}{\Delta x} = f'(x_0).$$

根据有极限的函数与无穷小的关系，得

$$\frac{\Delta y}{\Delta x} = f'(x_0) + \alpha.$$

其中，$\alpha$ 是当 $\Delta x \to 0$ 时的无穷小. 将上式两端同乘以 $\Delta x$，得

$$\Delta y = f'(x_0)\Delta x + \alpha\Delta x.$$

上式表明，函数的增量可以表示为两项之和. 第一部分 $f'(x_0)\Delta x$ 是 $\Delta x$ 的线性函数；

因为 $\lim\limits_{\Delta x\to0}\dfrac{\alpha\Delta x}{\Delta x}=\lim\limits_{\Delta x\to0}\alpha=0$，所以第二部分 $\alpha\Delta x$ 是当 $\Delta x\to0$ 时比 $\Delta x$ 高阶的无穷小．因此，当 $f'(x_0)\neq0$，且 $|\Delta x|$ 充分小时，第二部分可以忽略，于是第一部分就成了 $\Delta y$ 的主要部分，从而有近似公式

$$\Delta y\approx f'(x_0)\Delta x.$$

把 $f'(x_0)\Delta x$ 称为 $\Delta y$ 的线性主部，并称为函数 $y=f(x)$ 在点 $x_0$ 处的**微分**.

**定义 2.3** 设函数 $y=f(x)$ 在点 $x_0$ 处可导，则 $f'(x_0)\Delta x$ 称为函数 $y=f(x)$ 在点 $x_0$ 处的**微分**，记为 $\mathrm{d}y|_{x=x_0}$ 即

$$\mathrm{d}y|_{x=x_0}=f'(x_0)\Delta x.$$

此时，也称函数 $y=f(x)$ 在点 $x_0$ 处可微．

例如，函数 $y=\ln x$ 在点 $x=2$ 处的微分是

$$\mathrm{d}y|_{x=2}=(\ln x)'|_{x=2}\Delta x=\frac{1}{2}\Delta x.$$

函数 $y=\sin x$ 的微分是

$$\mathrm{d}y=(\sin x)'\Delta x=\cos x\cdot\Delta x.$$

很明显，函数的微分 $\mathrm{d}y=f'(x)\Delta x$ 的值由 $x$ 和 $\Delta x$ 两个独立变化的量确定．

**例 2-38** 求函数 $y=x^3$ 当 $x=2$，$\Delta x=0.01$ 时的增量及微分．

【解】 函数的增量为

$$\Delta y=(2+0.01)^3-2^3=0.120601.$$

因为函数在点 $x$ 的微分是

$$\mathrm{d}y=(x^3)'\cdot\Delta x=3x^2\cdot\Delta x,$$

所以，将 $x=2$，$\Delta x=0.01$ 代入上式，得

$$\mathrm{d}y|_{x=2}=3\times2^2\times0.01=0.12.$$

由上例结果可以看出，$\mathrm{d}y|_{x=2}\approx\Delta y|_{x=2}$，误差是 0.000601.

特别地，函数 $y=x$，它的微分是

$$\mathrm{d}y=\mathrm{d}(x)=(x)'\cdot\Delta x=\Delta x.$$

因此规定：$\mathrm{d}x=\Delta x$，函数 $y=f(x)$ 的微分又可写成

$$\mathrm{d}y=f'(x)\mathrm{d}x,$$

从而有 $\dfrac{\mathrm{d}y}{\mathrm{d}x}=f'(x)$.

所以可以说，函数的导数 $f'(x)$ 等于函数的微分 $\mathrm{d}y$ 与自变量的微分 $\mathrm{d}x$ 的商．因此，导数也称为**微商**.

可以看出，如果已知函数 $y=f(x)$ 的导数 $f'(x)$，则由 $\mathrm{d}y=f'(x)\mathrm{d}x$ 可求出它的微分

dy；反之，如果已知函数 $y=f(x)$ 的微分 dy，则由 $\frac{dy}{dx}=f'(x)$ 可求得它的导数．因此，可导与可微是等价的．把求导数和求微分的方法统称为**微分法**.

**注意：**

求函数的导数和微分的运算虽然可以互通，但它们的含义不同．一般地说，导数反映了函数的变化率，微分反映了自变量微小变化时函数的改变量．

### 2.3.2 微分的几何意义

如图 2-3 所示，设曲线 $y=f(x)$ 上一点 $M$ 的坐标为$(x_0, f(x_0))$，过点 $M$ 作曲线的切线 $MT$，它的倾斜角为 $\alpha$. 当自变量 $x$ 在 $x_0$ 有一微小的增量 $\Delta x$ 时，相应的曲线的纵坐标有一增量 $\Delta y$. 从图中可以看出，$dx=\Delta x=MQ$，$\Delta y=QN$.

设过点 $M$ 的切线 $MT$ 与 $NQ$ 相交于点 $P$，则 $MT$ 的斜率

$$\tan\alpha=f'(x_0)=\frac{QP}{MQ}.$$

所以，函数 $y=f(x)$ 在点 $x=x_0$ 的微分

$$dy=f'(x_0)dx=\frac{QP}{MQ}\cdot MQ=QP.$$

因此，函数 $y=f(x)$ 在点 $x=x_0$ 的微分就是曲线 $y=f(x)$ 在点 $M(x_0, f(x_0))$处的切线 $MT$ 的纵坐标对应于 $\Delta x$ 的增量．

此外，当 $f'(x_0)\neq 0$ 且 $|\Delta x|$ 很小时，$|\Delta y-dy|$ 比 $|\Delta x|$ 小得多．因此，在点 $M$ 的邻近，可以用切线段来近似代替曲线段．

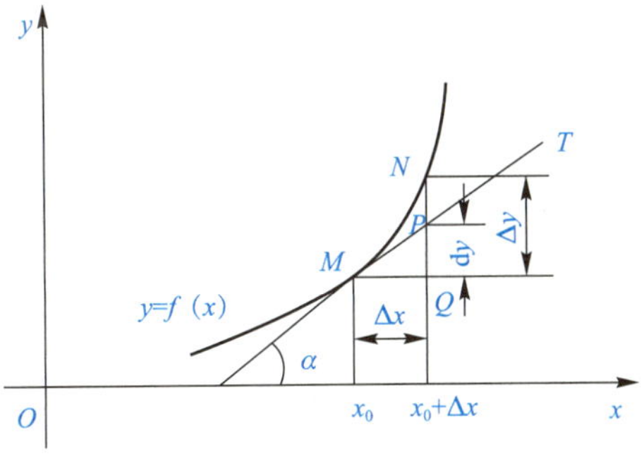


图 2-3

## 2.3.3 微分公式与微分运算法则

由微分定义可知，$dy=f'(x)dx$，所以根据导数公式和导数求导法则，就能得到相应的微分公式和微分运算法则.

### 1. 微分的基本公式

微分的基本公式见表 2-1.

**表 2-1 微分的基本公式**

| 序号 | 初等函数 | 微分的基本公式 |
| --- | --- | --- |
| 1 | 常数函数 | $dC=0$ |
| 2 | 幂函数 | $d(x^{\alpha})=\alpha x^{\alpha-1}dx$ |
| 3 | 对数函数 | $d(\log_a x)=\frac{1}{x\ln a}dx$，$d(\ln x)=\frac{1}{x}dx$ |
| 4 | 指数函数 | $d(a^x)=a^x\ln a dx$，$d(e^x)=e^x dx$ |
| 5 | 正弦函数 | $d(\sin x)=\cos x dx$ |
| 6 | 余弦函数 | $d(\cos x)=-\sin x dx$ |
| 7 | 正切函数 | $d(\tan x)=\sec^2 x dx$ |
| 8 | 余切函数 | $d(\cot x)=-\csc^2 x dx$ |
| 9 | 正割函数 | $d(\sec x)=\sec x\cdot\tan x dx$ |
| 10 | 余割函数 | $d(\csc x)=-\csc x\cdot\cot x dx$ |
| 11 | 反正弦函数 | $d(\arcsin x)=\frac{1}{\sqrt{1-x^2}}dx$ |
| 12 | 反余弦函数 | $d(\arccos x)=-\frac{1}{\sqrt{1-x^2}}dx$ |
| 13 | 反正切函数 | $d(\arctan x)=\frac{1}{1+x^2}dx$ |
| 14 | 反余切函数 | $d(\text{arccot}\, x)=-\frac{1}{1+x^2}dx$ |

### 2. 函数和、差、积、商的微分法则

设 $u(x)$，$v(x)$ 均可微，则

(1) $d(u\pm v)=du\pm dv$；

(2) $d(uv)=vdu+udv$；

(3) $d\left(\frac{u}{v}\right)=\frac{vdu-udv}{v^2}(v\neq 0)$.

【证】(只证乘积的微分法则)　根据微分的定义，有

$$d(uv)=(uv)'dx=(u'v+uv')dx=u'vdx+uv'dx.$$

因为

$$u'dx=du,\ v'dx=dv,$$

所以

$$d(uv)=vdu+udv.$$

类似地，可证明和、差、商的微分法则.

### 3. 复合函数的微分法则

设 $y=f(u)$，$u=\varphi(x)$，则复合函数 $y=f[\varphi(x)]$ 的微分为

$$dy=\{f[\varphi(x)]\}'_x dx=f'(u)\varphi'(x)dx.$$

由于 $\varphi'(x)dx=du$，因此复合函数 $f[\varphi(x)]$ 的微分公式也可写成

$$dy=f'(u)du \text{ 或 } dy=y'_u du.$$

这个公式与 $dy=f'(x)dx$ 在形式上完全一样，所含内容却广泛得多，无论 $u$ 是中间变量或是自变量，$y=f(u)$ 的微分都可以用 $f'(u)du$ 表示，这个性质称为微分形式的不变性.

**例 2-39** 设 $y=e^{2x}$，求 dy.

【解】(1) 由公式 $dy=f'(x)dx$，得

$$dy=(e^{2x})'dx=2e^{2x}dx.$$

(2) 由一阶微分形式不变性，得

$$dy=de^{2x}=e^{2x}d2x=2e^{2x}dx.$$

**例 2-40** 设 $y=\sin(2x^3-1)$，求 dy.

【解】$dy=\cos(2x^3-1)d(2x^3-1)=6x^2\cos(2x^3-1)dx.$

**例 2-41** 设 $y=\ln(x^2+1)$，求 dy.

【解】$dy=\dfrac{1}{x^2+1}d(x^2+1)=\dfrac{1}{x^2+1}2xdx=\dfrac{2x}{x^2+1}dx.$

**例 2-42** 设 $y=\cos\sqrt{x}$，求 dy.

【解】(1) 由公式 $dy=f'(x)dx$，得

$$dy=(\cos\sqrt{x})'dx=-\frac{1}{2\sqrt{x}}\sin\sqrt{x}dx.$$

(2) 由一阶微分形式不变性，得

$$dy=d(\cos\sqrt{x})=-\sin\sqrt{x}d\sqrt{x}=-\sin\sqrt{x}\frac{1}{2\sqrt{x}}dx=-\frac{1}{2\sqrt{x}}\sin\sqrt{x}dx.$$

### 2.3.4 微分在近似计算中的应用

在一些工程问题的计算中，经常利用微分进行近似计算.

若函数 $y=f(x)$ 在点 $x_0$ 处可导，且 $f'(x_0)\neq 0$，当 $|\Delta x|$ 很小时，有近似计算公式：

$$\Delta y \approx \mathrm{d}y = f'(x_0)\Delta x, \tag{2-2}$$

或

$$f(x_0+\Delta x) \approx f(x_0) + f'(x_0)\Delta x. \tag{2-3}$$

特别地，当 $x_0=0$，令 $\Delta x = x$ 时，有

$$f(x) \approx f(0) + f'(0)x. \tag{2-4}$$

因为 $f(x_0)$ 和 $f'(x_0)$ 都容易计算，于是可以利用上述公式分别计算函数 $f(x)$ 的增量 $\Delta y$ 和 $x_0$ 附近函数值 $f(x_0+\Delta x)$ 的近似值.

**例 2-43** 一批半径为 1 cm 的球，为了提高球面的光洁度，要镀上一层铜，厚度为 0.01 cm，估计一下每只球需用多少克铜(铜的比重 $\gamma = 8.9\ \mathrm{g/cm^3}$)？

【解】 设球的体积为 $V$，半径为 $r$，则 $V=\frac{4}{3}\pi r^3$，$r=1$，$\Delta r = 0.01$.

由于 $\Delta r$ 很小，则镀层的体积为

$$\Delta V \approx \mathrm{d}V = V'|_{r=1}\Delta r = 4\pi r^2|_{r=1}\Delta r = 4\times 3.14\times 1^2\times 0.01 \approx 0.13\ \mathrm{cm^3}.$$

所以每只球需用铜约为 $8.9\times 0.13 \approx 1.16$ g.

利用微分知识可以推得一些常用的近似公式.

当 $|x|$ 很小时，有：

(1) $\sqrt[n]{1+x} \approx 1 + \frac{1}{n}x$;

(2) $\mathrm{e}^x \approx 1 + x$;

(3) $\ln(1+x) \approx x$;

(4) $\sin x \approx x$ ( $x$ 用弧度作单位);

(5) $\tan x \approx x$ ( $x$ 用弧度作单位).

【证】 (1)取 $f(x)=\sqrt[n]{1+x}$，于是 $f(0)=1$，$f'(0)=\frac{1}{n}(1+x)^{\frac{1}{n}-1}|_{x=0}=\frac{1}{n}$，代入式 2-4 得

$$\sqrt[n]{1+x} \approx 1 + \frac{1}{n}x.$$

(2)取 $f(x)=\mathrm{e}^x$，于是 $f(0)=1$，$f'(0)=(\mathrm{e}^x)'|_{x=0}=1$，代入式 2-4 得 $\mathrm{e}^x \approx 1+x$.

其他几个公式也可用类似的方法证明.

**例 2-44** 当 $|x|$ 很小时，求 $\sqrt{1+x}$ 的近似值.

【解】　由公式 $\sqrt[n]{1+x}\approx 1+\frac{1}{n}x$ 得 $\sqrt{1+x}\approx 1+\frac{1}{2}x$.

**例 2-45** 求 $\sqrt{4.1}$ 的近似值.

【解】　设函数 $f(x)=\sqrt{x}$，则 $f(4.1)=\sqrt{4.1}$，得

$$\Delta y=f(4.1)-f(4)=\sqrt{4.1}-2.$$

$$\mathrm{d}y=f'(4)\Delta x=(\sqrt{x})'|_{x=4}\Delta x=\frac{1}{2\sqrt{x}}\Big|_{x=4}\times(4.1-4)=\frac{1}{40}.$$

由 $\Delta y\approx \mathrm{d}y$，得

$$\sqrt{4.1}\approx\frac{1}{40}+2=2.025.$$

## 习题 2-3

1. 求下列函数在给定点的微分：

(1) $y=x^4+5\sin x$，$x=0$，$\mathrm{d}x=0.01$；

(2) $y=x^2\sin x$，$x=\frac{\pi}{2}$，$\mathrm{d}x=0.01$；

(3) $y=\frac{2+\ln x}{x}$，$x=\mathrm{e}$，$\mathrm{d}x=0.01$.

2. 将适当的函数填入下列括号，使等式成立：

(1) $\mathrm{d}\sin x=(\qquad)\mathrm{d}x$；　　(2) $\mathrm{d}(\qquad)=\sin x\mathrm{d}x$；

(3) $\mathrm{d}\cos x=(\qquad)\mathrm{d}x$；　　(4) $\mathrm{d}(\qquad)=\cos x\mathrm{d}x$；

(5) $\mathrm{d}\ln(\cos x)=(\qquad)\mathrm{d}x$；　　(6) $\mathrm{d}(\qquad)=-\tan x\mathrm{d}x$；

(7) $\mathrm{d}2x=(\qquad)\mathrm{d}x$；　　(8) $\mathrm{d}\mathrm{e}^{3x}=(\qquad)\mathrm{d}x$；

(9) $\mathrm{d}\sqrt{\frac{1}{x}}=(\qquad)\mathrm{d}x$；　　(10) $\mathrm{d}(\qquad)=2x\mathrm{d}x$；

(11) $\mathrm{d}(\qquad)=\sin 2x\mathrm{d}x$；　　(12) $\mathrm{d}(\qquad)=x^3\mathrm{d}x$；

(13) $\mathrm{d}\frac{1}{x^2}=(\qquad)\mathrm{d}x$；　　(14) $\mathrm{d}(\qquad)=\frac{1}{x^2}\mathrm{d}x$；

(15) $\mathrm{d}(\qquad)=\frac{1}{2x+1}\mathrm{d}x$；　　(16) $\mathrm{d}(\qquad)=\frac{1}{x+1}\mathrm{d}x$；

(17) $\mathrm{d}(\qquad)=\frac{1}{1-x}\mathrm{d}x$；　　(18) $\mathrm{d}(\qquad)=\frac{1}{x-1}\mathrm{d}x$；

(19) $\mathrm{d}(\qquad)=\frac{1}{\sqrt{x}}\mathrm{d}x$；　　(20) $\frac{\mathrm{e}^x}{1+\mathrm{e}^x}\mathrm{d}x=\mathrm{d}(\qquad)$；

(21) $de^{\sin x}=($ $\quad\quad$ $)d\sin x$; (22) $d($ $\quad\quad$ $)=e^{2x}d2x$.

3. 求方程 $e^y+xy-e^x=0$ 确定的隐函数 $y=f(x)$ 的微分 $dy$ 及导数 $y'$.

4. 半径为 10 cm 的金属圆片，加热后半径伸长了 0.05 cm，求所增加面积的精确值与近似值.

# 2.4 导数的应用

利用导数可以计算一些特殊极限，利用导数的几何意义可以求出函数曲线上一点处的切线与法线，并进一步研究函数的变化形态.

## 2.4.1 洛必达法则

把两个无穷小之比或两个无穷大之比的极限称为 $\frac{0}{0}$ 型或 $\frac{\infty}{\infty}$ 型不定式(也称为 $\frac{0}{0}$ 型或 $\frac{\infty}{\infty}$ 型未定型)的极限，洛必达法则就是以导数为工具求不定式的极限的方法.

### 1. $\frac{0}{0}$ 型未定式

若函数 $f(x)$，$g(x)$ 分别满足下列条件:

(1) $\lim\limits_{x\to x_0}f(x)=0$，$\lim\limits_{x\to x_0}g(x)=0$;

(2) 在点 $x_0$ 的左右近旁可导，且 $g'(x)\neq 0$;

(3) $\lim\limits_{x\to x_0}\frac{f'(x)}{g'(x)}$ 存在(或为 $\infty$)，则

$$\lim_{x\to x_0}\frac{f(x)}{g(x)}=\lim_{x\to x_0}\frac{f'(x)}{g'(x)}.$$

这种通过对分子与分母分别求导来确定未定式极限的方法是法国数学家洛必达(L' Hospital)首先发表的，所以称作**洛必达法则**. 定理的证明从略.

定理对 $x\to\infty$ 时的 $\frac{0}{0}$ 型未定式同样适用.

若函数 $f'(x)$ 与 $g'(x)$ 还能满足洛必达法则中的条件，则可继续使用洛必达法则，直到求出所需极限为止.

**例 2-46** 求 $\lim\limits_{x\to 1}\frac{x^3-3x+2}{x^3-x^2-x+1}$.

【解】 $\lim\limits_{x\to1}\dfrac{x^3-3x+2}{x^3-x^2-x+1}\overset{\frac{0}{0}}{=}\lim\limits_{x\to1}\dfrac{3x^2-3}{3x^2-2x-1}\overset{\frac{0}{0}}{=}\lim\limits_{x\to1}\dfrac{6x}{6x-2}=\dfrac{6}{4}=\dfrac{3}{2}$.

**例 2-47** 求 $\lim\limits_{x\to0}\dfrac{e^{3x}-1}{x}$.

【解】 $\lim\limits_{x\to0}\dfrac{e^{3x}-1}{x}\overset{\frac{0}{0}}{=}\lim\limits_{x\to0}\dfrac{(e^{3x}-1)'}{(x)'}=\lim\limits_{x\to0}\dfrac{3e^{3x}}{1}=3$.

**例 2-48** 求 $\lim\limits_{x\to0}\dfrac{x-\sin x}{x^3}$.

【解】 $\lim\limits_{x\to0}\dfrac{x-\sin x}{x^3}\overset{\frac{0}{0}}{=}\lim\limits_{x\to0}\dfrac{1-\cos x}{3x^2}\overset{\frac{0}{0}}{=}\lim\limits_{x\to0}\dfrac{\sin x}{6x}=\dfrac{1}{6}$.

**例 2-49** 求 $\lim\limits_{x\to0}\dfrac{\tan x-x}{x-\sin x}$.

【解】 $\lim\limits_{x\to0}\dfrac{\tan x-x}{x-\sin x}\overset{\frac{0}{0}}{=}\lim\limits_{x\to0}\dfrac{\sec^2x-1}{1-\cos x}=\lim\limits_{x\to0}\dfrac{\tan^2x}{1-\cos x}$

$$\overset{\frac{0}{0}}{=}\lim_{x\to0}\frac{2\tan x\cdot\sec^2x}{\sin x}=\lim_{x\to0}\frac{2}{\cos^3x}=2.$$

**例 2-50** 求 $\lim\limits_{x\to1}\dfrac{x^5-5x+4}{x^4-x^2-2x+2}$.

【解】 $\lim\limits_{x\to1}\dfrac{x^5-5x+4}{x^4-x^2-2x+2}\overset{\frac{0}{0}}{=}\lim\limits_{x\to1}\dfrac{5x^4-5}{4x^3-2x-2}\overset{\frac{0}{0}}{=}\lim\limits_{x\to1}\dfrac{20x^3}{12x^2-2}=2$.

> **注意：**
>
> 上式中的 $\lim\limits_{x\to1}\dfrac{20x^3}{12x^2-2}$ 已不是 $\dfrac{0}{0}$ 型未定式，故不能再使用洛必达法则，否则会导致错误的结果 .

### 2. $\dfrac{\infty}{\infty}$ 型未定式

**定理 2.2** 若函数 $f(x)$，$g(x)$ 分别满足下列条件：

(1) $\lim\limits_{x\to x_0}f(x)=\infty$， $\lim\limits_{x\to x_0}g(x)=\infty$；

(2) 在点 $x_0$ 的左右近旁可导，且 $g'(x)\neq0$；

(3) $\lim\limits_{x\to x_0}\dfrac{f'(x)}{g'(x)}$ 存在(或为 $\infty$ ),则

$$\lim_{x\to x_0}\frac{f(x)}{g(x)}=\lim_{x\to x_0}\frac{f'(x)}{g'(x)}.$$

定理对 $x\to\infty$ 时的 $\dfrac{\infty}{\infty}$ 型未定式同样适用.

当 $x\to x_0$ 或 $x\to\infty$ 时,若 $\dfrac{f'(x)}{g'(x)}$ 仍是 $\dfrac{0}{0}$ 或 $\dfrac{\infty}{\infty}$ 型的未定式,且函数 $f'(x)$ 与 $g'(x)$ 还能满足洛必达法则中的条件,则可继续使用洛必达法则,即

$$\lim_{\substack{x\to x_0\\(x\to\infty)}}\frac{f(x)}{g(x)}=\lim_{\substack{x\to x_0\\(x\to\infty)}}\frac{f'(x)}{g'(x)}=\lim_{\substack{x\to x_0\\(x\to\infty)}}\frac{f''(x)}{g''(x)}=\cdots$$

依次类推,直到求出所需极限为止.

**例 2-51** 求 $\lim\limits_{x\to0^+}\dfrac{\ln\sin x}{\ln x}$.

**【解】** $\lim\limits_{x\to0^+}\dfrac{\ln\sin x}{\ln x}\overset{\frac{\infty}{\infty}}{=}\lim\limits_{x\to0^+}\dfrac{\dfrac{\cos x}{\sin x}}{\dfrac{1}{x}}=\lim\limits_{x\to0^+}\left(\dfrac{x}{\sin x}\cdot\cos x\right)=\lim\limits_{x\to0^+}\dfrac{x}{\sin x}\lim\limits_{x\to0^+}\cos x=1.$

**例 2-52** 求 $\lim\limits_{x\to+\infty}\dfrac{x^n}{e^x}$.

**【解】** 
$$\begin{aligned}\lim_{x\to+\infty}\frac{x^n}{e^x}&\overset{\frac{\infty}{\infty}}{=}\lim_{x\to+\infty}\frac{nx^{n-1}}{e^x}\\&\overset{\frac{\infty}{\infty}}{=}\lim_{x\to+\infty}\frac{n(n-1)x^{n-2}}{e^x}\\&\overset{\frac{\infty}{\infty}}{=}\cdots\\&=\lim_{x\to+\infty}\frac{n(n-1)(n-2)(n-3)\cdots3\times2\times1}{e^x}\\&=0.\end{aligned}$$

**例 2-53** 求 $\lim\limits_{x\to\infty}\dfrac{x}{x-\sin x}$.

**【解】** $\lim\limits_{x\to\infty}\dfrac{x}{x-\sin x}=\lim\limits_{x\to\infty}\dfrac{1}{1-\dfrac{1}{x}\sin x}=1.$

**注意：**

本例虽属$\frac{\infty}{\infty}$型，但是$\lim\limits_{x\to\infty}\frac{(x)'}{(x-\sin x)'}=\lim\limits_{x\to\infty}\frac{1}{1-\cos x}$不存在，因此洛必达法则失效，应考虑用其他方法进行计算．

除了$\frac{0}{0}$型、$\frac{\infty}{\infty}$型未定式以外，还有$0\cdot\infty$、$\infty-\infty$、$0^0$、$\infty^0$，$1^\infty$等类型的未定式，它们经过适当的变形后，都可以转化为$\frac{0}{0}$或$\frac{\infty}{\infty}$这两种基本的未定式，然后用洛必达法则求其极限．

下面就$\infty-\infty$未定型举例．

**例 2-54** 求$\lim\limits_{x\to1}\left(\frac{x}{x-1}-\frac{1}{\ln x}\right)$．

**【解】** $$\lim_{x\to1}\left(\frac{x}{x-1}-\frac{1}{\ln x}\right)=\lim_{x\to1}\frac{x\ln x-(x-1)}{(x-1)\ln x}\overset{\frac{0}{0}}{=}\lim_{x\to1}\frac{x\frac{1}{x}+\ln x-1}{\ln x+\frac{x-1}{x}}$$

$$=\lim_{x\to1}\frac{\ln x}{1-\frac{1}{x}+\ln x}\overset{\frac{0}{0}}{=}\lim_{x\to1}\frac{\frac{1}{x}}{\frac{1}{x^2}+\frac{1}{x}}=\frac{1}{2}.$$

有些未定式的极限问题，用洛必达法则后，又回到了原式，即使再使用洛必达法则，也总是互相转化、反复出现，无论使用多少次，总得不到结果．例如，

$$\lim_{x\to+\infty}\frac{e^x-e^{-x}}{e^x+e^{-x}}\overset{\frac{\infty}{\infty}}{=}\lim_{x\to+\infty}\frac{e^x+e^{-x}}{e^x-e^{-x}}\overset{\frac{\infty}{\infty}}{=}\lim_{x\to+\infty}\frac{e^x-e^{-x}}{e^x+e^{-x}}.$$

但是，若将分子、分母分别除以$e^x$，则很容易得到结果，如下：

$$\lim_{x\to+\infty}\frac{e^x-e^{-x}}{e^x+e^{-x}}=\lim_{x\to+\infty}\frac{1-e^{-2x}}{1+e^{-2x}}=1.$$

洛必达法则虽然是求未定式极限的一种有效方法，可以使复杂运算化为简单运算，但它也不是万能的，有时会失效．这是因为洛必达法则仅说明了当满足条件时，其极限存在而且等于$\lim\frac{f'(x)}{g'(x)}$，但并没有说明当$\lim\frac{f'(x)}{g'(x)}$不存在时，$\lim\frac{f(x)}{g(x)}$是否存在．

使用洛必达法则，应注意如下几点：

(1)必须检验是否属于 $\frac{0}{0}$ 或 $\frac{\infty}{\infty}$ 未定型，若不是未定型，就不能使用该法则；

(2)如果有可约因子，或有非零极限值的乘积因子，则可先约去或提出，以简化演算步骤；

(3)当 $\lim \frac{f'(x)}{g'(x)}$ 不存在(不包括 $\infty$ 的情况)时，并不能断定 $\lim \frac{f(x)}{g(x)}$ 也不存在，此时应使用其他方法求极限.

## 2.4.2 函数单调性的判别法

如图 2-4(a)所示，单调增加的函数的图像是一条沿 $x$ 轴正向向上升的曲线，且曲线上各点切线的倾斜角都是锐角，因此切线的斜率都是正的，即 $f'(x)>0$.

如图 2-4(b)所示，单调减少的函数的图像是一条沿 $x$ 轴正向向下降的曲线，且曲线上各点切线的倾斜角都是钝角，因此切线的斜率都是负的，即 $f'(x)<0$.

通过论证可以用下面的判定定理判断函数单调性.

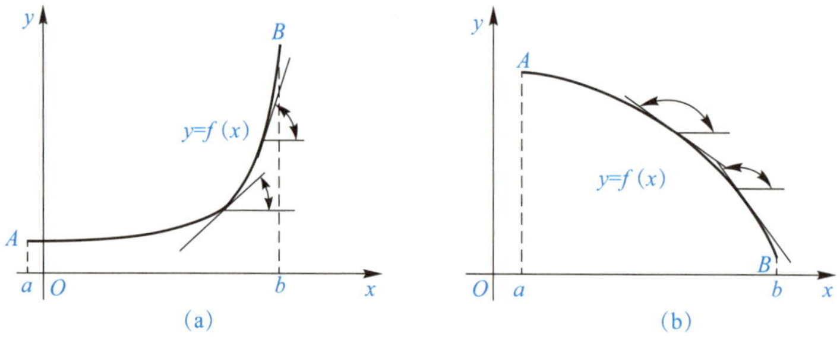


图 2-4

**定理 2.3** 设函数 $y=f(x)$ 在区间 $(a, b)$ 内可导：

(1)若在区间 $(a, b)$ 内，$f'(x)>0$，那么函数 $f(x)$ 在 $(a, b)$ 内单调增加；

(2)若在区间 $(a, b)$ 内，$f'(x)<0$，那么函数 $f(x)$ 在 $(a, b)$ 内单调减少.

**【证】** 设 $x_1$ 和 $x_2$ 是区间 $(a, b)$ 内的任意两点，且 $x_1<x_2$. 因为 $f(x)$ 在 $(a, b)$ 内可导，所以 $f(x)$ 在闭区间 $[x_1, x_2]$ 上连续，在开区间 $(x_1, x_2)$ 内可导，满足 Lagrange 定理条件，因此有

$$f(x_2)-f(x_1)=f'(\xi)(x_2-x_1)\ (x_1<\xi<x_2).$$

由假设 $x_1<x_2$ 知 $x_2-x_1>0$.

若 $f'(\xi)>0$，则 $f(x_2)-f(x_1)>0$，即 $f(x_2)>f(x_1)$. 由单调性定义知，函数 $f(x)$ 在 $(a, b)$ 内单调增加.

若 $f'(\xi)<0$，则 $f(x_2)-f(x_1)<0$，即 $f(x_2)<f(x_1)$. 由单调性定义知，函数 $f(x)$ 在 $(a, b)$ 内单调减少.

需要注意的是：该判定定理只是函数在区间内单调增加(或减少)的充分而不必要条件. 因为在区间 $(a, b)$ 内的个别点处可能有 $f'(x)=0$(驻点)，但这并不影响函数的单调性.

求函数 $f(x)$ 单调区间的一般步骤：

(1)确定 $f(x)$ 的定义域；

(2)求 $f(x)$ 的导数 $f'(x)$；

(3)令 $f'(x)=0$ 求驻点并求 $f'(x)$ 不存在点，这些点按从小到大顺序将定义域分为相对应的子区间；

(4)讨论 $f'(x)$ 在各子区间上的符号，从而判断函数的单调性.

**例 2-55** 讨论函数 $f(x)=\frac{1}{3}x^3-x$ 的单调区间.

**【解】** 函数 $f(x)=\frac{1}{3}x^3-x$ 在其定义域 $(-\infty, +\infty)$ 内连续，且

$$y'=x^2-1=(x+1)(x-1).$$

令 $y'=0$，得驻点 $x_1=-1$，$x_2=1$，函数没有导数不存在的点. 点 $x_1$、$x_2$ 把函数的定义域分成 $(-\infty, -1)$，$(-1, 1)$，$(1, +\infty)$ 三个子区间，列表：

| $x$ | $(-\infty, -1)$ | $-1$ | $(-1, 1)$ | $1$ | $(1, +\infty)$ |
|---|---|---|---|---|---|
| $f'(x)$ | + | 0 | − | 0 | + |
| $f(x)$ | ↗ | | ↘ | | ↗ |

从表中容易看到，$f(x)$ 单调增加区间为 $(-\infty, -1)$ 和 $(1, +\infty)$；单调减少区间为 $(-1, 1)$.

**例 2-56** 讨论函数 $f(x)=x^{\frac{1}{3}}$ 的单调性.

**【解】** 函数的定义域为 $(-\infty, +\infty)$，

$$f'(x)=\frac{1}{3}x^{-\frac{2}{3}}=\frac{1}{3\sqrt[3]{x^2}}.$$

当 $x=0$ 时，$f'(x)$ 不存在. 列表如下：

| $x$ | $(-\infty, 0)$ | $0$ | $(0, +\infty)$ |
|---|---|---|---|
| $f'(x)$ | + | 不存在 | + |
| $f(x)$ | ↗ | | ↗ |

所以，函数 $f(x)=x^{\frac{1}{3}}$ 在区间 $(-\infty, 0)$ 和 $(0, +\infty)$ 内单调增加，又因函数在定义域内连续，所以函数在定义域内单调增加．

**例 2-57** 讨论函数 $f(x)=x^{\frac{2}{3}}$ 的单调性．

【解】 函数的定义域为 $(-\infty, +\infty)$，

$$f'(x)=\frac{2}{3\sqrt[3]{x}}.$$

当 $x=0$ 时，$f'(x)$ 不存在．列表如下：

| $x$ | $(-\infty, 0)$ | 0 | $(0, +\infty)$ |
|---|---|---|---|
| $f'(x)$ | − | 不存在 | + |
| $f(x)$ | ↘ | | ↗ |

所以，函数 $f(x)=x^{\frac{2}{3}}$ 在区间 $(-\infty, 0)$ 内单调减少，在区间 $(0, +\infty)$ 内单调增加．

**例 2-58** 判定函数 $y=x+\cos x$ 的单调性．

【解】 函数 $y=x+\cos x$ 的定义域为 $(-\infty, +\infty)$，且 $y'=1-\sin x$. 令 $y'=0$，解得驻点 $x=2k\pi+\frac{\pi}{2}(k\in\mathbf{Z})$，除这些孤立的驻点外，$y'>0$. 因此，函数 $y=x+\cos x$ 在 $(-\infty, +\infty)$ 内单调增加．

注意单调区间与单调性的表达是有区别的．

**课程思政联想**

**函数的图像——人生的起伏与曲折**

通过用导数研究函数的图像，可以知道函数图像总有单调增减性，也有间断连续间断点．人生也总有顺境与逆境，也有跌宕起伏，也有低谷，也会遇到失败，需要克服自身不足，端正态度，正确认识人生的变化．成功不是一蹴而就的，要踏踏实实学习，特别是在遇到人生的低谷时，要有乐观的精神和面对困难、战胜困难的决心．困难是暂时的，只要胜不骄、败不馁，就一定会战胜困难，取得成功．

### 2.4.3 函数的极值

**定义 2.4** 设函数 $f(x)$ 在点 $x_0$ 的某邻域内有定义，如果对于点 $x_0$ 附近异于点 $x_0$ 的 $x$ 都有：

(1) $f(x) \leqslant f(x_0)$，则称 $f(x_0)$ 是函数 $f(x)$ 的一个极大值，称点 $x_0$ 为 $f(x)$ 的极大值点；

(2) $f(x) \geqslant f(x_0)$，则称 $f(x_0)$ 是函数 $f(x)$ 的一个极小值，称点 $x_0$ 为 $f(x)$ 的极小值点.

极大值和极小值统称为**极值**，极大点和极小点统称为**极值点**.

如图 2-5 所示，函数 $y=f(x)$ 在点 $c_1$、$c_4$ 处的函数值 $f(c_1)$、$f(c_4)$ 比它们左右邻近各点的函数值大，则 $f(c_1)$、$f(c_4)$ 叫极大值；而在点 $c_2$、$c_5$ 处的函数值 $f(c_2)$、$f(c_5)$ 比它们左右邻近各点的函数值都小，则 $f(c_2)$、$f(c_5)$ 叫极小值；而在点 $c_3$ 处的左边函数值比右边函数值小，$f(c_3)$ 不是极值. 其中 $c_1$、$c_2$、$c_4$、$c_5$ 为极值点.

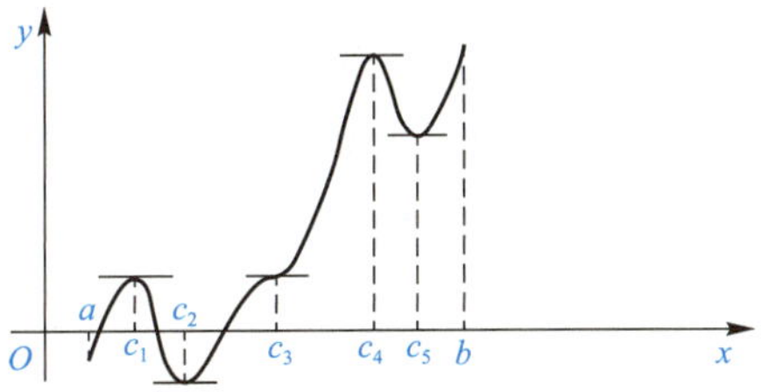


图 2-5

> **注意：**
> 由定义可知，函数的极值概念是局部性的.

### 函数极值的判定和求法

从图 2-5 还可以看出，曲线上对应于极值点处的切线都是水平的，即函数在极值点处的导数为零. 但有水平切线的点不一定是极值点. 如图中点 $c_3$ 处的切线是水平的，点 $c_3$ 却不是极值点. 因此得如下结论.

**定理 2.4(必要条件)** 设函数 $f(x)$ 在点 $x_0$ 可导，且在点 $x_0$ 取得极值，则函数在点 $x_0$ 的导数 $f'(x_0)=0$.

**【证】** 如果 $f(x_0)$ 为极大值，则存在点 $x_0$ 的某个邻域，在此邻域内有 $f(x_0) \geqslant f(x_0+\Delta x)$. 于是，

当 $\Delta x<0$ 时，

$$\frac{f(x_0+\Delta x)-f(x_0)}{\Delta x} \geqslant 0,$$

因此

$$f'(x_0)=\lim_{\Delta x \to 0^-}\frac{f(x_0+\Delta x)-f(x_0)}{\Delta x} \geqslant 0;$$

当 $\Delta x>0$ 时,

$$\frac{f(x_0+\Delta x)-f(x_0)}{\Delta x}\leqslant 0,$$

因此

$$f'(x_0)=\lim_{\Delta x\to 0^+}\frac{f(x_0+\Delta x)-f(x_0)}{\Delta x}\leqslant 0;$$

从而得到

$$f'(x_0)=0.$$

同理可证极小值情形.

上述定理说明，可导函数的极值点必定是它的驻点，但定理反过来是不成立的，即可导函数的驻点不一定是它的极值点. 例如，函数 $y=x^3$ 的导数为 $y'=3x^2$，很明显，$x=0$ 是函数的驻点但不是极值点，如图 2-6 所示. 对于连续函数，它的极值点还可能是使导数不存在的点，称这种点为尖点. 例如，$f(x)=|x|$，点 $x=0$ 处导数不存在，但是，点 $x=0$ 是它的极小值点，如图 2-7 所示. 因此，上述定理通常称为极值存在的必要条件.

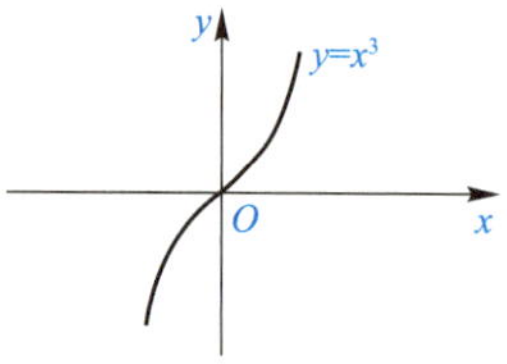

图 2-6

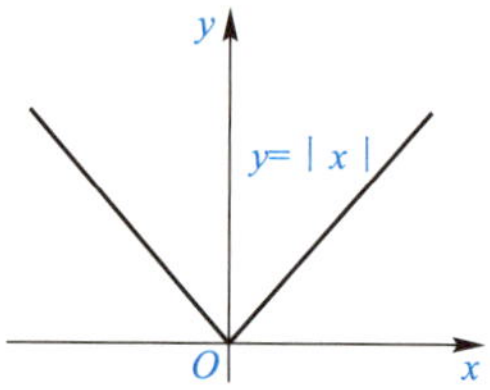

图 2-7

综上所述，函数的极值只可能在驻点或导数不存在的点取得. 因此，求函数的极值时，可以先求出函数的所有驻点和导数不存在的点，再判别这些点中哪些是极值点.

下面研究极值存在的充分条件.

如图 2-8 所示，函数 $f(x)$ 在点 $x_0$ 取得极大值，在点 $x_0$ 的左侧单调增加，在点 $x_0$ 的右侧单调减少. 这就是说，在点 $x_0$ 的左侧有 $f'(x)>0$，在点 $x_0$ 的右侧有 $f'(x)<0$. 对于 $f(x)$ 取得极小值的情形，可类似地讨论，如图 2-9 所示. 由此得以下定理.

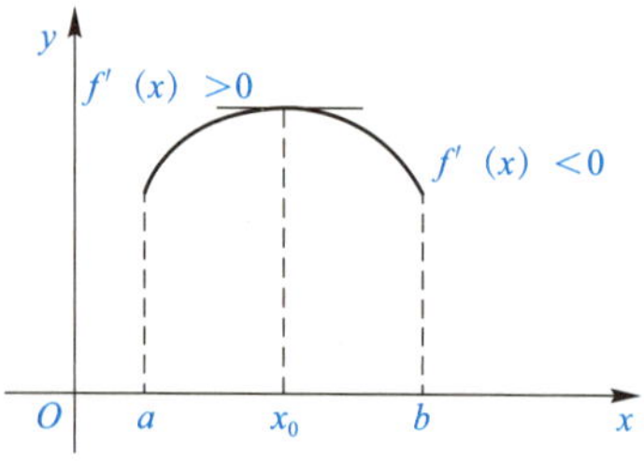

图 2-8

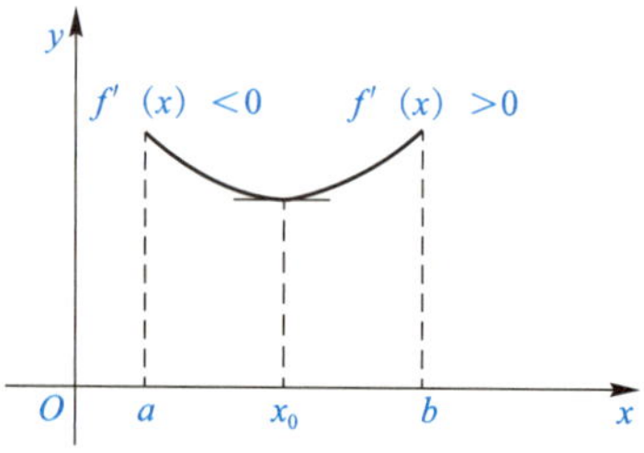

图 2-9

**定理 2.5(第一充分条件)**　设函数 $f(x)$ 在点 $x_0$ 处连续，在点 $x_0$ 的某个去心邻域内可导(但 $f'(x_0)$ 可以不存在).

(1)如果在点 $x_0$ 的邻域内，当 $x < x_0$ 时，$f'(x) > 0$；当 $x > x_0$ 时，$f'(x) < 0$，则函数 $f(x)$ 在点 $x_0$ 取得极大值 $f(x_0)$.

(2)如果在点 $x_0$ 的邻域内，当 $x < x_0$ 时，$f'(x) < 0$；当 $x > x_0$ 时，$f'(x) > 0$，则函数 $f(x)$ 在点 $x_0$ 取得极小值 $f(x_0)$.

(3)如果在点 $x_0$ 的去心邻域内，$f'(x)$ 不改变符号，则 $f(x_0)$ 不是函数 $f(x)$ 的极值.

**【证】**　当 $x$ 取点 $x_0$ 左侧邻域的值时，$f'(x) > 0$，根据函数单调性的判定法，函数 $f(x)$ 在点 $x_0$ 左侧邻域内是单调增加的，所以 $f(x) < f(x_0)$；当 $x$ 取点 $x_0$ 右侧邻域的值时，$f'(x) < 0$，函数 $f(x)$ 在点 $x_0$ 右侧邻域内是单调减少的，所以 $f(x_0) > f(x)$. 因此 $f(x_0)$ 是 $f(x)$ 的一个极大值.

类似地，可证明(2)和(3).

综合上面两个定理，得到求函数极值的一般步骤如下：

(1)求函数的定义域；

(2)求导数 $f'(x)$；

(3)求函数驻点和导数不存在的点；

(4)由导函数正负判断函数增减性，从而判断是否是极值点；

(5)再把极值点代入原函数得到函数的全部极值.

**例 2-59**　求函数 $f(x)=\frac{1}{3}x^3-2x^2+3x$ 的极值.

**【解】**　$f(x)$ 的定义域为 $(-\infty, +\infty)$，

$$f'(x)=x^2-4x+3=(x-1)(x-3).$$

令 $f'(x)=0$，得驻点 $x_1=1$，$x_2=3$，将定义域分为 $(-\infty, 1)$，$(1, 3)$，$(3, +\infty)$，列表如下：

| $x$ | $(-\infty, 1)$ | 1 | $(1, 3)$ | 3 | $(3, +\infty)$ |
|---|---|---|---|---|---|
| $f'(x)$ | + | 0 | − | 0 | + |
| $f(x)$ | ↗ | 极大值 $\frac{4}{3}$ | ↘ | 极小值 0 | ↗ |

所以，函数 $f(x)=\frac{1}{3}x^3-2x^2+3x$ 的极值分别为 $f_{极大值}(1)=\frac{1^3}{3}-2\times1^2+3\times1=\frac{4}{3}$，

$f_{极小值}(3)=\frac{3^3}{3}-2\times3^2+3\times3=0.$

**例 2-60** 求函数 $f(x)=2x-3x^{\frac{2}{3}}$ 的极值.

【解】 函数 $f(x)$ 的定义域为 $(-\infty, +\infty)$,

$$f'(x)=2-2x^{-\frac{1}{3}}=2\left(1-\frac{1}{\sqrt[3]{x}}\right)=2\cdot\frac{\sqrt[3]{x}-1}{\sqrt[3]{x}}.$$

令 $f'(x)=0$, 解得 $x=1$. 而当 $x=0$ 时, $f'(x)$ 不存在.

驻点 $x=1$ 和尖点 $x=0$ 将 $f(x)$ 的定义域分成 $(-\infty, 0)$, $(0, 1)$, $(1, +\infty)$ 三个子区间, 列表讨论如下:

| $x$ | $(-\infty, 0)$ | 0 | $(0, 1)$ | 1 | $(1, +\infty)$ |
|---|---|---|---|---|---|
| $f'(x)$ | + | 不存在 | − | 0 | + |
| $f(x)$ | ↗ | 极大值<br>0 | ↘ | 极小值<br>−1 | ↗ |

函数的极大值为 $f(0)=0$, 极小值为 $f(1)=-1$.

**思考:** 函数 $f(x)=x^{\frac{1}{3}}$ 有极值吗?

极值存在的第一充分条件既适用于函数 $f(x)$ 在点 $x_0$ 处可导, 也适用于在点 $x_0$ 处不可导. 当函数 $f(x)$ 在驻点处的二阶导数存在且不为零时, 也可利用下面的定理来判定极值.

**定理 2.6(第二充分条件)** 设函数 $f(x)$ 在点 $x_0$ 处具有二阶导数且 $f'(x_0)=0$, $f''(x)\neq 0$.

(1)如果 $f''(x_0)>0$, 则函数 $f(x)$ 在点 $x_0$ 处取得极小值.

(2)如果 $f''(x_0)<0$, 则函数 $f(x)$ 在点 $x_0$ 处取得极大值.

【证】 由导数定义及 $f'(x_0)=0$, $f''(x_0)>0$, 得

$$f''(x_0)=\lim_{\Delta x\to 0}\frac{f'(x_0+\Delta x)-f'(x_0)}{\Delta x}=\lim_{\Delta x\to 0}\frac{f'(x_0+\Delta x)}{\Delta x}>0.$$

令 $x_0+\Delta x=x$, 则 $\Delta x=x-x_0$, 上式可表示为 $f''(x_0)=\lim\limits_{x\to x_0}\dfrac{f'(x)}{x-x_0}>0$.

根据函数极限的性质, 存在点 $x_0$ 的某个邻域, 使在该邻域内恒有 $\dfrac{f'(x)}{x-x_0}>0$. 所以, 当 $x<x_0$ 时, $f'(x)<0$; 当 $x>x_0$ 时, $f'(x)>0$. 根据定理, 函数 $f(x)$ 在点 $x_0$ 处取得极小值.

**注意：**

当$f'(x_0)=0$且$f''(x_0)=0$时，则不能用第二充分条件，这时仍用第一充分条件来判定．例如，函数$f(x)=x^2$，$g(x)=x^3$在点$x=0$处的一阶导数和二阶导数都为零，但$f(x)$在点$x=0$处取得极小值，$g(x)$在点$x=0$处不取得极值．

**例 2-61** 求函数$f(x)=2x^3-3x^2-3$的极值．

【解】 $f'(x)=6x^2-6x=6x(x-1)$，$f''(x)=12x-6$.

令$f'(x)=0$，驻点为$x_1=0$，$x_2=1$.

当$f''(0)=-6<0$，因此$f(0)=-3$是$f(x)$的极大值.

当$f''(1)=6>0$，因此$f(1)=-4$是$f(x)$的极小值．

**例 2-62** 求函数$f(x)=x-\frac{1}{3}x^3$的极值．

【解】 函数$f(x)$的定义域为$(-\infty,+\infty)$，

$$f'(x)=1-x^2.$$

令$f'(x)=0$，解得驻点$x=\pm1$.

$$f''(x)=-2x,$$

因为$f'(-1)=0$，$f''(-1)=2>0$，所以，$f(x)$在$x=-1$处取得极小值$f(-1)=-\frac{2}{3}$；

因为$f'(1)=0$，$f''(1)=-2<0$，所以，$f(x)$在$x=1$处取得极大值$f(1)=\frac{2}{3}$.

## 2.4.4　函数的最值

若函数$f(x)$闭区间$[a,b]$上连续，则函数在该区间上存在最大值和最小值．显然，函数在闭区间$[a,b]$上的最大值和最小值只能在区间内的极值点和区间端点处取得．因此可得求闭区间$[a,b]$上的连续函数$f(x)$的最值步骤为：

(1)计算出函数的驻点和导数不存在点及端点处的函数值；

(2)比较这些函数值的大小，即可得最大值和最小值．

**例 2-63** 求函数$f(x)=x^3-3x^2-9x+5$在$[-2,6]$上的最大值和最小值．

【解】 (1)$f'(x)=3x^2-6x-9=3(x^2-2x-3)=3(x+1)(x-3)$.

令$f'(x)=0$，得驻点$x_1=-1$，$x_2=3$.

(2)计算得$f(-1)=10$，$f(3)=-22$，$f(-2)=3$，$f(6)=59$.

比较得函数在$[-2,6]$上的最大值为$f(6)=59$，最小值为$f(3)=-22$.

**注意：**

在实际问题中，如果函数$f(x)$在开区间$(a, b)$内可导，且只有一个驻点$x_0$，又由实际问题本身可判断，$f(x)$的最大值(或最小值)肯定在区间$(a, b)$内取得，则$f(x_0)$就是所要求的最大值(或最小值)，如图 2-10 所示.

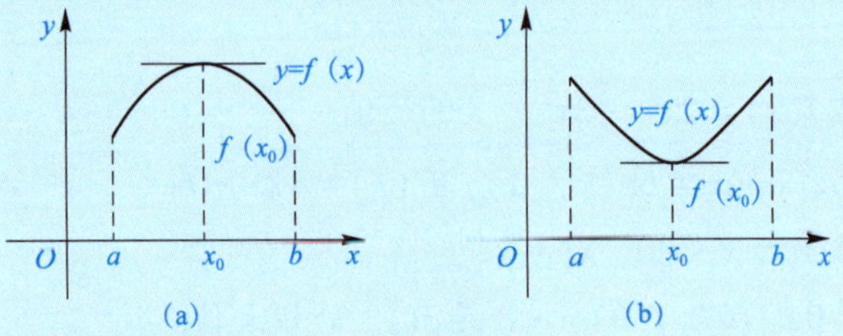


图 2-10

**例 2-64** 将一根定长为$L$的铁丝剪成两段，一段弯成圆形，另一段弯成正方形，问：怎样剪，可以使圆形和正方形面积和最小？

**【解】** 设正方形的边长为$x$，则圆形的半径为$\frac{L-4x}{2\pi}\left(0<x<\frac{L}{4}\right)$，由题意得

$$S=x^2+\pi\cdot\left(\frac{L-4x}{2\pi}\right)^2=x^2+\frac{(L-4x)^2}{4\pi}.$$

令$S'=2x+\frac{2(L-4x)}{4\pi}\cdot(-4)$

$$=2x-\frac{2L-8x}{\pi}=0,$$

得驻点$x=\frac{L}{\pi+4}$，且为$0<x<\frac{L}{4}$的唯一驻点，因此，面积和的最小值存在.

所以，当正方形边长为$\frac{L}{\pi+4}$时可以使圆形和正方形面积和最小.

**例 2-65** 要设计一个容积为$V$的有盖的圆柱体储油桶，已知侧面单位面积的造价是底面单位面积造价的一半，而盖单位面积的造价又是侧面单位面积造价的一半，问当油桶半径$r$为何值时造价最省？

**【解】** 设该圆桶造价为$F$，建立$F$与$r$的函数关系.

设盖单位面积的造价为$a$元/$\text{m}^2$，则侧面单位面积的造价为$2a$元/$\text{m}^2$，底面单位面积的造价为$4a$元/$\text{m}^2$，则

$$F=\text{盖的造价}+\text{侧面造价}+\text{底面造价}=a\pi r^2+2a(2\pi r)h+4a\pi r^2.$$

$\because V=\pi r^2 h$，即 $h=\dfrac{V}{\pi r^2}$.

$\therefore F=5a\pi r^2+4\pi ra\cdot\dfrac{V}{\pi r^2}=5a\pi r^2+\dfrac{4aV}{r}$.

$F'(r)=10a\pi r-\dfrac{4aV}{r^2}=\dfrac{2a}{r^2}(5r^3\pi-2V)$.

令 $F'(r)=0$，得 $r=\sqrt[3]{\dfrac{2V}{5\pi}}$.

由于油桶最省造价一定存在，且存在唯一驻点，所以当 $r=\sqrt[3]{\dfrac{2V}{5\pi}}$ 时 $F$ 取最小值，即此时造价最省．

**例 2-66** 某产品生产 $x$ 单位的总成本为

$$C(x)=\frac{1}{12}x^3-5x^2+170x+300.$$

每单位产品的价格是 134 元，求使利润最大的产量．

**【解】** 生产 $x$ 个单位的利润为

$$\begin{aligned}L(x)&=R(x)-C(x)\\&=134x-\left(\frac{1}{12}x^3-5x^2+170x+300\right)\\&=-\frac{1}{12}x^3+5x^2-36x-300.\end{aligned}$$

于是，问题归结为：求 $x$ 为何值时，函数在区间 $[0,+\infty)$ 内取得最大值．

$$L'(x)=-\frac{1}{4}x^2+10x-36=-\frac{1}{4}(x-36)(x-4),$$

令 $L'(x)=0$，解得 $x_1=36$，$x_2=4$. 因为 $L''(x)=-\dfrac{1}{2}x+10$，所以

$$L''(36)=-8<0,$$

所以 $L(x)$ 在 $x=36$ 处有极大值；又因为

$$L''(4)=8>0,$$

所以 $L(x)$ 在 $x=4$ 处有极小值．由于 $L(0)=-300$，且当 $x>36$ 时，$L'(x)<0$，即函数 $L(x)$ 单调减少，因此 $L(36)=996$ 是 $L(x)$ 的最大值．所以，生产 36 个单位时，有最大利润 996 元．

## 课程思政联想

**极值与最值——努力与成功**

通过函数极值与最值的学习，认识到努力是成功的必要条件．连续函数在开区间上没有极值就没有最值，在人生长河中没有努力就没有成功；尽管是函数的极值，但也不一定是最值，就像努力付出却没有成功一样，这很正常．成功没有一蹴而就的，需要持之以恒的努力，树立必胜的信念，一次次跌倒，一次次爬起来，终究会达到理想的彼岸．

## 习题 2-4

1. 用洛必达法则求下列极限：

(1) $\lim\limits_{x\to 0}\dfrac{\ln(1+x)}{x}$；　　(2) $\lim\limits_{x\to 0}\dfrac{x}{e^x-e^{-x}}$；

(3) $\lim\limits_{x\to 1}\dfrac{x-1}{x^n-1}$；　　(4) $\lim\limits_{x\to a}\dfrac{\sin x-\sin a}{x-a}$；

(5) $\lim\limits_{x\to \pi}\dfrac{\sin 2x}{\tan 3x}$；　　(6) $\lim\limits_{x\to +\infty}\dfrac{x^n}{e^{ax}}\ (a>0,n\in\mathbf{Z})$；

(7) $\lim\limits_{x\to +\infty}\dfrac{x+\ln x}{x\ln x}$；　　(8) $\lim\limits_{x\to 0^+}\dfrac{\ln\tan 5x}{\ln\tan 8x}$；

2. 验证极限 $\lim\limits_{x\to 0}\dfrac{x^2\sin\dfrac{1}{x}}{\sin x}$ 存在，但不能用洛必达法则得出．

3. 验证极限 $\lim\limits_{x\to +\infty}\dfrac{\sqrt{1+x^2}}{x}$ 存在，但不能用洛必达法则得出．

4. 判断下列函数的单调性：

(1) $y=x^2+2x-1,\ (-1,\ +\infty)$；　　(2) $y=2x+\dfrac{8}{x}\ (x>0)$；

(3) $y=\cot x-\tan x,\ \left(0,\ \dfrac{\pi}{2}\right)$；　　(4) $y=\ln x-x,\ (1,\ +\infty)$．

5. 求下列函数的单调区间：

(1) $y=e^{-x^2}$；　　(2) $y=x-e^x$；

(3) $y=2x^2-\ln x$；　　(4) $y=x-\arctan x$．

6. 求下列函数的极值点和极值：

(1) $y=2x^2-x^4$；　　(2) $y=3-(x-2)^{\frac{2}{3}}$；

(3) $y = x - e^x$;　　　　(4) $y = e^x + e^{-x}$.

7. 利用二阶导数，判断下列函数的极值：

(1) $y = 2x - \ln(4x)^2$;　　　　(2) $y = 2 - (x - 3)^2$;

(3) $y = \frac{1}{3}x^3 - 2x^2 + 3x + 1$;　　　　(4) $y = \sin x + \cos x$ 在区间 $[0, 2\pi]$ 上.

8. 求下列函数在指定区间上的最大值和最小值：

(1) $y = x^3 - 3x^2 + 7$, $[-1, 3]$;　　　　(2) $y = x + \sqrt{1 - x}$, $[-5, 1]$;

(3) $f(x) = x^4 - 2x^2 + 5$, $[-2, 2]$;　　　　(4) $f(x) = x + 2\sqrt{x}$, $[0, 4]$.

9. 设有一个长 8 m、宽 5 m 的矩形铁皮，在四个角上切去四个大小相同的小正方形．问切去的边长为多少时，才能使剩下的铁皮折成的开口盒子容积最大？并求开口盒子容积的最大值．

10. 某窗户的形状为半圆置于矩形之上，若此窗框的周长为一定值 $L$，试确定半圆的半径 $r$ 和矩形的高 $h$，使所能通过的光线是充足的．

11. 要做一个上下均有底的圆柱形容器，容积是常量 $V$. 问底面半径 $r$ 为多大时，容器的表面积最小？并求出此最小面积．

12. 要围一矩形场地，一边利用房屋的一堵墙，其他三边用长为 20 m 的篱笆围成，问怎样围才能使面积最大？最大面积是多少？

13. 某厂每批生产某种产品每个单位的费用(单位：元)为

$$C(x) = 5x + 200.$$

得到的收入(单位：元)是

$$R(x) = 10x - 0.01x^2.$$

问：每批生产多少单位时，才能使利润最大？

# 本章小结

【主要内容】

导数与微分的概念；利用导数定义推导基本初等函数导数公式及导数的四则运算法则；高阶导数、复合函数及隐函数的求导法则；导数的应用．

【重　　点】基本初等函数的求导公式，应用导数研究函数的性质．

【难　　点】复合函数求导以及应用导数知识解决实际问题．

【学习要求】

**1. 导数**

理解导数的概念，会用导数的定义求一些简单函数的导数；了解导数在几何、物理、经济上的应用.

**2. 导数的运算**

掌握基本初等函数的求导公式、导数的四则运算法则和复合函数及隐函数的求导法则，了解高阶导数及隐函数的求导：

(1) $(C)'=0$($C$为常数)；　(2) $(x^{\alpha})'=\alpha x^{\alpha-1}$；

(3) $(a^x)'=a^x\ln a(a>0,\ a\neq1)$；　(4) $(e^x)'=e^x$；

(5) $(\log_a x)'=\dfrac{1}{x\ln a}$；　(6) $(\ln x)'=\dfrac{1}{x}$；

(7) $(\sin x)'=\cos x$；　(8) $(\cos x)'=-\sin x$；

(9) $(\tan x)'=\dfrac{1}{\cos^2 x}=\sec^2 x$；　(10) $(\cot x)'=-\dfrac{1}{\sin^2 x}=-\csc^2 x$；

(11) $(\sec x)'=\sec x\cdot\tan x$；　(12) $(\csc x)'=-\csc x\cdot\cot x$；

(13) $(\arcsin x)'=\dfrac{1}{\sqrt{1-x^2}}$；　(14) $(\arccos x)'=-\dfrac{1}{\sqrt{1-x^2}}$；

(15) $(\arctan x)'=\dfrac{1}{1+x^2}$；　(16) $(\text{arccot}\ x)'=-\dfrac{1}{1+x^2}$.

**3. 微分**

理解函数微分的定义，会用微分的运算法则和一阶微分形式不变性求函数的微分.

**4. 导数的应用**

掌握函数极值与驻点的概念；掌握判定函数单调性的方法；掌握函数极值与最值的求法；能用洛必达法则求简单未定式的极限.

## 复习题

1. 选择题

(1) 函数 $f(x)$ 连续但不可导的点(　　).

A. 一定是极值点　B. 一定不是极值点　C. 一定是驻点　D. 一定不是驻点

(2) 设 $y=x\sin x$ 则 $f'\left(\dfrac{\pi}{2}\right)=$(　　).

A. $-1$　B. 1　C. $\dfrac{\pi}{2}$　D. $-\dfrac{\pi}{2}$

(3) 已知 $f'(3)=2$，$\lim\limits_{h\to 0}\frac{f(3-h)-f(3)}{2h}=$ (　　).

A. $\frac{3}{2}$　　B. $-\frac{3}{2}$　　C. 1　　D. $-1$

(4) 设 $f(0)=0$ 且 $f'(0)$ 存在，则 $\lim\limits_{x\to 0}\frac{f(x)}{x}=$ (　　).

A. $f'(x)$　　B. $f'(0)$　　C. $f(x)$　　D. $f(0)$

(5) 若 $f(x)$ 在点 $x_0$ 处可导，则以下结论错误的是(　　).

A. $f(x)$ 在点 $x_0$ 处有极限　　B. $f(x)$ 在点 $x_0$ 处连续

C. $f(x)$ 在点 $x_0$ 处可微　　D. $f'(x_0)=\lim\limits_{x\to x_0}f(x)$ 必成立

(6) $f(x)$ 在点 $x_0$ 处不连续，则 $f(x)$ 在点 $x_0$ 处(　　).

A. 必不可导　　B. 有时可导　　C. 必无定义　　D. 必无极限

(7) 函数 $f(x)=|\sin x|$ 在点 $x_0=0$ 处的导数(　　).

A. 等于 $-1$　　B. 等于 0　　C. 等于 1　　D. 不存在

(8) $y=\ln|x|$，则 $y'=$ (　　).

A. $-\frac{1}{|x|}$　　B. $\frac{1}{x}$　　C. $-\frac{1}{x}$　　D. $\frac{1}{|x|}$

(9) 曲线 $y=\sin x$ 在点 (0, 0) 处的切线方程是(　　).

A. $y=2x$　　B. $y=\frac{1}{2}x$　　C. $y=x$　　D. $y=-x$

(10) $f(x)=x\cos x$，则 $f''(x)=$ (　　).

A. $\cos x+x\sin x$　　B. $\cos x-x\sin x$

C. $2\sin x+x\cos x$　　D. $-2\sin x-x\cos x$

(11) $f'(x_0)=0$，则点 $x_0$ 是函数 $f(x)$ 的(　　).

A. 极大值点　　B. 最大值点　　C. 极小值点　　D. 驻点

(12) $x_0$ 是连续函数 $f(x)$ 在 $(a, b)$ 内的极小值点，则(　　).

A. 必有 $f'(x_0)=0$　　B. $f'(x_0)$ 必不存在

C. $f'(x_0)=0$ 或 $f'(x_0)$ 不存在　　D. $x\in(a, b)$ 时，必有 $f(x)\geqslant f(x_0)$

(13) 设 $f(x)=x+\cos x^2$，则 $f'(x)=$ (　　).

A. $1-\sin x^2$　　B. $1+\sin x^2$　　C. $1-\sin x^2\cdot 2x$　　D. $(1-\sin x^2)\cdot 2x$

(14) 设 $f(t)=\frac{t}{t^2-1}$，则 $f'(t)=$ (　　).

A. $\frac{1}{2t}$　　B. $-\frac{t^2+1}{(t^2-1)^2}$　　C. $\frac{3t^2-1}{(t^2-1)^2}$　　D. $-\frac{t^2+1}{t^2-1}$

(15) $\lim\limits_{x \to a} \dfrac{a^x - x^a}{x - a}(a > 0)$ 的值是(　　).

A. 0　　B. 1　　C. $\infty$　　D. $a^a(\ln a - 1)$

(16)若 $x_1$ 与 $x_2$ 分别是函数 $f(x)$ 在 $(a, b)$ 内的一个极大值点和一个极小值点，则(　　)必成立.

A. $f(x_1) > f(x_2)$

B. $f'(x_1) = f'(x_2) = 0$

C. 对 $\forall x \in (a, b)$，$f(x) \leqslant f(x_1)$，$f(x) \geqslant f(x_2)$

D. $f'(x_1)$、$f'(x_2)$ 可能为 0 也可能不存在

(17) 若 $\lim\limits_{x \to x_0} \dfrac{f(x) - f(x_0)}{(x - x_0)^2} = -1$，则 $f(x_0)$ 一定是 $f(x)$ 的(　　).

A. 最大值　　B. 极小值　　C. 最小值　　D. 极大值

(18) $y = \arctan \mathrm{e}^x$，则 $\mathrm{d}y =$ (　　)

A. $\dfrac{\mathrm{e}^x}{1 + \mathrm{e}^{2x}}$　　B. $\dfrac{1}{1 + \mathrm{e}^{2x}}$　　C. $\dfrac{\mathrm{e}^x dx}{1 + \mathrm{e}^{2x}}$　　D. $\dfrac{\mathrm{d}x}{1 + \mathrm{e}^{2x}}$

2. 填空题

(1) 若函数 $y = \ln\sqrt{3}$，则 $y' =$ ________.

(2)曲线 $y = x^3 + 4$ 在点________处的切线平行于 $x$ 轴.

(3)抛物线 $y = x^3$ 在点________处的切线的倾斜角是 45°.

(4)已知 $f(x) = x\sin x$，则 $f''(0) =$ ________.

(5)方程 $\mathrm{e}^{xy} = xy$ 所确定的隐函数的导数 $\dfrac{\mathrm{d}y}{\mathrm{d}x} =$ ________.

(6)若函数 $f(x)$ 在 $x = 0$ 处可微，则 $\lim\limits_{x \to 0} f(x) =$ ________.

(7) $\mathrm{d}\ln(\sin x) =$ ________.

(8) $\mathrm{d}\ln(\cos x) =$ ________.

(9) $\mathrm{d}(\sin \mathrm{e}^x) =$ ________.

(10)半径为 $x_0$ 的金属圆片，面积为 $S(x_0)$，加热后半径伸长了 $\Delta x$，应用微分方法求出面积增量 $\Delta S =$ ________.

(11) $\lim\limits_{x \to +\infty} \dfrac{\ln x}{\mathrm{e}^x} =$ ________.

(12)函数 $y = \arctan(x^2 + 1)$ 的递增区间是________.

(13)函数 $y = \ln(2x^4 + 8)$ 的递减区间是________.

(14)函数 $y = \sin x + x$ 在其定义域内的单调性是________.

(15)极值存在的必要条件：如果 $f(x)$ 在点 $x_0$ 处取得极值且在点 $x_0$ 处可导，则________.

(16) 若函数 $f(x)$ 在 $[a, b]$ 上连续，在 $(a, b)$ 内 $f'(x) < 0$，则函数的最小值为________.

(17) 设函数 $y = f(x)$ 二阶可导，若 $f'(x_0) = 0, f''(x_0) < 0$，则 $f(x_0)$ 是 $f(x)$ 的________.

(18) 已知生产某种产品的成本函数为 $C(q) = 80 + 2q$，则产量 $q = 50$ 时，该产品的平均成本为________.

(19) 已知 $f(x) = \ln x$，则 $\lim\limits_{h \to 0} \dfrac{f^2(x + \Delta h) - f^2(x)}{2h} =$ ________.

3. 判断题

(1) $(\ln 2x)' = \dfrac{1}{2x}$.　　(　　)

(2) 函数 $f(x)$ 有 $f'(x_0) = 0$，则点 $x_0$ 是极值点.　　(　　)

(3) 函数 $f(x) = x + \sin x$ 在定义域内无最值.　　(　　)

(4) 函数 $f(x)$ 在点 $x_0$ 处有 $f'(x_0) = 0$ 且 $f''(x_0) > 0$，则 $f(x_0)$ 是极大值.　　(　　)

4. 求下列函数的导数：

(1) $y = 3x^2 - \dfrac{2}{x^2} + 5$；　　(2) $y = x^2 \cos x$；

(3) $y = e^x(x^2 - 3x + 1)$；　　(4) $y = \dfrac{\sin x}{x} + \dfrac{x}{\sin x}$；

(5) $y = \log_a(1 + x^2)$；　　(6) $y = \dfrac{10^x - 1}{10^x + 1}$；

(7) $s = \dfrac{1 + \sin t}{1 - \cos t}$；　　(8) $y = (\sqrt{x} + 1)\left(\dfrac{1}{\sqrt{x}} - 1\right)$.

5. 设 $f(x)$ 为偶函数，且在 $x = 0$ 处可导，证明：$f'(0) = 0$.

6. 求下列函数指定阶数的导数：

(1) $y = x\ln^2 x$，求 $y'''$；　　(2) $y = (1 + x^2)\sin x$，求 $y''$；

(3) $y = \sin\sqrt{x}$，求 $y'''$；　　(4) $y = \sqrt{\cos x}$，求 $y^{(4)}$.

7. 求下列隐函数的导数：

(1) $\dfrac{x^2}{4} + \dfrac{y^2}{9} = 1$；　　(2) $y = x + e^y$；

(3) $x^2 - y^2 - xy = 1$；　　(4) $y^2 - 2ax + b = 0$.

8. 利用对数求导法求下列函数的导数：

(1) $y = \ln \tan \dfrac{x}{2}$；　　(2) $y = \sqrt{1 + \ln^2 x}$；

(3) $y = (x - 1)(x - 1)^2(x - 1)^3 \cdots (x - 1)^n$.

9. 已知函数 $y = x^2 + x$，求 $x$ 由 2 变到 1.99 时，函数的增量与微分.

10. 求下列函数的微分：

(1) $y=(2x^4-x^2+3)\left(\sqrt{x}-\dfrac{1}{x}\right)$；　　(2) $y=\dfrac{x^2-2}{x^2+2}$；

(3) $y=5^{\ln x}$；　　(4) $y=\ln(x+\sqrt{x^2+a^2})$.

11. 求过曲线 $y=\cos x$ 上点 $P\left(\dfrac{\pi}{3},\ \dfrac{1}{2}\right)$ 且与过这点的切线垂直的直线方程.

12. 设曲线 $y=\dfrac{1}{x^2}$ 和曲线 $y=\dfrac{1}{x}$ 在它们的交点处的两切线的夹角为 $\alpha$，求 $\tan\alpha$ 的值.

13. 设函数 $f(x)=\begin{cases}x^3, & x\leqslant 0,\\ ax+b, & x>0\end{cases}$ 在 $x=0$ 处可导，求 $a$、$b$ 的值.

14. 已知曲线 $y=f(x)$ 在 $x=1$ 处的切线方程是 $2x-y+1=0$，求函数在 $x=1$ 处的微分.

15. 求下列函数在指定点的微分(取 $\mathrm{d}x=0.01$)：

(1) $y=\sqrt{x}$，$x=4$；　　(2) $y=\sin^2 x$，$x=\dfrac{\pi}{4}$.

16. 求下列函数的微分：

(1) $y=2^{\arccos x}$；　　(2) $xy=16$.

17. 用洛必达法则求下列极限：

(1) $\lim\limits_{x\to 1}\dfrac{x^3-3x+2}{x^3-x^2-x+1}$；　　(2) $\lim\limits_{x\to+\infty}\dfrac{(\ln x)^2}{x}$；

(3) $\lim\limits_{x\to+\infty}\left(\dfrac{\pi}{2}-\arctan x\right)x$；　　(4) $\lim\limits_{x\to 0}\left(\dfrac{1}{x}-\dfrac{1}{\mathrm{e}^x-1}\right)$；

(5) $\lim\limits_{x\to+\infty}x^{\frac{1}{x}}$；　　(6) $\lim\limits_{x\to 0}(1+\sin x)^{\frac{1}{x}}$.

18. 求下列函数的单调区间和极值：

(1) $y=2+x-x^2$；　　(2) $y=2x^3-6x^2-18$；

(3) $y=2x-\mathrm{e}^{2x}$；　　(4) $y=x^2-\dfrac{2}{x}$.

19. 求下列函数在指定区间的最大值与最小值：

(1) $y=2x^3+3x^2-12x+14$，$[-3,\ 4]$；

(2) $y=\ln(x^2+2)$，$[-1,\ 2]$；

(3) $y=\dfrac{x^2}{1+x}$，$\left[-\dfrac{1}{2},\ 1\right]$.

20. 设用 $t$ 表示时间，$u$ 表示某物体的温度，$v$ 表示该物体的体积. 温度 $u$ 随时间 $t$ 变化，变化规律为 $u=1+2t$；体积 $v$ 随温度 $u$ 变化，变化规律为 $v=10+\sqrt{u-1}$. 试求当 $t=5$ 时，物体的体积的变化率.

21. 要做一个底面为长方形的带盖的箱子，其体积为 72 $cm^3$，底边边长成 1∶2 的关系. 问各边长为多少时，才能使表面积最小？

22. 有一根长为 $L$ 的铁丝，现将其分为两段，分别构造成圆形和正方形. 若记圆形的面积为 $S_1$，正方形的面积为 $S_2$，求证：当 $S_1+S_2$ 最小时，$\dfrac{S_1}{S_2}=\dfrac{\pi}{4}$.

23. 在一条河的同旁有甲、乙两城，甲城位于河岸边，乙城离岸 40 km，乙城到岸的垂足与甲城相距 50 km，如图 2-11 所示. 两城在此河边合建一水厂取水，从水厂到甲城和乙城的水管费用分别为每千米 3 万元和 5 万元，问此水厂应设在河边的何处才能使水管费用最省？

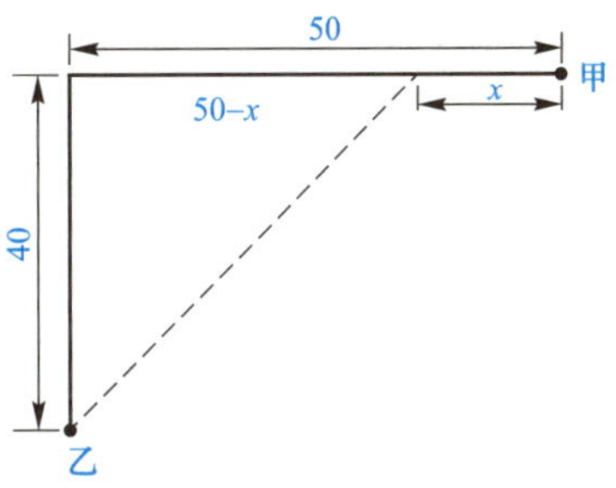


图 2-11

# 数学实验　用 MATLAB 求函数的导数

MATLAB 中用 diff 函数来求解函数的导数，可以实现一元函数求导和多元函数求偏导，diff 函数的调用格式主要有以下几种：

diff(f)：表示函数 $f$ 对默认变量 $x$ 求一阶导数；

diff(f, t)：表示函数 $f$ 对变量 $t$ 求一阶导数；

diff(f, x, n)：表示函数 $f$ 对变量 $x$ 求 $n$ 阶导数.

**例 2-67**　求函数 $f(x)=x\sin x$ 的一、二阶导数.

**【解】**　在命令窗口中输入：

```
>>syms x                 % 创建符号变量 x
>>f=x* sin(x);           % 定义函数 f = xsin x
>>y1=diff(f)             % 求一阶导数 f'(x)
y1 =
sin(x)+x* cos(x)         % 输出结果 y1 = f'(x) = sin x + xcos x
>>y2=diff(f, x, 2)       % 求二阶导数 f"(x)
y2 =
2* cos(x)-x* sin(x)      % 输出结果 y2 = f"(x) = 2cos x - xsin x
```

**例 2-68**　设 $f(x)=\ln x$，计算 $f'(x)$.

【解】 在命令窗口中输入：

```
syms x          % 定义函数自变量
f=log(x);       % 定义函数表达式
diff(f)         % 计算 f'(x)
ans =           % MATLAB 主窗口下的程序运行结果
1/x             % 1/x
```

**例 2-69** 设$f(x)=x^{10}$，计算$f^{(5)}(x)$.

【解】 在命令窗口中输入：

```
syms x          % 定义函数自变量
f=x^10;         % 定义函数表达式
diff(f, 5)      % 计算 f^(5)(x)
ans =           % MATLAB 主窗口下的程序运行结果
30240* x^5      % 30240x^5
```

## 拓展阅读

**微积分的奠基者——牛顿和莱布尼茨**

牛顿与莱布尼茨几乎同时创立了微积分学，分别得出了“导数”“积分”的概念和“运算法则”，阐明了“求导数”和“求积分”是“互逆”的两种运算，并为之创造了各自独特的符号.

不同的是，二者发明“微积分”的动机不同，莱布尼茨发明“微积分”的目的是解决“曲线”的“切线”问题，而牛顿发明“微积分”的目的则是解决“运动”问题，两种截然不同的问题解决方法殊途同归.

## 在线测试

扫一扫 测一测

# 第 3 章 不定积分

微积分包含两部分内容：微分学和积分学．前面学习了一元函数的微分学，系统掌握了导数和微分的定义及运算法则，本章和下一章将讨论一元函数的积分学．积分学中有两个基本概念——不定积分与定积分．不定积分是已知函数的导数从而求原函数提出的，定积分则是解决复杂的面积、体积的计算等实际应用问题中引入的．本章主要介绍不定积分的概念、性质及计算．

## 3.1 不定积分的概念与性质

### 3.1.1 原函数的概念

在第 2 章，通过研究变速直线运动引出了导数的概念，即已知物体运动的位置函数为 $s=s(t)$，则 $s(t)$ 的导数就是瞬时速度，即 $s'(t)=v(t)$．而在实际问题中常常会遇到相反的问题，例如，已知速度 $v(t)$，求路程 $s(t)$，即已知一个函数的导函数，求原来这个函数．因此，为了解决这类问题，引入了原函数的概念．

**定义 3.1** 设 $f(x)$ 是定义在某区间上的函数，如果存在一个函数 $F(x)$，使得对于该区间上任一点 $x$ 都有

$$F'(x)=f(x) \quad 或 \quad \mathrm{d}F(x)=f(x)\mathrm{d}x,$$

则称函数 $F(x)$ 为函数 $f(x)$ 在该区间上的一个**原函数**．

例如，在区间 $(-\infty,+\infty)$ 内，因为 $(\sin x)'=\cos x$，所以 $\sin x$ 是 $\cos x$ 的一个原函数．

又如，在区间 $(-\infty,+\infty)$ 内，因为 $(x^2)'=2x$，$(x^2+4)'=2x$，$(x^2-3)'=2x$，$(x^2+C)'=2x$，所以 $x^2$，$x^2+4$，$x^2-3$，$x^2+C$（$C$ 是任意常数）都是 $2x$ 的原函数．

### 3.1.2 原函数的性质

关于原函数，首先研究一个问题，即函数 $f(x)$ 应具备什么条件，才能保证它的原函数存在？

**定理 3.1** 如果函数 $f(x)$ 在某区间上连续，那么 $f(x)$ 在该区间上的原函数存在，即连续函数一定有原函数.

由于初等函数在其定义区间上连续，所以初等函数在其定义区间上都有原函数.

由前面的例子可知，$2x$ 的原函数不是唯一的，因此需讨论第二个问题，即如果函数 $f(x)$ 有原函数，那么原函数一共有多少个？

**定理 3.2** 如果函数 $f(x)$ 有原函数，那么它就有无穷多个原函数.

**【证】** 设函数 $F(x)$ 是函数 $f(x)$ 的一个原函数，即 $F'(x)=f(x)$，并设 $C$ 为任意常数. 因为

$$[F(x)+C]'=[F(x)]'+(C)'=f(x),$$

所以 $F(x)+C$ 也是 $f(x)$ 的原函数. 又因为 $C$ 为任意常数，即 $C$ 可以取无数多个值，所以 $f(x)$ 有无数多个原函数.

对于 $f(x)$ 的无数多个原函数来说，还需研究第三个问题，即 $f(x)$ 的任意两个原函数之间有什么关系？

**定理 3.3** 函数 $f(x)$ 的任意两个原函数之差是一个常数.

**【证】** 设 $F(x)$ 和 $G(x)$ 都是 $f(x)$ 的原函数，即

$$F'(x)=f(x),\ G'(x)=f(x),$$

于是

$$[G(x)-F(x)]'=G'(x)-F'(x)=f(x)-f(x)=0.$$

根据导数恒为零的函数必为常数，可知

$$G(x)-F(x)=C\ (C\text{ 为任意常数}),$$

即

$$G(x)=F(x)+C.$$

上述定理表明，如果 $F(x)$ 是 $f(x)$ 的一个原函数，那么 $f(x)$ 就有无穷多个原函数，$F(x)+C$（$C$ 为任意常数）就是函数 $f(x)$ 的全体原函数.

### 3.1.3 不定积分的概念

**定义 3.2** 函数 $f(x)$ 的全体原函数 $F(x)+C$ 称为 $f(x)$ 的**不定积分**，记为 $\int f(x)\mathrm{d}x$，即

$$\int f(x)\mathrm{d}x=F(x)+C.$$

其中，$\int$ 称为**积分号**，$f(x)$ 称为**被积函数**，$f(x)\mathrm{d}x$ 称为**被积表达式**，$x$ 称为**积分变量**，$C$ 称为**积分常数**.

由以上定义可知，若 $F'(x)=f(x)$，则有 $\int f(x)\mathrm{d}x=F(x)+C$.

因为 $x^2$ 是 $2x$ 的一个原函数，那么 $x^2+C$ 就是 $2x$ 的不定积分，即

$$\int 2x\mathrm{d}x=x^2+C.$$

又如，因为 $(\sin x)'=\cos x$，即 $\sin x$ 是 $\cos x$ 的一个原函数，那么 $\sin x+C$ 是 $\cos x$ 的不定积分，即

$$\int \cos x\mathrm{d}x=\sin x+C.$$

由原函数和不定积分的定义，可用微分法验证不定积分结果是否正确.

**例 3-1** 用微分法证明：

(1) $\int 4(x-1)^3\mathrm{d}x=(x-1)^4+C$;

(2) $\int \sin 3x\mathrm{d}x=-\dfrac{1}{3}\cos 3x+C$.

**【证】** (1) 因为 $[(x-1)^4]'=4(x-1)^3$，即 $(x-1)^4$ 是 $4(x-1)^3$ 的一个原函数，所以

$$\int 4(x-1)^3\mathrm{d}x=(x-1)^4+C.$$

(2) 因为 $\left(-\dfrac{1}{3}\cos 3x\right)'=\sin 3x$，即 $-\dfrac{1}{3}\cos 3x$ 是 $\sin 3x$ 的一个原函数，所以

$$\int \sin 3x\mathrm{d}x=-\frac{1}{3}\cos 3x+C.$$

为简便起见，在不发生混淆的情况下，不定积分也简称为积分.

### 3.1.4 不定积分的性质

由不定积分的定义与导数的运算法则，可得不定积分的性质如下.

**性质 1** 微分运算与积分运算互为逆运算.

因为 $\int f(x)\mathrm{d}x$ 是 $f(x)$ 的原函数，所以根据不定积分的定义，有

$$\left[\int f(x)\mathrm{d}x\right]'=f(x) \text{ 或 } \mathrm{d}\left[\int f(x)\mathrm{d}x\right]=f(x)\mathrm{d}x.$$

又因为 $F(x)$ 是 $f(x)$ 的原函数，所以有

$$\int F'(x)\mathrm{d}x=F(x)+C \text{ 或 } \int \mathrm{d}F(x)=F(x)+C.$$

**例 3-2** 求下列导数与微分：

(1) $\left(\int \frac{\sin x + e^{2x}}{3 + x^2} dx\right)'$；　　　　(2) $d\left(\int \frac{\ln x}{1 + \cos^2 x} dx\right)$.

【解】 由性质 1，得

(1) $\left(\int \frac{\sin x + e^{2x}}{3 + x^2} dx\right)' = \frac{\sin x + e^{2x}}{3 + x^2}$.

(2) $d\left(\int \frac{\ln x}{1 + \cos^2 x} dx\right) = \frac{\ln x}{1 + \cos^2 x} dx$.

**例 3-3** 求下列积分：

(1) $\int [2(\sin 3x + \cos 3x)]' dx$；　　　　(2) $\int d\left(e^x + \frac{\tan 2x}{1 + x^2}\right)$.

【解】 由性质 1，得计算结果如下.

(1) $\int [2(\sin 3x + \cos 3x)]' dx = 2(\sin 3x + \cos 3x) + C$.

(2) $\int d\left(e^x + \frac{\tan 2x}{1 + x^2}\right) = e^x + \frac{\tan 2x}{1 + x^2} + C$.

**性质 2** 被积函数中不为零的常数因子可以提到积分号前面，即

$$\int kf(x) dx = k\int f(x) dx \ (k \neq 0).$$

【证】 因为

$$\left[k\int f(x) dx\right]' = k\left[\int f(x) dx\right]' = kf(x),$$

所以 $k\int f(x) dx$ 是 $kf(x)$ 的一个原函数.

于是

$$\int kf(x) dx = k\int f(x) dx + C.$$

因为等号右边的积分中含有任意常数，所以后面的 $C$ 可以省略，即

$$\int kf(x) dx = k\int f(x) dx.$$

**例 3-4** 求不定积分 $\int 2e^x dx$.

【解】 由性质 2，得 $\int 2e^x dx = 2\int e^x dx = 2e^x + C$.

**性质 3** 两个函数代数和的不定积分等于各个函数不定积分的代数和，即

$$\int [f(x) \pm g(x)] dx = \int f(x) dx \pm \int g(x) dx.$$

【证】 因为

$$\left[\int f(x)\mathrm{d}x \pm \int g(x)\mathrm{d}x\right]' = \left[\int f(x)\mathrm{d}x\right]' \pm \left[\int g(x)\mathrm{d}x\right]'$$
$$= f(x) \pm g(x),$$

所以 $\int f(x)\mathrm{d}x \pm \int g(x)\mathrm{d}x$ 是 $f(x) \pm g(x)$ 的一个原函数.

于是

$$\int [f(x) \pm g(x)]\mathrm{d}x = \int f(x)\mathrm{d}x \pm \int g(x)\mathrm{d}x + C.$$

因为等号右边的积分中含有任意常数，所以后面的 $C$ 可以省略，即

$$\int [f(x) \pm g(x)]\mathrm{d}x = \int f(x)\mathrm{d}x \pm \int g(x)\mathrm{d}x.$$

此性质可以推广到有限个函数代数和的情形.

**例 3-5** 求不定积分 $\int(\cos x - \sin x)\mathrm{d}x$.

【解】 由性质 3，得 $\int(\cos x - \sin x)\mathrm{d}x = \int\cos x\mathrm{d}x - \int\sin x\mathrm{d}x = \sin x + \cos x + C.$

### 3.1.5 不定积分的几何意义

**例 3-6** 已知某曲线经过点 $A(0,1)$，且其上任意一点处的切线的斜率等于 $2x$，求此曲线的方程.

【解】 设所求曲线的方程为 $y=f(x)$. 依题意可得 $f'(x)=2x$. 则

$$f(x) = \int 2x\mathrm{d}x = x^2 + C.$$

把 $x=0$, $y=1$ 代入 $y=x^2+C$ 中，得 $C=1$. 因此所求曲线的方程是

$$y = x^2 + 1.$$

由此可知，所求曲线 $y=x^2+1$ 只是曲线族 $y=x^2+C$ 中的某一条，即经过点 $A(0,1)$ 的那一条曲线，如图 3-1 所示.

因此，若把函数 $f(x)$ 的一个原函数 $F(x)$ 的图像称为函数 $f(x)$ 的积分曲线，则不定积分 $\int f(x)\mathrm{d}x$ 在几何上表示由积分曲线 $y=F(x)$ 沿 $y$ 轴上下平移而得到的无数多条曲线（称为**积分曲线族**），且积分曲线族上横坐标相同的点处的切线的斜率都相等，即切线都平行，如图 3-2 所示.

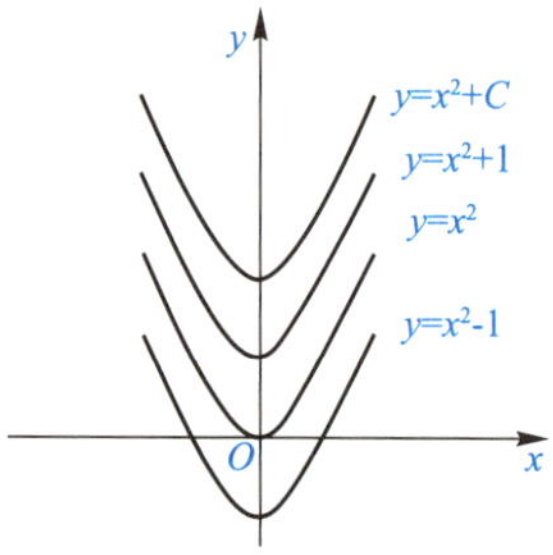


图 3-1

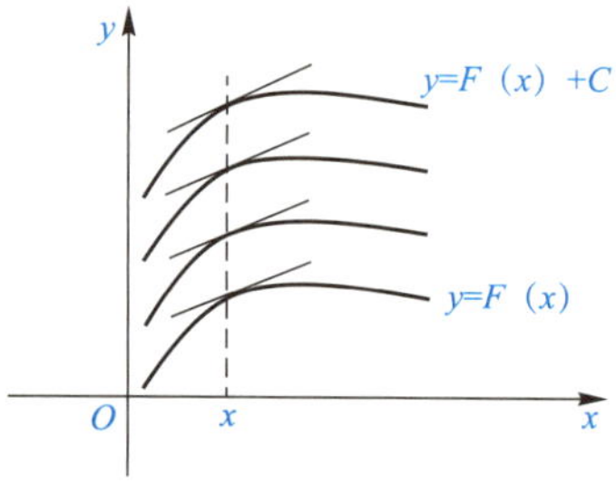


图 3-2

**课程思政联想**

**不定积分定义——开阔思路，创造奇迹**

人们总习惯于沿着事物发展的正方向去思考问题并寻求解决办法．其实，对于某些问题，尤其是一些特殊问题，从结论往回倒推，由结果回到已知，反向思考反而会使某些问题迎刃而解，甚至因此而有所发现，创造出惊天动地的奇迹．

1994 年，由我国发明家苏卫星发明的"两向旋转发电机"诞生，同年 8 月获中国高新科技杯金奖，并受到联合国 TIPS 组织的关注．说到"两向旋转发电机"的发明，也应归功于逆向思维．翻阅国内外科技文献，发电机共同的构造是各有一个定子和一个转子，定子不动，转子转动．而苏卫星发明的"两向旋转发电机"定子也转动，发电效率比普通发电机提高了四倍．苏卫星说："我来个逆向思维，让定子也旋转起来．"逆向思维是他得以发明的思维基础，也是他对创造发明的一大贡献．

我们应当自觉地运用逆向思维方法，善于正反向思考问题，不断开阔思路，创造更多的奇迹．

## 习题 3-1

1. 求下列函数的一个原函数：

(1) $f(x)=4x^3+x^2$；　　(2) $f(x)=2e^{2x}$；

(3) $f(x)=4\cos x-1$；　　(4) $f(x)=2x+\sin x$.

2. 用微分法验证下列各等式：

(1) $\int \frac{1}{\sqrt{x}}dx=2\sqrt{x}+C$；

(2) $\int(3x^2-2x+5)dx=x^3-x^2+5x+C$；

(3) $\int \frac{2x}{1+x^2}dx=\ln(1+x^2)+C$.

3. 求下列不定积分：

(1) $\int \frac{2}{1+x^2}dx$；　　(2) $\int \sec^2 x dx$；

(3) $\int (e^x+\sin x)dx$；　　(4) $\int \frac{1}{\sqrt{1-x^2}}dx$.

4. 写出下列各式的结果：

(1) $\left(\int \frac{x+1}{\sqrt{1-\sin^2 x}}dx\right)'$；　　(2) $\int [2^x(\sin x-\cos x)]'dx$；

(3) $\int d(3e^{2x}+\tan x^2)$；　　(4) $d\left(\int \frac{\sec x}{1+\cos^2 x}dx\right)$.

5. 已知某曲线上任意一点$(x, y)$处的切线的斜率为$e^x$，且曲线通过点$A(0, 2)$，求曲线的方程.

# 3.2　不定积分的公式与计算

## 3.2.1　基本公式

由于积分运算是微分运算的逆运算，因此由一个导数公式可以相应地写出一个不定积分公式. 例如，因为$(\sin x)'=\cos x$，所以

$$\int \cos x dx=\sin x+C.$$

因为

$$(\ln|x|)'=\begin{cases}(\ln x)'=\frac{1}{x}, & x>0,\\ [\ln(-x)]'=\frac{1}{-x}(-x)'=\frac{1}{x}, & x<0,\end{cases}$$

所以

$$\int \frac{1}{x}dx=\ln|x|+C.$$

类似地，可以推导出其他基本积分公式，见表3-1.

表3-1　基本积分公式

| 序号 | 求导公式 / $F'(x)=f(x)$ | 积分公式 / $\int f(x)dx=F(x)+C$ |
|---|---|---|
| 1 | $(kx)'=k$ | $\int kdx=kx+C$ |

(续表)

| 序号 | 求导公式 $/F'(x)=f(x)$ | 积分公式 $/\int f(x)\mathrm{d}x=F(x)+C$ |
|---|---|---|
| 2 | $\left(\frac{1}{\alpha+1}x^{\alpha+1}\right)'=x^{\alpha}$ | $\int x^{\alpha}\mathrm{d}x=\frac{1}{\alpha+1}x^{\alpha+1}+C(\alpha\neq-1)$ |
| 3 | $(\ln\|x\|)'=\frac{1}{x}$ | $\int\frac{1}{x}\mathrm{d}x=\ln\|x\|+C$ |
| 4 | $\left(\frac{a^{x}}{\ln a}\right)'=a^{x}$ | $\int a^{x}\mathrm{d}x=\frac{a^{x}}{\ln a}+C$ |
| 5 | $(\mathrm{e}^{x})'=\mathrm{e}^{x}$ | $\int \mathrm{e}^{x}\mathrm{d}x=\mathrm{e}^{x}+C$ |
| 6 | $(\sin x)'=\cos x$ | $\int\cos x\mathrm{d}x=\sin x+C$ |
| 7 | $(-\cos x)'=\sin x$ | $\int\sin x\mathrm{d}x=-\cos x+C$ |
| 8 | $(\tan x)'=\sec^{2}x$ | $\int\sec^{2}x\mathrm{d}x=\tan x+C$ |
| 9 | $(-\cot x)'=\csc^{2}x$ | $\int\csc^{2}x\mathrm{d}x=-\cot x+C$ |
| 10 | $(\arcsin x)'=\frac{1}{\sqrt{1-x^{2}}}$ | $\int\frac{1}{\sqrt{1-x^{2}}}\mathrm{d}x=\arcsin x+C$ |
| 11 | $(\arctan x)'=\frac{1}{1+x^{2}}$ | $\int\frac{1}{1+x^{2}}\mathrm{d}x=\arctan x+C$ |

### 3.2.2 直接积分法

直接用不定积分的基本公式与性质求不定积分，或者对被积函数进行适当的恒等变形(包括代数变形与三角变形)，再利用不定积分基本公式与性质求不定积分的方法称为直接积分法.

实际上，上节的例 3-4、例 3-5、例 3-6 就用的是直接积分法. 直接积分法是求不定积分最基本的方法，是求不定积分的基础，必须熟练掌握.

**例 3-7** 求下列不定积分：

(1) $\int\mathrm{d}x$； (2) $\int x^{3}\mathrm{d}x$； (3) $\int\frac{3\sqrt{x}}{x^{4}}\mathrm{d}x$；

(4) $\int(\sec^2 x+\csc^2 x)\mathrm{d}x$;　　　　(5) $\int(2\mathrm{e}^x+\cos x-3)\mathrm{d}x$.

【解】 (1) $\int \mathrm{d}x=\int 1\ \mathrm{d}x=x+C$.

(2) $\int x^3\mathrm{d}x=\dfrac{1}{3+1}x^{3+1}+C=\dfrac{1}{4}x^4+C$.

(3) $\int\dfrac{3\sqrt{x}}{x^4}\mathrm{d}x=\int 3x^{-\frac{7}{2}}\mathrm{d}x=\dfrac{3}{-\dfrac{7}{2}+1}x^{-\frac{7}{2}+1}+C=-\dfrac{6}{5}x^{-\frac{5}{2}}+C=-\dfrac{6}{5x^2\sqrt{x}}+C$.

(4) $\int(\sec^2 x+\csc^2 x)\mathrm{d}x=\tan x-\cot x+C$.

(5) $\int(2\mathrm{e}^x+\cos x-3)\mathrm{d}x=2\mathrm{e}^x+\sin x-3x+C$.

> **注意：**
>
> 在分项积分后，每个不定积分的结果都应有一个积分常数，但任意常数之和仍是任意常数，因此最后结果只要写一个任意常数即可．

**例 3-8** 求不定积分 $\int\dfrac{(x-2)^2}{x}\mathrm{d}x$.

【解】 $\int\dfrac{(x-2)^2}{x}\mathrm{d}x=\int\dfrac{x^2-4x+4}{x}\mathrm{d}x=\int\left(x-4+\dfrac{4}{x}\right)\mathrm{d}x=\dfrac{1}{2}x^2-4x+4\ln|x|+C$.

**例 3-9** 求不定积分 $\int\tan^2x\mathrm{d}x$.

【解】 利用同角三角函数平方关系式 $\tan^2x=\sec^2x-1$，得

$$\int\tan^2x\mathrm{d}x=\int(\sec^2x-1)\mathrm{d}x=\int\sec^2x\mathrm{d}x-\int 1\mathrm{d}x=\tan x-x+C.$$

**例 3-10** 求不定积分 $\int\cos^2\dfrac{x}{2}\mathrm{d}x$.

【解】 利用二倍角公式 $\cos^2\dfrac{x}{2}=\dfrac{1+\cos x}{2}$，得

$$\int\cos^2\frac{x}{2}\mathrm{d}x=\int\frac{1+\cos x}{2}\mathrm{d}x=\frac{1}{2}\int(1+\cos x)\mathrm{d}x=\frac{1}{2}(x+\sin x)+C.$$

**例 3-11** 求下列不定积分：

(1) $\int\dfrac{x^4}{1+x^2}\mathrm{d}x$;　　　　(2) $\int\dfrac{1+2x^2}{x^2(1+x^2)}\mathrm{d}x$.

【解】 对被积函数进行恒等变形，如添项、拆项等方法.

(1) $\int \frac{x^4}{1+x^2}\mathrm{d}x = \int \frac{(x^4-1)+1}{1+x^2}\mathrm{d}x = \int\left((x^2-1)+\frac{1}{1+x^2}\right)\mathrm{d}x = \frac{1}{3}x^3 - x + \arctan x + C.$

(2) $\int \frac{1+2x^2}{x^2(1+x^2)}\mathrm{d}x = \int \frac{(1+x^2)+x^2}{x^2(1+x^2)}\mathrm{d}x = \int\left(\frac{1}{x^2}+\frac{1}{1+x^2}\right)\mathrm{d}x = -\frac{1}{x} + \arctan x + C.$

**注意：**

直接积分法主要解决的是被积函数通过恒等变形化为公式中简单函数的和、差形式的积分方法.

### 3.2.3 第一类换元积分法

利用基本公式及性质可以求出一些不定积分，但对于一些复杂的积分用直接积分法是解决不了的．为了求解更多的不定积分，有必要研究求不定积分的其他方法，本节将介绍利用变量代换求不定积分的第一种方法——第一类换元积分法.

例如，计算 $\int e^{2x}\mathrm{d}x$，在基本积分公式表中有公式

$$\int e^x\mathrm{d}x = e^x + C,$$

能否利用公式直接得 $\int e^{2x}\mathrm{d}x = e^{2x} + C$? 显然不行，因为 $(e^{2x}+C)' = 2e^{2x} \neq e^{2x}$. 错误的原因在于积分公式中积分变量与 e 的指数都是 $x$，而 $\int e^{2x}\mathrm{d}x$ 中 e 的指数是 $2x$，与积分变量不同．要想利用积分公式，必须将 e 的指数 $2x$ 与积分变量化为相同的形式.

先做如下恒等变形，然后进行计算，即

$$\int e^{2x}\mathrm{d}x = \frac{1}{2}\int e^{2x}\cdot 2\mathrm{d}x = \frac{1}{2}\int e^{2x}\mathrm{d}(2x)$$

$$\underline{\underline{令 2x = u}}\ \frac{1}{2}\int e^u\mathrm{d}u = \frac{1}{2}e^u + C$$

$$\underline{\underline{回代 u = 2x}}\ \frac{1}{2}e^{2x} + C.$$

验证：因为 $\left(\frac{1}{2}e^{2x}+C\right)' = e^{2x}$，所以 $\frac{1}{2}e^{2x}+C$ 是 $e^{2x}$ 的原函数，这说明上面的计算是正确的.

上例解法的特点是引入新变量 $u=\varphi(x)$，从而把原积分化为关于 $u$ 的一个简单积分，

再利用基本积分公式求解．现在的问题是，在公式

$$\int e^x dx = e^x + C$$

中，将 $x$ 换成了 $x$ 的复合函数 $u=\varphi(x)$，对应得到的公式

$$\int e^u du = e^u + C$$

是否成立？下面的定理可解决本问题．

**定理 3.4**　设函数 $f(u)$ 具有原函数 $F(u)$，且 $u=\varphi(x)$ 可导，则函数 $F[\varphi(x)]$ 是函数 $f[\varphi(x)]\varphi'(x)$ 的原函数，即有**第一类换元积分公式**

$$\int f[\varphi(x)]\varphi'(x)dx = \int f[\varphi(x)]d\varphi(x) = \int f(u)du = F(u) + C = F[\varphi(x)] + C.$$

**【证】**　由于 $\int f(x)dx = F(x) + C$，所以 $dF(x)=f(x)dx$. 根据微分形式不变性，则有 $dF(u)=f(u)du$，其中 $u=\varphi(x)$ 可导，由此得

$$\int f(u)du = \int dF(u) = F(u) + C.$$

此定理表明，在基本积分公式中，自变量 $x$ 换成任一可微函数 $u=\varphi(x)$ 后公式仍成立．这就极大扩大了基本积分公式的使用范围，故今后在求某个不定积分 $\int g(x)dx$ 时，如 $g(x)$ 的原函数不易获得，而此时若能把被积函数 $g(x)$ 变形为 $f[\varphi(x)]\varphi'(x)$ 的形式，使得换元后 $\int f(u)du$ 比较容易求出，那么就可应用上述公式求积分．其计算步骤如下：

$$\begin{aligned}\int g(x)dx &\xlongequal{\text{恒等变形}} \int f[\varphi(x)]\varphi'(x)dx \\ &\xlongequal{\text{凑微分}} \int f[\varphi(x)]d\varphi(x) \\ &\xlongequal{\text{令}\ \varphi(x)=u} \int f(u)du \\ &\xlongequal{\text{积分}} F(u) + C \\ &\xlongequal{\text{回代}} F[\varphi(x)] + C.\end{aligned}$$

这种求不定积分的方法叫**第一类换元积分法**. 应用的关键是怎样选择适当的中间变量 $u=\varphi(x)$，将被积表达式 $g(x)dx$ 凑成 $f[\varphi(x)]d[\varphi(x)]$，因此第一类换元法又叫**凑微分法**．

**例 3-12**　求不定积分 $\int (3x-1)^4 dx$.

**【解】**

$$\begin{aligned}\int (3x-1)^4 dx &\xlongequal{\text{恒等变形}} \frac{1}{3}\int (3x-1)^4 d(3x) \\ &\xlongequal{\text{凑微分}} \frac{1}{3}\int (3x-1)^4 d(3x-1)\end{aligned}$$

$$\xlongequal{令 3x-1=u}\frac{1}{3}\int u^4\mathrm{d}u$$

$$\xlongequal{积分}\frac{1}{3}\cdot\frac{1}{5}u^5+C$$

$$\xlongequal{回代 u=3x-1}\frac{1}{15}(3x-1)^5+C.$$

**例 3-13** 求不定积分 $\int 2x\cos x^2\mathrm{d}x$ .

【解】

$$\int 2x\cos x^2\mathrm{d}x\xlongequal{恒等变形}\int\cos x^2\cdot 2x\mathrm{d}x$$

$$\xlongequal{凑微分}\int\cos x^2\mathrm{d}(x^2)$$

$$\xlongequal{令 x^2=u}\int\cos u\mathrm{d}u$$

$$\xlongequal{积分}\sin u+C$$

$$\xlongequal{回代 u=x^2}\sin x^2+C.$$

**例 3-14** 求不定积分 $\int\frac{\ln^2 x}{3x}\mathrm{d}x$.

【解】

$$\int\frac{\ln^2 x}{3x}\mathrm{d}x\xlongequal{凑微分}\frac{1}{3}\int\ln^2 x\mathrm{d}(\ln x)$$

$$\xlongequal{令 \ln x=u}\frac{1}{3}\int u^2\mathrm{d}u$$

$$\xlongequal{积分}\frac{1}{9}u^3+C$$

$$\xlongequal{回代 u=\ln x}\frac{1}{9}\ln^3 x+C.$$

在运算比较熟练以后，不必写出每步依据及变量代换 $u=\varphi(x)$ ，可直接进行计算 .

**例 3-15** 求不定积分 $\int\frac{1}{\sqrt{4x-3}}\mathrm{d}x$.

【解】 $\int\frac{1}{\sqrt{4x-3}}\mathrm{d}x=\frac{1}{4}\int\frac{1}{\sqrt{4x-3}}\mathrm{d}(4x-3)=\frac{1}{4}\int(4x-3)^{-\frac{1}{2}}\mathrm{d}(4x-3)$

$$=\frac{1}{2}(4x-3)^{\frac{1}{2}}+C=\frac{1}{2}\sqrt{4x-3}+C.$$

**例 3-16** 求不定积分 $\int\frac{1}{ax+b}\mathrm{d}x(a\neq 0)$.

【解】 $\int \frac{1}{ax+b}\mathrm{d}x = \frac{1}{a}\int \frac{1}{ax+b}\mathrm{d}(ax+b) = \frac{1}{a}\ln|ax+b| + C.$

**例 3-17** 求不定积分 $\int \tan x\mathrm{d}x$.

【解】 $\int \tan x\mathrm{d}x = \int \frac{\sin x}{\cos x}\mathrm{d}x = -\int \frac{\mathrm{d}(\cos x)}{\cos x} = -\ln|\cos x| + C.$

类似地可得

$$\int \cot x\mathrm{d}x = \ln|\sin x| + C.$$

**例 3-18** 求不定积分 $\int \frac{1}{a^2+x^2}\mathrm{d}x\,(a \neq 0)$.

【解】 $\int \frac{1}{a^2+x^2}\mathrm{d}x = \frac{1}{a^2}\int \frac{\mathrm{d}x}{1+\left(\frac{x}{a}\right)^2} = \frac{1}{a}\int \frac{\mathrm{d}\left(\frac{x}{a}\right)}{1+\left(\frac{x}{a}\right)^2} = \frac{1}{a}\arctan\frac{x}{a} + C.$

**例 3-19** 求不定积分 $\int \frac{1}{x^2-a^2}\mathrm{d}x\,(a \neq 0)$.

【解】 因为 $\frac{1}{x^2-a^2} = \frac{1}{2a}\left(\frac{1}{x-a} - \frac{1}{x+a}\right)$，所以

$$\begin{aligned}
\int \frac{1}{x^2-a^2}\mathrm{d}x &= \frac{1}{2a}\int \left(\frac{1}{x-a} - \frac{1}{x+a}\right)\mathrm{d}x \\
&= \frac{1}{2a}\left[\int \frac{\mathrm{d}(x-a)}{x-a} - \int \frac{\mathrm{d}(x+a)}{x+a}\right] \\
&= \frac{1}{2a}(\ln|x-a| - \ln|x+a|) + C \\
&= \frac{1}{2a}\ln\left|\frac{x-a}{x+a}\right| + C.
\end{aligned}$$

**例 3-20** 求不定积分 $\int \frac{1}{\sqrt{a^2-x^2}}\mathrm{d}x\,(a>0)$.

【解】 $\int \frac{1}{\sqrt{a^2-x^2}}\mathrm{d}x = \int \frac{\mathrm{d}x}{a\sqrt{1-\left(\frac{x}{a}\right)^2}} = \int \frac{\mathrm{d}\left(\frac{x}{a}\right)}{\sqrt{1-\left(\frac{x}{a}\right)^2}} = \arcsin\frac{x}{a} + C.$

**例 3-21** 求不定积分 $\int \csc x\mathrm{d}x$.

**【解法 1】**

$$\int \csc x\mathrm{d}x=\int\frac{\mathrm{d}x}{\sin x}=\int\frac{\mathrm{d}x}{2\sin\frac{x}{2}\cos\frac{x}{2}}=\int\frac{\mathrm{d}\left(\frac{x}{2}\right)}{\tan\frac{x}{2}\cos^2\frac{x}{2}}$$

$$=\int\frac{\sec^2\frac{x}{2}\mathrm{d}\left(\frac{x}{2}\right)}{\tan\frac{x}{2}}=\int\frac{\mathrm{d}\left(\tan\frac{x}{2}\right)}{\tan\frac{x}{2}}=\ln\left|\tan\frac{x}{2}\right|+C.$$

**【解法 2】**

$$\int \csc x\mathrm{d}x=\int\frac{\sin x}{\sin^2 x}\mathrm{d}x=-\int\frac{\mathrm{d}(\cos x)}{1-\cos^2 x}=\int\frac{\mathrm{d}(\cos x)}{\cos^2 x-1}$$

$$=\frac{1}{2}\ln\left|\frac{\cos x-1}{\cos x+1}\right|+C(\text{利用例 13 的结果})$$

$$=\frac{1}{2}\ln\left|\frac{1-\cos x}{\sin x}\right|^2+C=\ln|\csc x-\cot x|+C.$$

从形式上看解法 1 与解法 2 的结果不同，而实际上由于

$$\tan\frac{x}{2}=\frac{\sin\frac{x}{2}}{\cos\frac{x}{2}}=\frac{2\sin^2\frac{x}{2}}{\sin x}=\frac{1-\cos x}{\sin x}=\csc x-\cot x,$$

因此，$\ln\left|\tan\frac{x}{2}\right|+C=\ln|\csc x-\cot x|+C$，两种解法的结果本质相同．

一般来说，在求不定积分时，采用不同的方法可能求得的结果形式不一样，这是由不定积分的表达式中含有一个任意常数所致，只要用微分法验证是正确的即可．

类似地可得

$$\int\sec x\mathrm{d}x=\ln|\sec x+\tan x|+C.$$

从上例可看出，第一类换元积分法的关键是恰当地凑微分，要掌握好这种方法，需分解被积的复合函数，找到它的中间变量 $\varphi(x)$．还要熟记一些凑微分公式，例如，

$$\mathrm{d}x=\frac{1}{a}\mathrm{d}(ax+k)\ (a\text{、}k\text{ 为常数})\ ;$$

$$x^a\mathrm{d}x=\frac{1}{a+1}\mathrm{d}(x^{a+1}+k)\ (a\text{、}k\text{ 为常数且 }a\neq-1)\ ;$$

$$a^x\mathrm{d}x=\frac{1}{\ln a}\mathrm{d}(a^x)\ ;$$

$$\mathrm{e}^x\mathrm{d}x=\mathrm{d}(\mathrm{e}^x)\ ;$$

$$\frac{1}{x^2}\mathrm{d}x=-\mathrm{d}\left(\frac{1}{x}\right);$$

$$\frac{1}{x}\mathrm{d}x=\mathrm{d}(\ln|x|);$$

$$\cos x\mathrm{d}x=\mathrm{d}(\sin x);$$

$$\sin x\mathrm{d}x=-\mathrm{d}(\cos x);$$

$$\frac{1}{\sqrt{1-x^2}}\mathrm{d}x=\mathrm{d}(\arcsin x);$$

$$\frac{1}{1+x^2}\mathrm{d}x=\mathrm{d}(\arctan x).$$

**注意：**

凑微分法主要是解决一些复合函数的积分问题.

### 3.2.4 第二类换元积分法

第一类换元积分法是通过选择形如 $u=\varphi(x)$ 的变量代换，将 $\int f[\varphi(x)]\varphi'(x)\mathrm{d}x$ 化为 $\int f(u)\mathrm{d}u$ 而求出结果. 但对另一些积分，则需适当地选取变量代换 $x=\psi(t)$，将 $\int f(x)\mathrm{d}x$ 化为容易求出的 $\int f[\psi(t)]\psi'(t)\mathrm{d}t$ 而求出结果.

**定理 3.5** 设 $x=\psi(t)$ 是单调可导的函数，且 $\psi'(t)\neq 0$. 又设 $f[\psi(t)]\psi'(t)$ 具有原函数 $F(t)$，则有第二类换元积分公式

$$\int f(x)\mathrm{d}x=\int f[\psi(t)]\psi'(t)\mathrm{d}t=F(t)+C=F[\psi^{-1}(x)]+C,$$

其中，$t=\psi^{-1}(x)$ 为 $x=\psi(t)$ 的反函数.

这种积分法的代换过程如下：

$$\int f(x)\mathrm{d}x\overset{\text{令}x=\psi(t)}{=\!=\!=\!=}\int f[\psi(t)]\psi'(t)\mathrm{d}t$$

$$\overset{\text{积分}}{=\!=}F(t)+C$$

$$\overset{\text{回代}t=\psi^{-1}(x)}{=\!=\!=\!=\!=}F[\psi^{-1}(x)]+C.$$

通常把这样的积分方法称为第二类换元积分法.

第二类换元积分法主要包括两种方法：根式代换和三角代换.

下面通过例子来介绍这两种方法.

### 1. 根式换元法

**例 3-22** 求不定积分 $\int \frac{1}{2+\sqrt{x}}\mathrm{d}x$.

【解】 求这个积分的困难在于被积函数中含有根号，所以令 $\sqrt{x}=t$，则 $x=t^2$，$\mathrm{d}x=\mathrm{d}(t^2)=(t^2)'\mathrm{d}t=2t\mathrm{d}t$，于是

$$\int \frac{1}{2+\sqrt{x}}\mathrm{d}x=\int \frac{1}{2+t}\cdot 2t\mathrm{d}t=2\int \frac{2+t-2}{2+t}\mathrm{d}t=2\int\left(1-\frac{2}{2+t}\right)\mathrm{d}t$$

$$=2(t-2\ln|2+t|)+C=2\left[\sqrt{x}-2\ln\left(2+\sqrt{x}\right)\right]+C.$$

**例 3-23** 求不定积分 $\int \frac{1}{1+\sqrt[3]{x+2}}\mathrm{d}x$.

【解】 令 $\sqrt[3]{x+2}=t$，则 $x=t^3-2$，$\mathrm{d}x=\mathrm{d}(t^3-2)=3t^2\mathrm{d}t$，于是

$$\int \frac{1}{1+\sqrt[3]{x+2}}\mathrm{d}x=\int \frac{1}{1+t}\cdot 3t^2\mathrm{d}t=3\int \frac{t^2}{t+1}\mathrm{d}t$$

$$=3\int \frac{(t^2-1)+1}{t+1}\mathrm{d}t=3\int\left(t-1+\frac{1}{1+t}\right)\mathrm{d}t$$

$$=3\left(\frac{t^2}{2}-t+\ln|1+t|\right)+C$$

$$=\frac{3}{2}\left(\sqrt[3]{x+2}\right)^2-3\sqrt[3]{x+2}+3\ln\left|1+\sqrt[3]{x+2}\right|+C.$$

由以上两例可知，当被积函数中含有根式 $\sqrt[n]{ax+b}$ 时，设 $t=\sqrt[n]{ax+b}$，则可消去根号，从而求出不定积分.

### 2. 三角代换法

除根式换元法外，第二类换元积分法还有三角代换法，可解决以下一些类型的积分，例如，$\int\sqrt{a^2-x^2}\mathrm{d}x\,(a>0)$，$\int\frac{1}{\sqrt{x^2+a^2}}\mathrm{d}x\,(a>0)$，$\int\frac{1}{\sqrt{x^2-a^2}}\mathrm{d}x\,(a>0)$ 等.

**例 3-24** 求不定积分 $\int\sqrt{a^2-x^2}\mathrm{d}x\,(a>0)$.

【解】 此题的被积函数中含有根号，且根号内是二次式，不能用前面的方法消去根号. 联想到三角恒等式 $1-\sin^2 t=\cos^2 t$，可利用它来消除根号，所以令

$$x=a\sin t\left(-\frac{\pi}{2}\leqslant t\leqslant\frac{\pi}{2}\right),$$

则 $t=\arcsin\frac{x}{a}$，$\mathrm{d}x=a\cos t\mathrm{d}t$，$\sqrt{a^2-x^2}=a\sqrt{1-\sin^2 t}=a\cos t$，

于是

$$\int \sqrt{a^2 - x^2}\,dx = \int a\cos t \cdot a\cos t\,dt = a^2\int \cos^2 t\,dt$$

$$= a^2\int \frac{1 + \cos 2t}{2}dt = \frac{a^2}{2}\left(t + \frac{1}{2}\sin 2t\right) + C$$

$$= \frac{1}{2}a^2 t + \frac{1}{2}a^2 \sin t \cdot \cos t + C.$$

因为 $x = a\sin t\left(-\frac{\pi}{2} \leqslant t \leqslant \frac{\pi}{2}\right)$，$\sin t = \frac{x}{a}$，$\cos t = \frac{\sqrt{a^2 - x^2}}{a}$，所以

$$\int \sqrt{a^2 - x^2}\,dx = \frac{1}{2}a^2 \arcsin \frac{x}{a} + \frac{1}{2}a^2 \cdot \frac{x}{a} \cdot \frac{\sqrt{a^2 - x^2}}{a} + C$$

$$= \frac{a^2}{2}\arcsin \frac{x}{a} + \frac{x}{2}\sqrt{a^2 - x^2} + C.$$

**例 3-25** 求不定积分 $\int \frac{1}{\sqrt{x^2 + a^2}}dx\,(a > 0)$.

【解】 令 $x = a\tan t\left(-\frac{\pi}{2} < t < \frac{\pi}{2}\right)$，则

$$t = \arctan \frac{x}{a},\ \sqrt{x^2 + a^2} = \sqrt{a^2(\tan^2 t + 1)} = a\sec t,\ dx = a\sec^2 t\,dt.$$

于是

$$\int \frac{1}{\sqrt{x^2 + a^2}}dx = \int \frac{a\sec^2 t}{a\sec t}dt = \int \sec t\,dt = \ln|\sec t + \tan t| + C_1.$$

因为 $x = a\tan t\left(-\frac{\pi}{2} < t < \frac{\pi}{2}\right)$，$\tan t = \frac{x}{a}$，$\sec t = \sqrt{1 + \tan^2 t} = \frac{\sqrt{a^2 + x^2}}{a}$，所以

$$\int \frac{1}{\sqrt{x^2 + a^2}}dx = \ln\left|\frac{\sqrt{x^2 + a^2}}{a} + \frac{x}{a}\right| + C_1 = \ln\left|x + \sqrt{x^2 + a^2}\right| - \ln a + C_1$$

$$= \ln\left|x + \sqrt{x^2 + a^2}\right| + C \quad (C = C_1 - \ln a).$$

**例 3-26** 求不定积分 $\int \frac{1}{\sqrt{x^2 - a^2}}dx\,(a > 0)$.

【解】 当 $x>a$ 时，令 $x = a\sec t\left(0 < t < \frac{\pi}{2}\right)$，则 $dx = a\sec t \cdot \tan t\,dt$.

$$\sqrt{x^2 - a^2} = \sqrt{a^2(\sec^2 t - 1)} = a\tan t,$$

于是

$$\int \frac{1}{\sqrt{x^2-a^2}}\mathrm{d}x=\int \frac{a\sec t\cdot\tan t}{a\tan t}\mathrm{d}t=\int \sec t\mathrm{d}t=\ln|\sec t+\tan t|+C_1.$$

因为 $x=a\sec t\left(0<t<\frac{\pi}{2}\right)$，$\sec t=\frac{x}{a}$，$\tan t=\sqrt{\sec^2 t-1}=\frac{\sqrt{x^2-a^2}}{a}$，所以

$$\int \frac{1}{\sqrt{x^2-a^2}}\mathrm{d}x=\ln\left(\frac{x}{a}+\frac{\sqrt{x^2-a^2}}{a}\right)+C_1=\ln\left(x+\sqrt{x^2-a^2}\right)-\ln a+C_1$$

$$=\ln\left(x+\sqrt{x^2-a^2}\right)+C\quad(C=C_1-\ln a).$$

同理，当 $x<-a$，令 $x=-u$，则 $u>a$，由上端结果得

$$\int \frac{1}{\sqrt{x^2-a^2}}\mathrm{d}x=-\int \frac{1}{\sqrt{u^2-a^2}}\mathrm{d}u=-\ln\left(u+\sqrt{u^2-a^2}\right)+C_1$$

$$=-\ln\left(-x+\sqrt{x^2-a^2}\right)+C_1=\ln\frac{-x-\sqrt{x^2-a^2}}{a^2}+C_1$$

$$=\ln\left(-x-\sqrt{x^2-a^2}\right)-\ln a^2+C_1$$

$$=\ln\left(-x-\sqrt{x^2-a^2}\right)+C\ (C=-\ln a^2+C_1).$$

综合上面两种情况可得

$$\int \frac{1}{\sqrt{x^2-a^2}}\mathrm{d}x=\ln\left|x+\sqrt{x^2-a^2}\right|+C.$$

综上所述，当被积函数含有形如 $\sqrt{a^2-x^2}$ 或 $\sqrt{x^2\pm a^2}$ 的根式时，可做如下变换消去根号：

(1)对于 $\sqrt{a^2-x^2}\,(a>0)$，令 $x=a\sin t$；

(2)对于 $\sqrt{x^2+a^2}\,(a>0)$，令 $x=a\tan t$；

(3)对于 $\sqrt{x^2-a^2}\,(a>0)$，令 $x=a\sec t$.

上述三种变量代换统称为**三角代换**.

前面分别讨论了用第一、第二类换元积分法求积分的问题，但有时还需要两种换元积分法综合应用。

**例 3-27** 求不定积分 $\int \frac{1}{x^2\sqrt{1+x^2}}\mathrm{d}x.\ (x>0)$

**【解】** 令 $x=\frac{1}{t}$，则 $\mathrm{d}x=-\frac{1}{t^2}\mathrm{d}t$.

因此

$$\int \frac{1}{x^2\sqrt{1+x^2}}\mathrm{d}x = \int \frac{-\frac{1}{t^2}}{\frac{1}{t^2}\sqrt{1+\frac{1}{t^2}}}\mathrm{d}t = -\int \frac{t}{\sqrt{1+t^2}}\mathrm{d}t$$

$$= -\frac{1}{2}\int \frac{1}{\sqrt{1+t^2}}\mathrm{d}(1+t^2)$$

$$= -\sqrt{1+t^2} + C = -\sqrt{1+\frac{1}{x^2}} + C$$

$$= -\frac{\sqrt{1+x^2}}{x} + C.$$

本节例题中的某些积分，以后在计算其他积分时常常会遇到，可以作为公式使用，故汇总如下：

(1) $\int \tan x\mathrm{d}x = -\ln|\cos x| + C$;

(2) $\int \cot x\mathrm{d}x = \ln|\sin x| + C$;

(3) $\int \sec x\mathrm{d}x = \ln|\sec x + \tan x| + C$;

(4) $\int \csc x\mathrm{d}x = \ln|\csc x - \cot x| + C$;

(5) $\int \frac{1}{x^2+a^2}\mathrm{d}x = \frac{1}{a}\arctan\frac{x}{a} + C$;

(6) $\int \frac{1}{x^2-a^2}\mathrm{d}x = \frac{1}{2a}\ln\left|\frac{x-a}{x+a}\right| + C$;

(7) $\int \frac{1}{\sqrt{a^2-x^2}}\mathrm{d}x = \arcsin\frac{x}{a} + C(a>0)$;

(8) $\int \sqrt{a^2-x^2}\,\mathrm{d}x = \frac{a^2}{2}\arcsin\frac{x}{a} + \frac{x}{2}\sqrt{a^2-x^2} + C(a>0)$;

(9) $\int \frac{1}{\sqrt{x^2\pm a^2}}\mathrm{d}x = \ln\left|x+\sqrt{x^2\pm a^2}\right| + C(a>0)$.

### 3.2.5 分部积分法

直接积分法与换元积分法能够求解一些不定积分，但对于某些不定积分仍然无法进行求解，例如，$\int xe^x\mathrm{d}x$，$\int x\cos x\mathrm{d}x$ 等，为了解决这类不定积分问题，本节学习求不定积分的另一种方法：分部积分法.

**定理 3.6** 设函数 $u=u(x)$ 与 $v=v(x)$ 具有连续导数，则有**分部积分公式**

$$\int u(x)v'(x)\mathrm{d}x = u(x)v(x) - \int v(x)u'(x)\mathrm{d}x,$$

或简写为

$$\int u\mathrm{d}v = uv - \int v\mathrm{d}u.$$

【证】 由两个函数乘积的导数公式，得

$$(uv)' = u'v + uv',$$

移项，得

$$uv' = (uv)' - u'v.$$

两边同时积分，得

$$\int uv'\mathrm{d}x = \int (uv)'\mathrm{d}x - \int vu'\mathrm{d}x = uv - \int vu'\mathrm{d}x,$$

即

$$\int uv'\mathrm{d}x = uv - \int vu'\mathrm{d}x.$$

因为 $\mathrm{d}u = u'\mathrm{d}x$，$\mathrm{d}v = v'\mathrm{d}x$，所以分部积分公式又可写成下面的形式：

$$\int u\mathrm{d}v = uv - \int v\mathrm{d}u.$$

利用分部积分公式，可将积分 $\int uv'\mathrm{d}x$ 转化成积分 $\int vu'\mathrm{d}x$，如果求 $\int uv'\mathrm{d}x$ 比较困难，而求 $\int vu'\mathrm{d}x$ 比较容易，则利用分部积分公式往往可以起到化难为易的作用. 利用分部积分公式求不定积分的方法称为**分部积分法**. 应用分部积分法时，可按下述步骤计算：

$$\begin{aligned}\int f(x)\mathrm{d}x &\xlongequal{\text{定出 } u(x),\ v(x)} \int u(x)v'(x)\mathrm{d}x \\ &\xlongequal{\text{凑微分}} \int u(x)\mathrm{d}[v(x)] \\ &\xlongequal{\text{分部}} u(x)v(x) - \int v(x)\mathrm{d}[u(x)] \\ &\xlongequal{\text{积分}} u(x)v(x) - \int v(x)u'(x)\mathrm{d}x.\end{aligned}$$

**例 3-28** 求不定积分 $\int x\cos x\mathrm{d}x$.

【解】 首先确定 $u$，$v$. 因为 $\cos x\mathrm{d}x = \mathrm{d}(\sin x)$，所以可设 $u = x$，$v = \sin x$.

根据公式 $\int u\mathrm{d}v = uv - \int v\mathrm{d}u$，得

$$\begin{aligned}\int x\cos x\mathrm{d}x &= \int x\mathrm{d}(\sin x) = x\sin x - \int \sin x\mathrm{d}x \\ &= x\sin x + \cos x + C.\end{aligned}$$

在上例中，如令 $u=\cos x$，则 $\mathrm{d}v=x\mathrm{d}x$，即 $v=\frac{1}{2}x^2$，那么

$$\int x\cos x\mathrm{d}x=\int\cos x\mathrm{d}\left(\frac{x^2}{2}\right)=\cos x\cdot\frac{x^2}{2}-\int\frac{x^2}{2}\mathrm{d}(\cos x)$$
$$=\frac{x^2}{2}\cos x+\frac{1}{2}\int x^2\sin x\mathrm{d}x.$$

显然积分 $\int x^2\sin x\mathrm{d}x$ 比 $\int x\cos x\mathrm{d}x$ 更复杂，更不容易求出，因此这样选取 $u$ 和 $v$ 是不恰当的．由此可知，用分部积分法求积分时，关键在于恰当选取 $u$ 与 $v$．一般地，选取 $u$ 和 $v$ 时，要考虑以下两点：

(1) $v'\mathrm{d}x$ 要容易凑成微分 $\mathrm{d}v$；

(2) 积分 $\int v\mathrm{d}u$ 要比 $\int u\mathrm{d}v$ 容易计算．

**例 3-29** 求不定积分 $\int x^2\mathrm{e}^x\mathrm{d}x$．

【解】
$$\int x^2\mathrm{e}^x\mathrm{d}x=\int x^2\mathrm{d}(\mathrm{e}^x)=x^2\mathrm{e}^x-\int\mathrm{e}^x\mathrm{d}(x^2)=x^2\mathrm{e}^x-2\int x\mathrm{e}^x\mathrm{d}x$$
$$=x^2\mathrm{e}^x-2\int x\mathrm{d}(\mathrm{e}^x)=x^2\mathrm{e}^x-2\left(x\mathrm{e}^x-\int\mathrm{e}^x\mathrm{d}x\right)$$
$$=x^2\mathrm{e}^x-2x\mathrm{e}^x+2\mathrm{e}^x+C=\mathrm{e}^x(x^2-2x+2)+C.$$

由此例可知，对某些积分，可重复使用分部积分公式来计算．

**例 3-30** 求不定积分 $\int x^2\ln x\mathrm{d}x$．

【解】
$$\int x^2\ln x\mathrm{d}x=\frac{1}{3}\int\ln x\mathrm{d}(x^3)=\frac{1}{3}x^3\ln x-\frac{1}{3}\int x^3\mathrm{d}(\ln x)$$
$$=\frac{1}{3}x^3\ln x-\frac{1}{3}\int\left(x^3\cdot\frac{1}{x}\right)\mathrm{d}x=\frac{1}{3}x^3\ln x-\frac{1}{3}\int x^2\mathrm{d}x$$
$$=\frac{1}{3}x^3\ln x-\frac{1}{9}x^3+C.$$

**例 3-31** 求不定积分 $\int x\arctan x\mathrm{d}x$．

【解】
$$\int x\arctan x\mathrm{d}x=\int\arctan x\cdot x\mathrm{d}x=\int\arctan x\mathrm{d}\left(\frac{x^2}{2}\right)$$
$$=\frac{x^2}{2}\arctan x-\int\frac{x^2}{2}\mathrm{d}(\arctan x)$$
$$=\frac{x^2}{2}\arctan x-\frac{1}{2}\int\frac{x^2}{1+x^2}\mathrm{d}x$$

$$= \frac{x^2}{2}\arctan x - \frac{1}{2}\int\left(1 - \frac{1}{1+x^2}\right)dx$$

$$= \frac{x^2}{2}\arctan x - \frac{x}{2} + \frac{1}{2}\arctan x + C$$

$$= \frac{1}{2}(x^2+1)\arctan x - \frac{1}{2}x + C.$$

**例 3-32** 求不定积分 $\int \arcsin x\mathrm{d}x$.

**【解】** 被积函数只有一项，但可看作 $\arcsin x$ 与 1 的乘积，即

$$\int \arcsin x\mathrm{d}x = \int \arcsin x \cdot 1\mathrm{d}x = \int \arcsin x\mathrm{d}(x)$$

$$= x\arcsin x - \int x\mathrm{d}(\arcsin x)$$

$$= x\arcsin x - \int \frac{x}{\sqrt{1-x^2}}\mathrm{d}x$$

$$= x\arcsin x + \frac{1}{2}\int (1-x^2)^{-\frac{1}{2}}\mathrm{d}(1-x^2)$$

$$= x\arcsin x + (1-x^2)^{\frac{1}{2}} + C$$

$$= x\arcsin x + \sqrt{1-x^2} + C.$$

同理可得 $\int \arccos x\mathrm{d}x = x\arccos x - \sqrt{1-x^2} + C.$

**例 3-33** 求不定积分 $\int \mathrm{e}^x\sin x\mathrm{d}x$.

**【解】** $\int \mathrm{e}^x\sin x\mathrm{d}x = \int \sin x\mathrm{d}(\mathrm{e}^x) = \mathrm{e}^x\sin x - \int \mathrm{e}^x\mathrm{d}(\sin x)$

$$= \mathrm{e}^x\sin x - \int \mathrm{e}^x\cos x\mathrm{d}x = \mathrm{e}^x\sin x - \int \cos x\mathrm{d}(\mathrm{e}^x)$$

$$= \mathrm{e}^x\sin x - \mathrm{e}^x\cos x + \int \mathrm{e}^x\mathrm{d}(\cos x)$$

$$= \mathrm{e}^x\sin x - \mathrm{e}^x\cos x - \int \mathrm{e}^x\sin x\mathrm{d}x.$$

把等式右边的 $-\int \mathrm{e}^x\sin x\mathrm{d}x$ 移到等式的左边，得

$$2\int \mathrm{e}^x\sin x\mathrm{d}x = \mathrm{e}^x(\sin x - \cos x) + C_1,$$

即

$$\int \mathrm{e}^x\sin x\mathrm{d}x = \frac{1}{2}\mathrm{e}^x(\sin x - \cos x) + C\left(C = \frac{1}{2}C_1\right).$$

上题中，经两次分部积分后，出现了“循环现象”，这时可通过移项求得不定积分，这在分部积分中也是一种常用的技巧.

一般来说，下述几种类型的不定积分，均可用分部积分公式进行求解.

(1) $\int x^n e^{ax}dx$，$\int x^n\sin ax dx$，$\int x^n\cos ax dx$（可设 $u=x^n$）.

(2) $\int x^n\ln x dx$，$\int x^n\arcsin x dx$，$\int x^n\arctan x dx$（可设 $u=\ln x$，$\arcsin x$，$\arctan x$）.

(3) $\int e^{ax}\sin bx dx$，$\int e^{ax}\cos bx dx$（可设 $u=\sin bx$，$\cos bx$ 或 $u=e^{ax}$）.

前面分别介绍了直接积分法、换元积分法、分部积分法，在具体的积分过程中，直接积分法是基础，换元积分法与分部积分法最终都需通过直接积分法求得结果．对换元积分法与分部积分法而言，各有其适用范围，但两种积分法不需截然分开，有时需要综合使用.

**例 3-34** 求不定积分 $\int \sin\sqrt{x}dx$.

**【解】** 令 $\sqrt{x}=t$，即 $x=t^2$. 则 $dx=2tdt$.

于是

$$\int\sin\sqrt{x}dx=2\int t\sin t dt=2\int t d(-\cos t)=2(-t\cos t+\int\cos t dt)$$

$$=2(-t\cos t+\sin t)+C=2\sin\sqrt{x}-2\sqrt{x}\cos\sqrt{x}+C.$$

在此例中，先用换元积分法消去根号，再用分部积分法求得最终结果.

## 习题 3-2

1. 求下列不定积分：

(1) $\int\left(\frac{1}{x}+3x^2\right)dx$；

(2) $\int\frac{x\sqrt[3]{x}}{\sqrt{x}}dx$；

(3) $\int(x^3-2x+1)dx$；

(4) $\int(5e^x-3\cos x)dx$；

(5) $\int 2^x e^x dx$；

(6) $\int\frac{\cos 2t}{\cos t-\sin t}dt$；

(7) $\int\tan^2 x dx$；

(8) $\int\sin^2\frac{x}{2}dx$；

(9) $\int\frac{x^2}{1+x^2}dx$；

(10) $\int\frac{x-9}{\sqrt{x}-3}dx$.

2. 已知函数 $f(x)$ 的导数为 $f'(x)=5x^2+2x$，且 $f(0)=3$，求函数 $f(x)$.

3. 在下列各等式右端的空格线上填入适当的常数，使等式成立：

(1) $\mathrm{d}x =$ ________ $\mathrm{d}(1-2x)$;　　(2) $x^2\mathrm{d}x =$ ________ $\mathrm{d}(x^3)$;

(3) $\mathrm{e}^{3x}\mathrm{d}x =$ ________ $\mathrm{d}(\mathrm{e}^{3x})$;　　(4) $4^x\mathrm{d}x =$ ________ $\mathrm{d}(4^x)$;

(5) $\sin\frac{2}{3}x\mathrm{d}x =$ ________ $\mathrm{d}\left(\cos\frac{2}{3}x\right)$;　　(6) $\frac{1}{x}\mathrm{d}x =$ ________ $\mathrm{d}(\ln|2x|)$.

4. 下列计算是否正确? 若不正确, 试改正:

(1) $\int \mathrm{e}^{-2x}\mathrm{d}x = \mathrm{e}^{-2x} + C$;

(2) $\int 4\sin^3 x\mathrm{d}x = \sin^4 x + C$;

(3) $\int \frac{1}{1+\sqrt{x}}\mathrm{d}x \xlongequal{令\sqrt{x}=t} \int \frac{1}{1+t}\mathrm{d}t = \ln|1+t| + C = \ln\left|1+\sqrt{x}\right| + C$.

5. 用第一类换元积分法求下列不定积分:

(1) $\int \cos 4x\mathrm{d}x$;　　(2) $\int \mathrm{e}^{-2x}\mathrm{d}x$;

(3) $\int (2x+3)^4\mathrm{d}x$;　　(4) $\int \frac{1}{(2-x)^2}\mathrm{d}x$;

(5) $\int 5^{-2x}\mathrm{d}x$;　　(6) $\int 2x\mathrm{e}^{x^2}\mathrm{d}x$;

(7) $\int \frac{x}{\sqrt{x^2-4}}\mathrm{d}x$;　　(8) $\int \frac{\sqrt{\ln x}}{x}\mathrm{d}x$;

(9) $\int \frac{\mathrm{e}^x}{2-\mathrm{e}^x}\mathrm{d}x$;　　(10) $\int \frac{1}{x^2-9}\mathrm{d}x$.

6. 用第二类换元积分法求下列不定积分:

(1) $\int \frac{\sqrt{x}}{1+x}\mathrm{d}x$;　　(2) $\int \frac{1-x}{\sqrt{x+1}}\mathrm{d}x$;

(3) $\int \frac{2}{1+\sqrt{3-x}}\mathrm{d}x$;　　(4) $\int \sqrt{\mathrm{e}^x-1}\,\mathrm{d}x$;

(5) $\int \frac{x^2}{\sqrt{9-x^2}}\mathrm{d}x$;　　(6) $\int \frac{1}{x^3\sqrt{x^2-1}}\mathrm{d}x$.

7. 用分部积分法求下列不定积分:

(1) $\int 2x\sin x\mathrm{d}x$;　　(2) $\int (x-1)\cos 2x\mathrm{d}x$;

(3) $\int t\mathrm{e}^{-3t}\mathrm{d}t$;　　(4) $\int \arccos x\mathrm{d}x$;

(5) $\int x\ln 3x\mathrm{d}x$;　　(6) $\int x^2\ln 2x\mathrm{d}x$;

(7) $\int x^2\sin x\mathrm{d}x$;　　(8) $\int \mathrm{e}^{-x}\cos x\mathrm{d}x$.

# 3.3　不定积分的应用

## 3.3.1　几何学方面的应用

**例 3-35** 设某函数的图像上有一拐点 $P(2,8)$，在拐点 $P$ 处曲线的切线的斜率为 5，又知这个函数的二阶导数为 $y''=3x+c$，求此函数.

【解】 由于函数在拐点处的二阶导数为 $y''=0$，故有 $0=3\times2+c$，解出 $c=-6$，则

$$y'=\int y''\mathrm{d}x=\int(3x-6)\mathrm{d}x=\frac{3}{2}x^2-6x+C_1.$$

又因为在拐点 $P$ 处曲线的切线的斜率为 5，则有

$$5=\frac{3}{2}\times2^2-6\times2+C_1.$$

解出 $C_1=11$，则 $y'=\frac{3}{2}x^2-6x+11$，于是

$$y=\int\left(\frac{3}{2}x^2-6x+11\right)\mathrm{d}x=\frac{1}{2}x^3-3x^2+11x+C_2.$$

又因为函数的图像上有一拐点 $P(2,8)$，代入上式，解出 $C_2=-6$，

故所求函数为 $y=\frac{1}{2}x^3-3x^2+11x-6$.

## 3.3.2　运动学方面的应用

**例 3-36** 设某一物体以速度 $v=2t^2-3(\mathrm{m/s})$ 作直线运动，当 $t=3$ s 时，物体经过的路程 $s=7$ m，求物体的运动方程.

【解】 设物体的运动方程为 $s=s(t)$.

依题意有

$$s'(t)=v(t)=2t^2-3,$$

所以

$$s(t)=\int(2t^2-3)\mathrm{d}t=\frac{2}{3}t^3-3t+C.$$

依题意，当 $t=3$ 时，$s=7$，代入上式，解出 $C=-2$.

于是可得物体的运动方程为

$$s(t)=\frac{2}{3}t^3-3t-2.$$

**例 3-37** 列车进站时必须制动减速，若列车制动后的速度为 $v(t)=2-3t$(km/min)，问列车应该在离站台停靠点多远的地方开始制动？

【解】 设列车制动后的运动方程为 $s=s(t)$.

依题意有

$$s'(t)=v(t)=2-3t,$$

所以

$$s(t)=\int(2-3t)\mathrm{d}t=2t-\frac{3}{2}t^2+C.$$

依题意，当 $t=0$ 时，$s=0$，代入上式，解出 $C=0$，
于是可得制动后的运动方程为

$$s(t)=2t-\frac{3}{2}t^2.$$

由于列车到达停靠点速度必须为 0，故由 $v(t)=2-3t=0$，可得 $t=\frac{2}{3}$.

将 $t=\frac{2}{3}$ 代入 $s(t)=2t-\frac{3}{2}t^2$，得 $s=\frac{2}{3}$，
即列车在离停靠点 $\frac{2}{3}$ km 处开始制动.

### 3.3.3 经济学方面的应用

**例 3-38** 某服装厂生产某种衣服的边际成本函数为 $C'(x)=x^2+4x-20$(元/件)，其中 $x$ 为数量，又已知固定成本为 800 元，求总成本函数.

【解】 在经济学中，一个经济函数的导数称为该函数的边际函数. 在某点处的导数称为在该点处的变化率，也称为在该点处的边际函数值，它表示在该点处的变化速度. 因此对已知的边际函数求不定积分，就得到原来的经济函数.

例如，如果已知边际成本 $C'(x)$，则总成本函数

$$C(x)=\int C'(x)\mathrm{d}x.$$

如果已知边际收入 $R'(x)$，则总收入函数

$$R(x)=\int R'(x)\mathrm{d}x.$$

此题已知边际成本为 $C'(x)=x^2+4x-20$，则总成本函数为

$$C(x)=\int C'(x)\mathrm{d}x=\int(x^2+4x-20)\mathrm{d}x=\frac{1}{3}x^3+2x^2-20x+C_0.$$

因为固定成本是不随产量的变化而变化的，所以对于总成本函数 $C(x)$，应有 $C(0)=800$ 元，由此可求出积分常数 $C_0=800$，于是所求的总成本函数为

$$C(x)=\frac{1}{3}x^3+2x^2-20x+800.$$

**例 3-39** 某商场销售某种电器的边际收入为 $R'(x)=60-0.3x$，试求总收入函数及需求函数.

【解】 此题已知边际收入为 $R'(x)=60-0.3x$，则总收入函数为

$$R(x)=\int R'(x)\mathrm{d}x=\int(60-0.3x)\mathrm{d}x=60x-0.15x^2+R_0.$$

题目中未明确给出确定积分常数的条件，但实际上当销售量为 0 时，总收入值也应为 0，即 $R(0)=0$，由此可求出积分常数 $R_0=0$，于是所求的总收入函数为

$$R(x)=60x-0.15x^2.$$

而单价为

$$p=\frac{R(x)}{x}=\frac{60x-0.15x^2}{x}=60-0.15x,$$

于是需求函数为

$$x=f(p)=\frac{60-p}{0.15}=400-\frac{20p}{3}.$$

**例 3-40** 已知某种玩具的需求函数 $x=60-3p$，其中 $x$ 为需求量(单位：件)，$p$ 为单价(单位：元/件)，又已知此种玩具的边际成本为 $C'(x)=6-0.2x$，且 $C(0)=8$，试确定当销售单价为多少时，总利润为最大？并求出最大总利润.

【解】 总成本函数为

$$C(x)=\int C'(x)\mathrm{d}x=\int(6-0.2x)\mathrm{d}x=6x-0.1x^2+C_0.$$

由 $C(0)=8$，求出积分常数 $C_0=8$(即为固定成本)，得总成本函数

$$C(x)=8+6x-0.1x^2.$$

将 $x=60-3p$ 代入上式，得

$$C(p)=8+6(60-3p)-0.1(60-3p)^2=8+18p-0.9p^2.$$

又总收入函数应为 $R(x)=px$，将 $x=60-3p$ 代入，得

$$R(p)=p(60-3p)=60p-3p^2.$$

故总利润函数为

$$\begin{aligned}L(p)&=R(p)-C(p)=(60p-3p^2)-(8+18p-0.9p^2)\\&=-8+42p-2.1p^2.\end{aligned}$$

于是 $L'(p)=42-4.2p$，令 $L'(p)=0$，得驻点 $p=10$.

又 $L''(p)=-4.2<0$，所以当销售单价 $p=10$ 元时，此时销售量 $x=30$ 件，总利润为最大，最大利润为 202 元.

## 习题 3-3

1. 一曲线过点(0, 2)，且曲线上任意一点处的切线斜率都等于该点横坐标加 2，求该曲线的方程.

2. 一物体以速度 $v=3t^2-2(\mathrm{m/s})$ 作直线运动，当 $t=1\ \mathrm{s}$ 时，物体经过的路程 $s=2\ \mathrm{m}$，求物体的运动方程.

3. 已知某产品的边际成本函数 $C'(x)=3x-2x^2$，且当 $x=6$ 时，总成本 $C(6)=80$，求总成本函数 $C(x)$.

4. 已知某产品的边际产量函数 $q'(x)=3x^2+2x-4$，且 $x=1$ 时，总产量 $q(1)=0$，试求总产量函数 $q(x)$.

5. 已知某产品生产 $x$ 单位的边际成本是 $C'(x)=20+0.05x$，且固定成本为 400 元，试求总成本函数 $C(x)$.

6. 已知某产品的边际收入函数 $R'(x)=100-24x$，且 $R(0)=0$，试求总收入函数及需求函数.

# 本章小结

【主要内容】

原函数的概念与性质；不定积分的概念与性质；基本积分公式；直接积分法、换元积分法、分部积分法；不定积分的应用.

【重　　点】基本积分公式；直接积分法、第一换元积分法(凑微分法)、第二换元积分法(根式换元法)、分部积分法.

【难　　点】凑微分法、根式换元法、分部积分法及几种积分方法的综合应用.

【学习要求】

### 1. 原函数

理解原函数的概念与性质.

### 2. 不定积分的概念

理解不定积分的概念与性质；了解不定积分的几何意义.

### 3. 不定积分的运算

掌握基本积分公式与直接积分法，理解换元积分法的基本思路，熟练掌握凑微分法，能够进行根式代换，理解分部积分法的基本思路，掌握分部积分法，以及多种积分方法的综合应用.

### 4. 不定积分的应用

能够应用不定积分解决一些实际问题.

## 复习题

1. 填空题

(1) 若 $\int f(x)\mathrm{d}x = F(x) + C$，则 $\int \mathrm{e}^{2x} f(\mathrm{e}^{2x})\mathrm{d}x =$ ________.

(2) 若函数 $\varphi(x)$ 具有一阶连续导数，则 $\int \varphi'(x)\cos\varphi(x)\mathrm{d}x =$ ________.

(3) 函数 $f(x) = 2x^4$ 的积分曲线族为 ________；该积分曲线族中，横坐标为 1 的点处的切线的斜率为 ________.

(4) 已知函数 $f(x)$ 可导，$F(x)$ 是 $f(x)$ 的一个原函数，则 $\int x f'(x)\mathrm{d}x =$ ________.

2. 求下列不定积分：

(1) $\int \dfrac{(1+\ln x)^2}{x}\mathrm{d}x$；　　(2) $\int \dfrac{\sqrt{x}+\sin\sqrt{x}}{\sqrt{x}}\mathrm{d}x$；

(3) $\int \dfrac{\sqrt{1+2\tan x}}{\cos^2 x}\mathrm{d}x$；　　(4) $\int \dfrac{1}{9-4x^2}\mathrm{d}x$；

(5) $\int \dfrac{1}{\sqrt{x+3}-1}\mathrm{d}x$；　　(6) $\int x\sqrt{2-x}\,\mathrm{d}x$；

(7) $\int \sin^3 2x \cdot \cos 2x\mathrm{d}x$；　　(8) $\int \dfrac{x^3}{\sqrt{x^4-1}}\mathrm{d}x$；

(9) $\int \sin 2\sqrt{x}\,\mathrm{d}x$；　　(10) $\int \dfrac{1}{x^2+4x-5}\mathrm{d}x$.

3. 已知某曲线上每点的切线的斜率 $k = a(e^{ax} + \sin ax)$（$a$ 为不等于 0 的常数），又知曲线经过点 $M(0,\ 2a)$，求曲线的方程.

4. 物体由静止开始运动，在任意时刻 $t$ 的加速度为 $\alpha = 2t(\mathrm{m/s^2})$，

(1) 求在第 2 秒末时物体运动的速度；

(2) 需要多少时间，物体离开出发点 576 m？

# 数学实验　用 MATLAB 求不定积分

人工求不定积分往往比较复杂，但利用 MATLAB 求解就非常简单．在 MATLAB 中，积分由函数 int 来实现，该函数可求不定积分，基本格式如下．

int(f)：表示函数 $f$ 对默认变量 $x$ 的不定积分，即求 $\int f(x)\mathrm{d}x$.

int(f, t)：表示函数 $f$ 对自变量 $t$ 的不定积分，即求 $\int f(t)\mathrm{d}t$.

**例 3-41** 计算不定积分 $\int x\mathrm{e}^{x^2}\mathrm{d}x$.

【解】 在命令窗口输入：

```
≫syms x              % 创建符号变量 x
≫f=x* exp(x^2);      % 定义函数 f=xe^(x^2)
≫y1=int(f)           % 对函数 f 求不定积分
y1=
1/2* exp(x^2)        % 输出的积分结果为 1/2 e^(x^2)
```

**例 3-42** 计算不定积分 $\int(1+2x)^5\mathrm{d}x$.

【解】 在命令窗口输入：

```
≫syms x              % 创建符号变量 x
≫f=(1+2x)^5;         % 定义函数 f=(1+2x)^5
≫y2=int(f)           % 对函数 f 求不定积分
y2 =
1/12* (1+2* x)^6     % 输出的积分结果为 1/12 (1+2x)^6
```

**例 3-43** 计算 $\int\arcsin x\mathrm{d}x$.

【解】 在命令窗口输入：

```
syms x                        % 定义函数自变量
z=asin(x);                    % 定义函数表达式
c1=int(z)                     % 对变量 x 求不定积分
```

```
c1 =                                % MATLAB 主窗口下的程序运行结果
x* asin(x)+(1-x^2)^(1/2)            % xarcsin x+√1-x^2
```

## 拓展阅读

### 数学家阿基米德

阿基米德(公元前 287 年—公元前 212 年)，伟大的古希腊哲学家、百科式科学家、数学家、物理学家、力学家，静态力学和流体静力学的奠基人，享有“力学之父”的美称．阿基米德和高斯、牛顿并称为世界三大数学家．阿基米德说过：“给我一个支点，我就能撬起整个地球。”

## 在线测试

扫一扫　测一测

# 第 4 章　定积分

定积分是一个应用十分广泛的数学模型，是在分析、解决实际问题的过程中逐渐形成并发展起来的，应用它的思想和方法可以解决许多学科中的实际问题．本章先从两个典型实例引出定积分的概念，然后讨论定积分的性质、运算和应用．

## 4.1　定积分的概念和性质

在初等数学中，如三角形、矩形、梯形等一些规则图形，给出了面积计算公式，但现实中还存在需计算不规则图形的面积和体积、变速直线运动的路程、变力所做的功等，虽然它们各自意义不同，但这些问题的解决都可归结为“细分、近似、求和、求极限”．

### 4.1.1　定积分问题实例分析

**引例 1**　求曲边梯形的面积．

所谓曲边梯形，它是由三条直线段(其中两条互相平行且与第三条垂直)与一条连续曲线段所围成的封闭图形，如图 4-1 所示的图形 $ABCD$.

曲边梯形可看成由连续曲线 $y=f(x)$ $(f(x)\geqslant 0)$ 与三条直线 $x=a$，$x=b$，$y=0$ 所围成的平面图形，如图 4-2 所示．这个曲边梯形的面积如何计算呢?

若 $y=f(x)=C$ 为常数，则所围图形为矩形，它的面积可按公式矩形面积=高 × 宽来计算．但曲边梯形在底边上各点处的高 $f(x)$ 是变动的，因此它的面积不能直接用上述公式来计算．然而 $f(x)$ 在 $[a,\ b]$ 上是连续变化的，当 $x$ 变化很小时，$f(x)$ 的变化也很小，所以当 $\Delta x$ 很小时，在 $[x,\ x+\Delta x]$ 上的窄曲边梯形可近似为窄矩形．这就提示了计算曲边梯形的面积的方法．具体步骤如下．

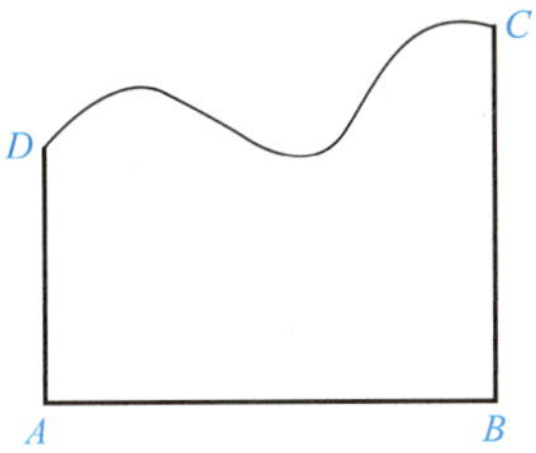


图 4-1

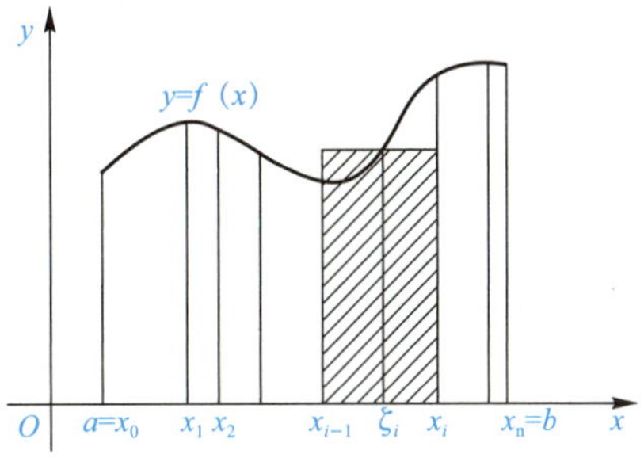


图 4-2

### 1. 细分

如图 4-2 所示，在区间 $[a, b]$ 中任意插入 $n-1$ 个分点

$$a=x_0<x_1<x_2<\cdots<x_{i-1}<x_i<\cdots<x_{n-1}<x_n=b,$$

把区间 $[a, b]$ 分成 $n$ 个小区间

$$[x_0, x_1], [x_1, x_2], \cdots, [x_{i-1}, x_i], \cdots, [x_{n-1}, x_n],$$

第 $i$ 个小区间的长度记为 $\Delta x_i(i=1, 2, \cdots, n)$，即

$$\Delta x_i=x_i-x_{i-1}(i=1, 2, \cdots, n).$$

过各个分点作平行于 $y$ 轴的直线段，把曲边梯形分成 $n$ 个小曲边梯形．第 $i$ 个小曲边梯形的面积记为 $\Delta A_i(i=1, 2, \cdots, n)$，则

$$A=\Delta A_1+\Delta A_2+\cdots+\Delta A_n=\sum_{i=1}^{n}\Delta A_i.$$

### 2. 近似替代

在第 $i$ 个小区间 $[x_{i-1}, x_i](i=1, 2, \cdots, n)$ 上任取一点 $\xi_i(x_{i-1}\leqslant\xi_i\leqslant x_i)$，用以 $\Delta x_i$ 为底、$f(\xi_i)$ 为高的小矩形的面积 $f(\xi_i)\Delta x_i$ 近似代替相应的小曲边梯形的面积 $\Delta A_i$，即

$$\Delta A_i\approx f(\xi_i)\Delta x_i(i=1, 2, \cdots, n).$$

### 3. 求和

将每个小矩形的面积相加，所得的和就是整个曲边梯形面积的近似值，即

$$A=\sum_{i=1}^{n}\Delta A_i\approx\sum_{i=1}^{n}f(\xi_i)\Delta x_i.$$

### 4. 取极限

为了保证所有小区间的长度都无限缩小，即要求这些小区间长度的最大值 $\lambda=\max\{\Delta x_1, \Delta x_2, \cdots, \Delta x_n\}$ 趋向于零时，和式 $\sum_{i=1}^{n}f(\xi_i)\Delta x_i$ 的极限就是曲边梯形的面积，即

$$A = \lim_{\lambda \to 0} \sum_{i=1}^{n} f(\xi_i) \Delta x_i .$$

由此，把求曲边梯形的面积归结为求一个和式的极限问题．

**引例 2** 求变速直线运动的路程．

设某物体做直线运动，已知速度 $v = v(t)$ 是时间区间 $[T_1, T_2]$ 上 $t$ 的连续函数，且 $v(t) \geqslant 0$. 计算物体在这段时间内所经过的路程 $s$．

在物理学中，对于匀速直线运动，有公式：路程=速度×时间．

对于变速直线运动，不能用上述公式来求路程，采用与求曲边梯形面积类似的方法求解.

第一步，分割．用分点：

$$T_1 = t_0 < t_1 < t_2 < \cdots < t_{i-1} < t_i < \cdots < t_{n-1} < t_n = T_2 ,$$

把时间区间 $[T_1, T_2]$ 分成 $n$ 个小区间

$$[t_0, t_1], [t_1, t_2], \cdots, [t_{i-1}, t_i], \cdots, [t_{n-1}, t_n],$$

第 $i$ 个小区间的长度记为

$$\Delta t_i = t_i - t_{i-1} (i = 1, 2, \cdots, n).$$

物体在第 $i$ 个小区间 $[t_{i-1}, t_i]$ 内所走的路程记为 $\Delta s_i (i = 1, 2, \cdots, n)$，则

$$s = \sum_{i=1}^{n} \Delta s_i .$$

第二步，近似．在第 $i$ 个小区间 $[t_{i-1}, t_i]$ 上任取一点 $\xi_i$，将 $[t_{i-1}, t_i]$ $(i = 1, 2, \cdots, n)$ 内的变速运动近似地看作速度为 $v(\xi_i)$ 的匀速运动，得到路程 $\Delta s_i$ 的近似值，即

$$\Delta s_i \approx v(\xi_i) \Delta t_i (i = 1, 2, \cdots, n) .$$

第三步，求和．把 $n$ 个小区间内的路程相加，得到整个区间上的路程 $s$ 的近似值，即

$$s = \sum_{i=1}^{n} \Delta s_i \approx \sum_{i=1}^{n} v(\xi_i) \Delta t_i .$$

第四步，求极限．当时间区间长度都无限缩小，即这些小区间长度的最大值 $\lambda = \max\{\Delta t_1, \Delta t_2, \cdots, \Delta t_n\}$ 趋向于零时，和式 $\sum_{i=1}^{n} v(\xi_i) \Delta t_i$ 的极限就是物体所走的路程，即

$$s = \lim_{\lambda \to 0} \sum_{i=1}^{n} v(\xi_i) \Delta t_i .$$

因此，变速直线运动的路程也是一个和式的极限．

## 4.1.2　定积分的概念

上面两引例中，虽然一个是几何问题，一个是物理问题，所计算的量具有不同的实际意义，但解决问题的思想方法与步骤却是相同的，并且最终具有完全相同的数学结构——求和式的极限．类似这样的实际问题还有很多，抛开实际问题的具体意义，从数学结构加以研究，抽象出定积分的概念.

**定义**　设函数 $f(x)$ 在区间 $[a,b]$ 上有界，在区间 $[a,b]$ 中任取分点

$$a=x_0<x_1<x_2<\cdots<x_{i-1}<x_i<\cdots<x_{n-1}<x_n=b,$$

将区间 $[a,b]$ 分成 $n$ 个小区间 $[x_{i-1},x_i](i=1,2,\cdots,n)$，记 $\Delta x_i=x_i-x_{i-1}$ 为第 $i$ 个子区间的长度．在每个小区间上任取一点 $\xi_i$ $(x_{i-1}\leqslant\xi_i\leqslant x_i)$，作乘积 $f(\xi_i)\Delta x(i=1,2,\cdots,n)$ 的和，即

$$\sum_{i=1}^{n}f(\xi_i)\Delta x_i.$$

记 $\lambda=\max\{\Delta x_i\}$ $(i=1,2,\cdots,n)$，如果不论对区间 $[a,b]$ 采取何种分法及 $\xi_i$ 如何选，当 $\lambda\to 0$ 时，和式 $\sum\limits_{i=1}^{n}f(\xi_i)\Delta x_i$ 的极限总存在且相同，则此极限值称为函数 $f(x)$ 在 $[a,b]$ 上的**定积分**，记为 $\int_a^b f(x)\mathrm{d}x$，即

$$\int_a^b f(x)\mathrm{d}x=\lim_{\lambda\to 0}\sum_{i=1}^{n}f(\xi_i)\Delta x_i,$$

其中，$f(x)$ 称为**被积函数**，$f(x)\mathrm{d}x$ 称为**被积表达式**，$x$ 称为**积分变量**，$[a,b]$ 称为**积分区间**，$a$ 称为**积分下限**，$b$ 称为**积分上限**.

如果定积分 $\int_a^b f(x)\mathrm{d}x$ 存在，则称函数 $f(x)$ 在 $[a,b]$ 上**可积**．反之称函数 $f(x)$ 在 $[a,b]$ 上**不可积**.

由定积分的定义可知，上面引例中的两个问题可以用定积分来描述.

(1) 曲边梯形的面积 $A$ 是函数 $f(x)$ 在区间 $[a,b]$ 上的定积分，即

$$A=\int_a^b f(x)\mathrm{d}x.$$

(2) 物体以速度 $v=v(t)(v(t)\geqslant 0)$ 作变速直线运动，从时刻 $T_1$ 到时刻 $T_2$ 所走过的路程 $s$ 等于其速度函数 $v=v(t)$ 在时间区间 $[T_1,T_2]$ 上的定积分，即

$$s=\int_{T_1}^{T_2}v(t)\mathrm{d}t.$$

关于定积分的概念，注意以下几点.

(1) 定积分 $\int_a^b f(x)\mathrm{d}x$ 是积分和式的极限，是一个数值，大小与被积函数 $f(x)$ 和积分区间 $[a,b]$ 有关，而与积分变量的记号无关，即

$$\int_a^b f(x)\,\mathrm{d}x = \int_a^b f(t)\,\mathrm{d}t = \int_a^b f(u)\,\mathrm{d}u.$$

(2)在定积分的定义中，假定 $a < b$，即积分下限小于积分上限．如果 $a > b$，规定

$$\int_a^b f(x)\,\mathrm{d}x = -\int_b^a f(x)\,\mathrm{d}x,$$

即，定积分上下限互换时，积分值仅改变符号．

(3)若 $a = b$ 时，规定

$$\int_a^b f(x)\,\mathrm{d}x = 0.$$

若 $f(x)$ 在 $[a, b]$ 上的定积分存在，则 $f(x)$ 在 $[a, b]$ 上可积．那么函数在区间 $[a, b]$ 上满足怎样的条件，才是可积的呢？下面的定理回答了这个问题．

**定积分的存在性定理**：当函数 $f(x)$ 在区间 $[a, b]$ 上连续或只有有限个第一类间断点时，$f(x)$ 在区间 $[a, b]$ 上的定积分存在(即可积)．

因初等函数在定义域上都连续，即初等函数在定义区间内部都是可积的．

**例 4-1** 根据定积分的定义，求 $\int_0^1 x^2\mathrm{d}x$．

【解】 因为函数 $f(x) = x^2$ 在区间 $[0, 1]$ 上连续，所以 $f(x)$ 在 $[0, 1]$ 上一定可积．因为积分值与区间 $[0, 1]$ 的分法及点 $\xi_i$ 的取法无关，所以可把区间 $[0, 1]$ $n$ 等分，分点为 $x_i = \frac{i}{n}(i = 1, 2, \cdots, n-1)$．因为每个小区间的长度为 $\Delta x_i = \frac{1}{n}(i = 1, 2, \cdots, n)$，所以可取每个小区间的右端点为 $\xi_i$，$\xi_i = \frac{i}{n}(i = 1, 2, \cdots, n)$，

于是积分和式为

$$\begin{aligned}\sum_{i=1}^n f(\xi_i)\Delta x_i &= \sum_{i=1}^n \xi_i^2 \Delta x_i = \sum_{i=1}^n \left(\frac{i}{n}\right)^2 \frac{1}{n}\\ &= \frac{1}{n^3}\sum_{i=1}^n i^2 = \frac{1}{n^3}\cdot\frac{1}{6}n(n+1)(2n+1)\\ &= \frac{1}{6}\left(1+\frac{1}{n}\right)\left(2+\frac{1}{n}\right).\end{aligned}$$

因为 $\lambda = \max\left\{\frac{1}{n}, \frac{1}{n}, \cdots, \frac{1}{n}\right\} = \frac{1}{n}$，所以当 $\lambda \to 0$ 时，$n \to \infty$，有

$$\int_0^1 x^2\mathrm{d}x = \lim_{\lambda\to 0}\sum_{i=1}^n f(\xi_i)\Delta x_i = \lim_{n\to\infty}\frac{1}{6}\left(1+\frac{1}{n}\right)\left(2+\frac{1}{n}\right) = \frac{1}{3}.$$

**课程思政联想**

**定积分定义——化整为零、积零为整、积跬步至千里**

定积分定义的数学思想可以概括为“分割(化整为零)、近似替代(以直代曲、以常代变等)、求和(积零为整)、求极限(精确值)”，这个思想在多个科学领域都有涉及，同时对我们的生活学习也有很大启示，比如我们在生活学习中，碰到问题、碰到难题，没有办法解决时，我们可以尝试将大问题分解成若干小问题，化繁为简，分步骤各个击破，先解决每一步的小问题，从而最终解决大问题．定积分定义的思想让我们知道，学术上、生活中很多复杂的问题都是由若干个简单的问题组合起来的，需要不断思考探索，利用所学的知识合理科学地分解问题、解决问题．

## 4.1.3　定积分的几何意义

从曲边梯形面积的计算可以得出如下结论.

(1)若在 $[a, b]$ 上，$f(x) \geqslant 0$，那么定积分 $\int_a^b f(x)\mathrm{d}x$ 在几何上表示连续曲线 $y=f(x)$ 与直线 $x=a$，$x=b$，$y=0$ 所围成的曲边梯形的面积 $A$，如图 4-3 所示.

(2)若在 $[a, b]$ 上，$f(x) \leqslant 0$，那么 $-f(x) \geqslant 0$，因而由连续曲线 $y=f(x)$ 与直线 $x=a$，$x=b$，$y=0$ 所围成的曲边梯形的面积 $A$ 为

$$A=\lim_{\lambda \to 0}\sum_{i=1}^{n}[-f(\xi_i)]\Delta x_i=-\lim_{\lambda \to 0}\sum_{i=1}^{n}f(\xi_i)\Delta x_i=-\int_a^b f(x)\mathrm{d}x.$$

因此

$$\int_a^b f(x)\mathrm{d}x=-A.$$

这就是说，当 $f(x) \leqslant 0$ 时，定积分 $\int_a^b f(x)\mathrm{d}x$ 等于曲边梯形面积的负值，如图 4-4 所示.

(3)若 $f(x)$ 在 $[a, b]$ 上连续，且有时取正值，有时取负值，如图 4-5 所示，则有

$$\int_a^b f(x)\mathrm{d}x=A_1-A_2+A_3.$$

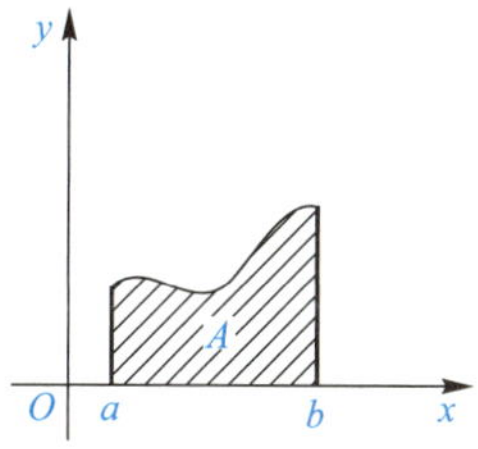


图 4-3

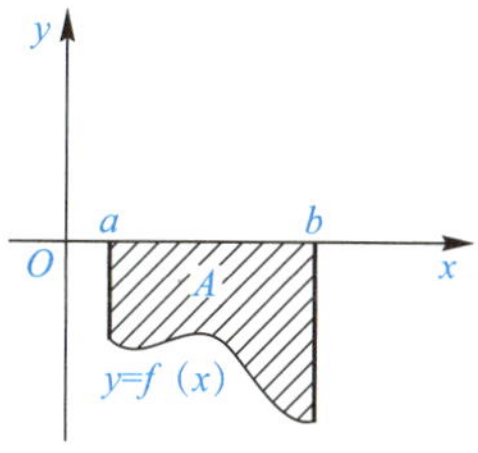


图 4-4

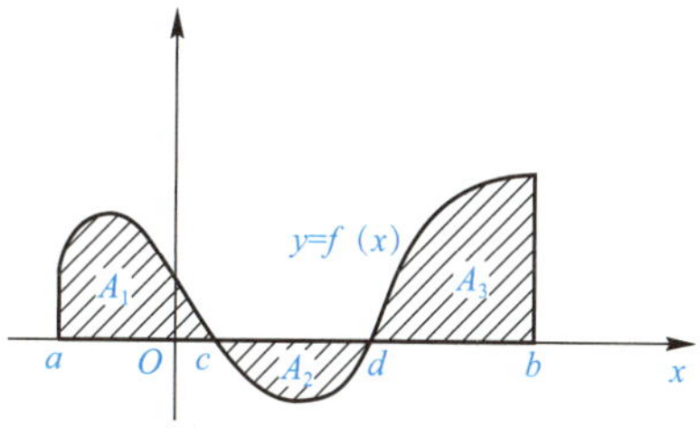


图 4-5

前面的讨论表明，尽管定积分 $\int_a^b f(x)\mathrm{d}x$ 在各种实际问题中的意义各不相同，但它的值在几何上都可以用曲边梯形的面积来表示.

**例 4-2** 如图 4-6 所示，用定积分表示图中各图形阴影部分的面积，并根据定积分的几何意义求出其值.

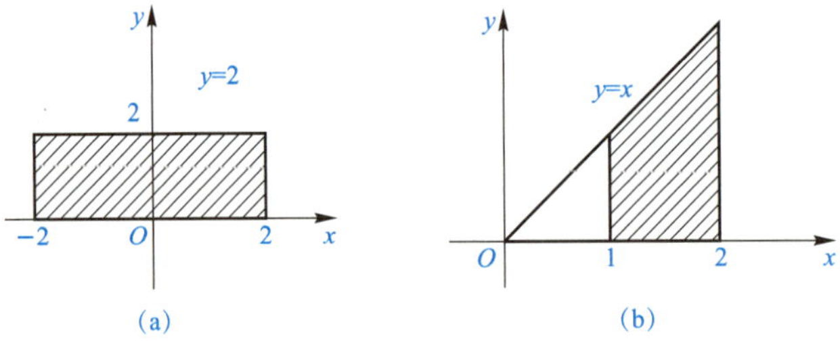


图 4-6

**【解】** (1)在图 4-6(a)中，被积函数 $f(x)=2$ 在区间 $[-2, 2]$ 上连续，且 $f(x)>0$，根据定积分的几何意义，阴影部分的面积为

$$A=\int_{-2}^{2} 2\mathrm{d}x=2\times 4=8.$$

(2)在图 4-6(b)中，被积函数 $f(x)=x$ 在区间 $[1, 2]$ 上连续，且 $f(x)>0$，根据定积分的几何意义，图中阴影部分的面积为

$$\int_1^2 x\mathrm{d}x=\frac{(1+2)\times 1}{2}=\frac{3}{2}.$$

### 4.1.4 定积分的性质

设 $f(x)$，$g(x)$ 在区间 $[a, b]$ 上可积，由定积分的定义和极限的运算性质等相关知识，可得以下性质.

**性质 1** 两个函数和或差的定积分等于各个函数定积分的和或差，即

$$\int_a^b [f(x)\pm g(x)]\mathrm{d}x=\int_a^b f(x)\mathrm{d}x\pm\int_a^b g(x)\mathrm{d}x.$$

**【证】**

$$\begin{aligned}\int_a^b [f(x)\pm g(x)]\mathrm{d}x&=\lim_{\lambda\to 0}\sum_{i=1}^{n}[f(\xi_i)\pm g(\xi_i)]\Delta x_i\\&=\lim_{\lambda\to 0}\sum_{i=1}^{n}f(\xi_i)\Delta x_i\pm\lim_{\lambda\to 0}\sum_{i=1}^{n}g(\xi_i)\Delta x_i\\&=\int_a^b f(x)\mathrm{d}x\pm\int_a^b g(x)\mathrm{d}x.\end{aligned}$$

性质 1 可以推广到有限多个函数的代数和的情形 .

**性质 2**　被积函数中的常数因子可以提到积分号外面，即

$$\int_a^b kf(x)\,dx = k\int_a^b f(x)\,dx .$$

**【证】**　$\int_a^b kf(x)\,dx = \lim_{\lambda\to 0}\sum_{i=1}^{n} kf(\xi_i)\Delta x_i = k\lim_{\lambda\to 0}\sum_{i=1}^{n} f(\xi_i)\Delta x_i = k\int_a^b f(x)\,dx .$

性质 1、2 可写为(**线性性质**)：$\int_a^b [\alpha f(x) + \beta g(x)]\,dx = \alpha\int_a^b f(x)\,dx + \beta\int_a^b g(x)\,dx.$

**性质 3(定积分对积分区间的可加性)**　对于任意三个数 $a$、$b$、$c$，总有

$$\int_a^b f(x)\,dx = \int_a^c f(x)\,dx + \int_c^b f(x)\,dx.$$

下面根据定积分的几何意义对这一条性质加以说明 .

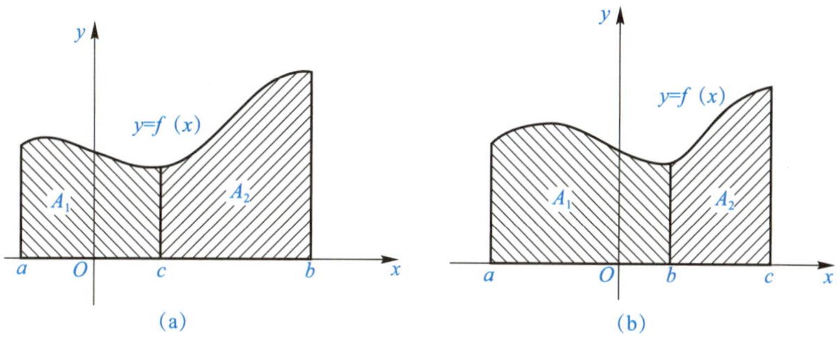


**图 4-7**

在图 4-7(a)中，有

$$\int_a^b f(x)\,dx = A_1 + A_2 = \int_a^c f(x)\,dx + \int_c^b f(x)\,dx.$$

在图 4-7(b)中，因为

$$\int_a^c f(x)\,dx = A_1 + A_2 = \int_a^b f(x)\,dx + \int_b^c f(x)\,dx .$$

所以

$$\begin{aligned}\int_a^b f(x)\,dx &= \int_a^c f(x)\,dx - \int_b^c f(x)\,dx \\ &= \int_a^c f(x)\,dx + \int_c^b f(x)\,dx.\end{aligned}$$

推广：$\int_a^b f(x)\,dx = \int_a^{c_1} f(x)\,dx + \int_{c_1}^{c_2} f(x)\,dx + \int_{c_2}^{c_3} f(x)\,dx + \int_{c_3}^{b} f(x)\,dx .$

**性质 4(保号性)**　如果在区间 $[a, b]$ 上 $f(x) \geqslant 0$，则 $\int_a^b f(x)\,dx \geqslant 0.$

**【证】**　由 $f(x) \geqslant 0$ 及 $\Delta x_i = x_i - x_{i-1} > 0$，得 $\sum_{i=1}^{n} f(\xi_i)\Delta x \geqslant 0$. 根据极限的保号性，有

$$\int_a^b f(x)\,dx = \lim_{\lambda\to 0}\sum_{i=1}^{n} f(\xi_i)\Delta x_i \geqslant 0 .$$

**推论 1(比较性质)** 如果在区间 $[a, b]$ 上 $f(x) \geqslant g(x)$，则 $\int_a^b f(x)\,dx \geqslant \int_a^b g(x)\,dx$ .

令 $F(x) = f(x) - g(x)$，再利用性质 4 及性质 1 即可得证.

**推论 2** $\left|\int_a^b f(x)\,dx\right| \leqslant \int_a^b |f(x)|\,dx \ (a < b)$ .

**性质 5(估值定理)** 设 $M$ 和 $m$ 分别是 $f(x)$ 在区间 $[a, b]$ 上的最大值和最小值，则

$$m(b-a) \leqslant \int_a^b f(x)\,dx \leqslant M(b-a).$$

**【证】** 因为 $m \leqslant f(x) \leqslant M$，由推论 1，得

$$\int_a^b m\,dx \leqslant \int_a^b f(x)\,dx \leqslant \int_a^b M\,dx.$$

由几何意义得 $\int_a^b m\,dx = m(b-a)$，$\int_a^b M\,dx = M(b-a)$，代入上式即得所证.

**性质 6(积分中值定理)** 如果函数 $f(x)$ 在闭区间 $[a, b]$ 上连续，那么在区间 $[a, b]$ 上至少存在一点 $\xi$，使得

$$\int_a^b f(x)\,dx = f(\xi)(b-a)\,(a \leqslant \xi \leqslant b) .$$

**【证】** 因为函数 $f(x)$ 在闭区间 $[a, b]$ 上连续，由闭区间上连续函数的最大值和最小值定理，存在数 $M$ 和 $m$，使 $m \leqslant f(x) \leqslant M$. 根据性质 5，有

$$m(b-a) \leqslant \int_a^b f(x)\,dx \leqslant M(b-a) .$$

上述不等式各式除以 $b-a$，得

$$m \leqslant \frac{1}{b-a}\int_a^b f(x)\,dx \leqslant M .$$

设 $C = \frac{1}{b-a}\int_a^b f(x)\,dx$，则

$$m \leqslant C \leqslant M,$$

即 $C = \frac{1}{b-a}\int_a^b f(x)\,dx$ 是介于 $m$ 与 $M$ 之间的一个数. 根据闭区间上连续函数的介值定理，在闭区间 $[a, b]$ 上至少存在一点 $\xi$，使 $f(\xi) = C$，即

$$f(\xi) = \frac{1}{b-a}\int_a^b f(x)\,dx\,(a \leqslant \xi \leqslant b),$$

亦即

$$\int_a^b f(x)\,dx = f(\xi)(b-a)(a \leqslant \xi \leqslant b).$$

定积分中值定理的几何意义是显然的. 如图 4-8 所示，设 $f(x) \geqslant 0 (a \leqslant x \leqslant b)$，对于

以区间 $[a, b]$ 为底、$y=f(x)$ 为曲边的曲边梯形，则必存在一个同一底边而高为 $f(\xi)$ 的一个矩形与它的面积相等.

按积分中值公式所得

$$f(\xi)=\frac{1}{b-a}\int_a^b f(x)\,\mathrm{d}x$$

称为函数 $f(x)$ 在区间 $[a, b]$ 上的平均值. 这是有限个数的平均值概念的拓广.

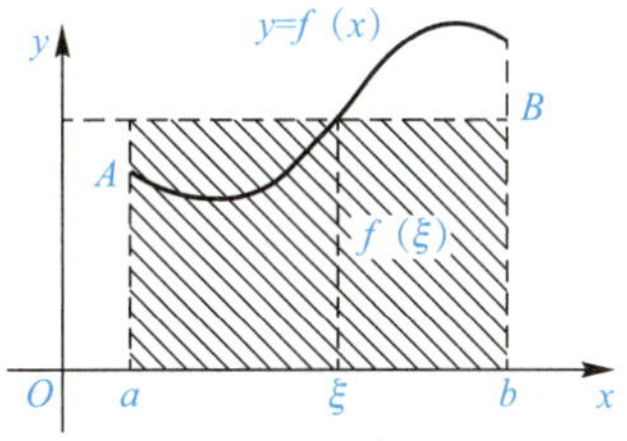


图 4-8

## 习题 4-1

1. 填空题

(1) 定积分 $\int_1^2 \cos(2+3x)\,\mathrm{d}x$ 中，积分上限是__________，积分下限是__________，积分区间是__________.

(2) 由曲线 $y=2x^2+3$，直线 $x=2$，$x=4$ 及 $x$ 轴围成的曲边梯形的面积，用定积分表示为__________.

(3) 定积分 $\int_3^3 \mathrm{e}^{2\sin x+4}\mathrm{d}x=$____________________.

2. 利用定积分表示图 4-9 所示阴影部分的面积：

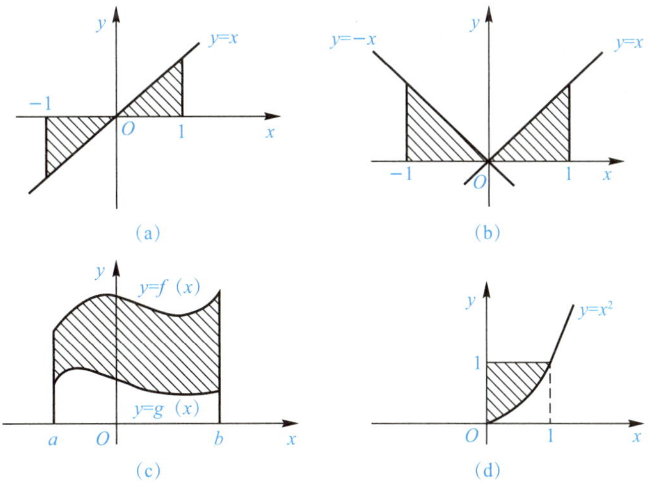


图 4-9

3. 利用定积分的几何意义说明下列各式成立:

(1) $\int_a^b k\mathrm{d}x = k(b-a)$ ( $k$ 为常数);

(2) $\int_0^1 2x\mathrm{d}x = 1$;

(3) $\int_{-\pi}^{\pi} \sin x\mathrm{d}x = 0$.

4. 根据定积分的几何意义,判断下列积分值的正负号:

(1) $\int_0^{\frac{\pi}{3}} \sin x\mathrm{d}x$ ;　　(2) $\int_{\frac{\pi}{4}}^{0} \cos x\mathrm{d}x$ ;

(3) $\int_{-2}^{4} x\mathrm{d}x$ ;　　(4) $\int_0^3 (1-x)\mathrm{d}x$.

5. 不经计算比较下列积分的大小:

(1) $\int_0^1 x^3\mathrm{d}x$, $\int_0^1 x\mathrm{d}x$ ; (2) $\int_1^3 x^3\mathrm{d}x$, $\int_1^3 x\mathrm{d}x$ ; (3) $\int_2^5 \frac{\sin x}{1+x}\mathrm{d}x$, $\int_2^5 \frac{\sin t}{1+t}\mathrm{d}t$.

6. 估计下列定积分值的范围:

(1) $\int_{-2}^{2} (1+3x^2)\mathrm{d}x$ ;　　(2) $\int_{-2}^{1} \mathrm{e}^{x^2}\mathrm{d}x$.

7. 若 $f(x)$ 在 $[-1, 1]$ 上连续,其平均值为 4,求 $\int_{-1}^{1} f(x)\mathrm{d}x$.

# 4.2　微积分基本公式

前面学习了定积分的定义,按照定义来计算定积分是一件十分繁杂的事,本节将介绍计算定积分既有效又简单的工具——牛顿-莱布尼茨(Newton-Leibniz)公式,也称为微积分基本公式.

## 4.2.1　积分上限的函数及其导数

设函数 $f(x)$ 在 $[a, b]$ 上连续,若取定 $x \in [a, b]$ ,则 $f(x)$ 在子区间 $[a, x]$ 上也连续,所以定积分

$$\int_a^x f(x)\mathrm{d}x$$

是一个定数,这里积分上限是 $x$ ,积分变量也是 $x$ ,但它们的意义是不同的.由于定积分的值与积分变量的记号无关,为避免混淆,把积分变量 $x$ 换写成 $t$ ,即

$$\int_a^x f(t)\,\mathrm{d}t.$$

显然，当 $x$ 在 $[a, b]$ 上变动时，对应于每一个 $x$ 值，积分 $\int_a^x f(t)\,\mathrm{d}t$ 都有唯一确定的值，因此 $\int_a^x f(t)\,\mathrm{d}t$ 是变上限 $x$ 的一个函数，称它为**积分上限的函数**，也称为**变上限定积分**，记为 $\Phi(x)$，即

$$\Phi(x)=\int_a^x f(t)\,\mathrm{d}t.$$

根据定积分的几何意义，在图 4-10 中，$\Phi(x)$ 表示阴影部分的面积.

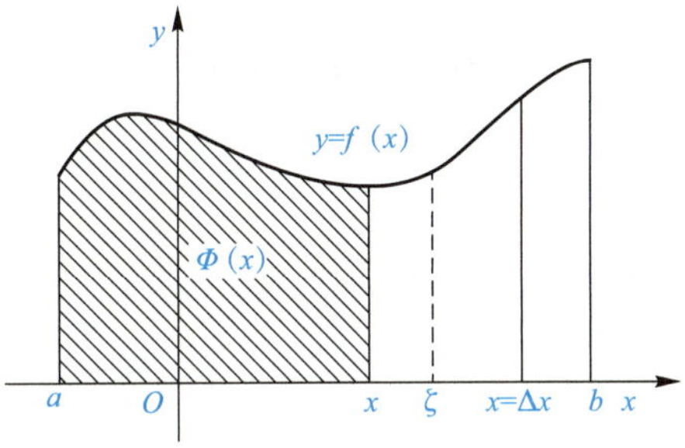


图 4-10

**定理 4.1**　若函数 $f(x)$ 在区间 $[a, b]$ 上连续，则函数

$$\Phi(x)=\int_a^x f(t)\,\mathrm{d}t$$

在区间 $[a, b]$ 上可导，且它的导数就是 $f(x)$，即

$$\Phi'(x)=\frac{\mathrm{d}}{\mathrm{d}x}\int_a^x f(t)\,\mathrm{d}t=f(x)\,(a\leqslant x\leqslant b).$$

**【证】**　根据导数的定义来求 $\Phi(x)$ 的导数，分成以下三个步骤.

(1) 求增量.

若取 $|\Delta x|$ 充分小，且使 $x+\Delta x\in[a, b]$，那么 $\Phi(x)$ 的增量为

$$\begin{aligned}\Delta\Phi(x)&=\Phi(x+\Delta x)-\Phi(x)\\&=\int_a^{x+\Delta x} f(t)\,\mathrm{d}t-\int_a^x f(t)\,\mathrm{d}t=\int_x^{x+\Delta x} f(t)\,\mathrm{d}t.\end{aligned}$$

因为 $f(x)$ 连续，由积分中值定理，有

$$\int_x^{x+\Delta x} f(t)\,\mathrm{d}t=f(\xi)[(x+\Delta x)-x]=f(\xi)\Delta x,$$

其中，$\xi$ 介于 $x$ 与 $x+\Delta x$ 之间，于是

$$\Delta\Phi(x)=\int_x^{x+\Delta x} f(t)\,\mathrm{d}t=f(\xi)\Delta x.$$

(2)求比值.

$$\frac{\Delta\Phi(x)}{\Delta x}=\frac{f(\xi)\Delta x}{\Delta x}.$$

(3)求极限.

由 $f(x)$ 的连续性，并注意到当 $\Delta x\to 0$ 时，有 $\xi\to x$，得

$$\Phi'(x)=\lim_{\Delta x\to 0}\frac{\Delta\Phi(x)}{\Delta x}=\lim_{\Delta x\to 0}\frac{f(\xi)\Delta x}{\Delta x}=\lim_{\Delta x\to 0}f(\xi)=\lim_{\xi\to x}f(\xi)=f(x).$$

$\Phi'(x)=f(x)$，表示变上限积分 $\int_a^x f(t)\,\mathrm{d}t$ 是 $f(x)$ 的一个原函数.

因为 $\Phi(x)$ 是连续函数 $f(x)$ 的原函数. 所以有以下结论.

**推论(原函数存在定理)** 连续函数一定存在原函数.

这样就解决了上一章留下来的原函数的存在问题.

**例 4-3** 已知 $F(x)=\int_0^x \cos 4t\,\mathrm{d}t$，求 $F'(x)$.

【解】 根据定理 4.1，得

$$F'(x)=\frac{\mathrm{d}}{\mathrm{d}x}\int_0^x \cos 4t\,\mathrm{d}t=\cos 4x.$$

**例 4-4** 已知 $F(x)=\int_x^0 \sin(3t+2)\,\mathrm{d}t$，求 $F'(x)$.

【解】 因为变量 $x$ 为下限，所以不能直接用定理求，可变形后再求导：

$$F'(x)=\frac{\mathrm{d}}{\mathrm{d}x}\int_x^0 \sin(3t+2)\,\mathrm{d}t=\frac{\mathrm{d}}{\mathrm{d}x}\left[-\int_0^x \sin(3t+2)\,\mathrm{d}t\right]=-\sin(3x+2).$$

**例 4-5** 设 $\Phi(x)=\int_0^{5x} \mathrm{e}^{t^2}\mathrm{d}t$，求 $\Phi'(x)$.

【解】 积分上限为 $5x$，它是 $x$ 的函数，所以变上限定积分是 $x$ 的复合函数，由复合函数求导法则，得

$$\Phi'(x)=\frac{\mathrm{d}}{\mathrm{d}x}\int_0^{5x} \mathrm{e}^{t^2}\mathrm{d}t=\mathrm{e}^{(5x)^2}\cdot(5x)'=5\mathrm{e}^{25x^2}.$$

**例 4-6** 设 $y=\int_x^{x^2}\sqrt{1+t^3}\,\mathrm{d}t$，求 $\frac{\mathrm{d}y}{\mathrm{d}x}$.

【解】 因为积分的上、下限都是变量，先把它拆成两个积分之和，然后再求导，即

$$\begin{aligned}\frac{\mathrm{d}y}{\mathrm{d}x}&=\left(\int_x^{x^2}\sqrt{1+t^3}\,\mathrm{d}t\right)'=\left(\int_x^{a}\sqrt{1+t^3}\,\mathrm{d}t+\int_a^{x^2}\sqrt{1+t^3}\,\mathrm{d}t\right)'\\&=-\left(\int_a^{x}\sqrt{1+t^3}\,\mathrm{d}t\right)'+\left(\int_a^{x^2}\sqrt{1+t^3}\,\mathrm{d}t\right)'\end{aligned}$$

$$= -\sqrt{1+x^3} + \sqrt{1+(x^2)^3}(x^2)'$$
$$= -\sqrt{1+x^3} + 2x\sqrt{1+x^6}.$$

### 4.2.2 微积分基本公式

**定理 4.2** 设函数 $f(x)$ 在 $[a, b]$ 上连续，且 $F(x)$ 是 $f(x)$ 在 $[a, b]$ 上的一个原函数，则

$$\int_a^b f(x)\mathrm{d}x = F(b) - F(a).$$

【证】 因为 $F(x)$ 是 $f(x)$ 的一个原函数，又由定理 4.1 可知，函数

$$\Phi(x) = \int_a^x f(t)\mathrm{d}t$$

也是 $f(x)$ 的一个原函数，所以，根据前面第 3 章定理 3.3 可知，这两个原函数至多相差一个常数 $C_0$，即

$$\int_a^x f(t)\mathrm{d}t = F(x) + C_0.$$

在上式中，令 $x = a$，得

$$\int_a^a f(t)\mathrm{d}t = F(a) + C_0.$$

因为 $\int_a^a f(t)\mathrm{d}t = 0$，所以 $C_0 = -F(a)$. 于是，得

$$\int_a^x f(t)\mathrm{d}t = F(x) - F(a).$$

在上式中，令 $x = b$，即得

$$\int_a^b f(t)\mathrm{d}t = F(b) - F(a).$$

由于定积分的值与积分变量的记号无关，仍用 $x$ 表示积分变量，即得

$$\int_a^b f(x)\mathrm{d}x = F(b) - F(a).$$

上式称为牛顿-莱布尼茨公式，也叫微积分基本公式.

为书写方便，公式中的 $F(b) - F(a)$ 通常记为 $[F(x)]_a^b$ 或 $F(x)\big|_a^b$. 因此，上述公式也可以写成

$$\int_a^b f(x)\mathrm{d}x = [F(x)]_a^b \text{ 或 } \int_a^b f(x)\mathrm{d}x = F(x)\big|_a^b,$$

简记为 N-L 公式.

由牛顿-莱布尼茨公式可知，计算定积分分成两步：

(1) 先求 $f(x)$ 在区间 $[a, b]$ 上的任一个原函数 $F(x)$，这是一个求不定积分的问题；

(2) 计算 $F(x)$ 在区间 $[a, b]$ 上的增量，即 $F(b) - F(a)$.

牛顿-莱布尼茨公式揭示了定积分和不定积分之间的关系，使我们可以借助原函数来计算定积分，从而提供了计算定积分的一个简单有效的方法．它是整个积分学最重要的公式．

例 4-7 计算 $\int_0^1 x^2\mathrm{d}x$.

【解】 因为 $\int x^2\mathrm{d}x = \frac{1}{3}x^3 + C$，所以 $\frac{1}{3}x^3$ 是 $x^2$ 的一个原函数，所以

$$\int_0^1 x^2\mathrm{d}x = \left[\frac{1}{3}x^3\right]_0^1 = \frac{1}{3}\times(1^3 - 0^3) = \frac{1}{3}.$$

将本题与 4.1.2 节例 3 比较，可看出计算的简洁性．

例 4-8 求定积分：

(1) $\int_1^2 (x^2 - 2x)\mathrm{d}x$；  (2) $\int_{-1}^1 \frac{x^2}{1+x^2}\mathrm{d}x$；  (3) $\int_{-1}^2 |x|\mathrm{d}x$.

【解】 (1) $\int_1^2 (x^2 - 2x)\mathrm{d}x = \left[\frac{x^3}{3} - x^2\right]_1^2 = \left[\frac{x^3}{3}\right]_1^2 - [x^2]_1^2 = -\frac{2}{3}$.

(2) $\int_{-1}^1 \frac{x^2}{1+x^2}\mathrm{d}x = \int_{-1}^1 \left(1 - \frac{1}{1+x^2}\right)\mathrm{d}x = \int_{-1}^1 1\mathrm{d}x - \int_{-1}^1 \frac{1}{1+x^2}\mathrm{d}x$

$$= [x]_{-1}^1 - [\arctan x]_{-1}^1 = 2 - \frac{\pi}{2}.$$

(3) $|x|$ 在 $[-1, 2]$ 上写成分段函数的形式

$$|x| = \begin{cases} -x, & -1 \leqslant x < 0, \\ x, & 0 \leqslant x < 2, \end{cases}$$

于是 $\int_{-1}^2 |x|\mathrm{d}x = \int_{-1}^0 (-x)\mathrm{d}x + \int_0^2 x\mathrm{d}x = \left[-\frac{x^2}{2}\right]_{-1}^0 + \left[\frac{x^2}{2}\right]_0^2 = \frac{5}{2}$.

例 4-9 一个小球从某高处由静止开始自由下落，由于重力的作用，$t$ 秒后小球的速度为 $v = gt$，试求在时间区间 $[0, 5]$ 上小球下落的距离．

【解】 设 $t$ 秒时小球下落的距离为 $s = s(t)$，则有 $s'(t) = v$，由牛顿-莱布尼茨公式可知，在时间区间 $[0, 5]$ 上小球下落的距离 $s(5)$ 就是函数 $v = gt$ 在 $[0, 5]$ 上的定积分，即

$$s(5) = \int_0^5 gt\mathrm{d}t = \left[\frac{1}{2}gt^2\right]_0^5 = \frac{25}{2}g.$$

**课程思政联想**

**牛顿-莱布尼茨公式——海纳百川、开放包容**

牛顿和莱布尼茨分别从各自不同角度发明了微积分．牛顿是从物理学的角度提出的微积分，莱布尼茨是从数学角度，首先是出于几何问题的思考，采用了合理的数学符号进行表述，我们现在使用的符号就是求和“sum”的首字母“s”拉长后得到的．除此之外，还有很多数学符号都是莱布尼茨引入的，如微积分的 d$x$、d$y$ 等符号，这些符号简洁方便，一直沿用至今．尽管牛顿与莱布尼茨各自从不同的方向创立了微积分，但殊途同归，他们对微积分的创立和现代数学的发展作出了巨大的贡献，在优先权问题上，我们不做过多评价与论述，我们认为他们的贡献是相同的．要以开放包容的心态去看待事物，在待人接物时要有一颗海纳百川的心．

## 习题 4-2

1. 求下列函数的导数：

(1) $y=\int_1^x \ln(3+t^2)\mathrm{d}t$；　　(2) $y=\int_x^0 \cos(1-t^2)\mathrm{d}t$；

(3) $y=\int_0^{x^3} \sin(5+t)\mathrm{d}t$；　　(4) $y=\int_{\sin x}^{\cos x} \mathrm{e}^{3t}\mathrm{d}t$.

2. 已知函数 $F(x)=\int_0^x \cos(3t^2)\mathrm{d}t$，求 $F'(x)$，$F'(0)$．

3. 计算下列定积分：

(1) $\int_0^3 (x^2+1)\mathrm{d}x$；　　(2) $\int_0^{\frac{\pi}{4}} (\sin x-1)\mathrm{d}x$；

(3) $\int_0^{\frac{\pi}{6}} (\cos x+2x)\mathrm{d}x$；　　(4) $\int_0^1 (3\mathrm{e}^x+2x)\mathrm{d}x$；

(5) $\int_0^1 (2x+1)^2\mathrm{d}x$；　　(6) $\int_0^3 |x-2|\mathrm{d}x$；

(7) $\int_4^1 \sqrt{x}\,\mathrm{d}x$；　　(8) $\int_1^{\sqrt{3}} \frac{1}{x^2(1+x^2)}\mathrm{d}x$.

4. 画出函数 $f(x)=\begin{cases}3x^2, & 0\leqslant x\leqslant 1\\ 3, & 1<x\leqslant 3\end{cases}$ 的图形，并计算定积分 $\int_0^3 f(x)\mathrm{d}x$．

# 4.3 定积分的积分法

由牛顿-莱布尼茨公式可知，计算定积分 $\int_a^b f(x)\mathrm{d}x$ 的关键是求函数 $f(x)$ 的原函数．在求不定积分中，换元积分法和分部积分法可以求出一些函数的原函数，因此可移植到求定积分上，即得到定积分的换元积分法和分部积分法．

## 4.3.1 定积分的换元积分法

**定理 4.3** 若函数 $f(x)$ 在区间 $[a, b]$ 上连续，函数 $x=\varphi(t)$ 满足条件：

(1) $\varphi(t)$ 在区间 $[\alpha, \beta]$ 上单调且有连续而不为零的导函数 $\varphi'(t)$；

(2) $\varphi(\alpha)=a$，$\varphi(\beta)=b$，则有

$$\int_a^b f(x)\mathrm{d}x=\int_\alpha^\beta f[\varphi(t)]\varphi'(t)\mathrm{d}t.$$

这就是定积分的换元积分公式．

【证】 由于等式两端定积分的被积函数在积分区间都连续，因此等式两端定积分都存在．现证明两者相等．

设 $F(x)$ 是 $f(x)$ 的一个原函数，则

$$\int_a^b f(x)\mathrm{d}x=F(b)-F(a).$$

根据复合函数的求导法则，有

$$\frac{\mathrm{d}}{\mathrm{d}t}F[\varphi(t)]=\frac{\mathrm{d}F}{\mathrm{d}x}\cdot\frac{\mathrm{d}x}{\mathrm{d}t}=f(x)\varphi'(t)=f[\varphi(t)]\varphi'(t).$$

这就是说，$F[\varphi(t)]$ 是 $f[\varphi(t)]\varphi'(t)$ 的一个原函数．因此，有

$$\begin{aligned}\int_\alpha^\beta f[\varphi(t)]\varphi'(t)\mathrm{d}t&=F[\varphi(t)]\big|_\alpha^\beta\\&=F[\varphi(\beta)]-F[\varphi(\alpha)]=F(b)-F(a).\end{aligned}$$

所以

$$\int_a^b f(x)\mathrm{d}x=\int_\alpha^\beta f[\varphi(t)]\varphi'(t)\mathrm{d}t.$$

应用换元积分公式时应注意：

(1)换元必换限，(原)上限对(新)上限，(原)下限对(新)下限；

(2)求出 $f[\varphi(t)]\varphi'(t)$ 的一个原函数 $F[\varphi(t)]$ 后，不必像计算不定积分将 $t$ 回代为原来变量 $x$ 的函数，只需把新变量 $t$ 的上下限代入牛顿-莱布尼茨公式求解即可．

**例 4-10** 计算 $\int_0^3 \frac{x}{\sqrt{x+1}}\mathrm{d}x$.

【解】 令 $\sqrt{x+1}=t$，即 $x=t^2-1(t>0)$，则 $\mathrm{d}x=2t\mathrm{d}t$，且当 $x=0$ 时，$t=1$；当 $x=3$ 时，$t=2$. 于是

$$\int_0^3 \frac{x}{\sqrt{x+1}}\mathrm{d}x=\int_1^2 \frac{t^2-1}{t}\cdot 2t\mathrm{d}t=2\int_1^2 (t^2-1)\mathrm{d}t=2\left[\frac{1}{3}t^3-t\right]_1^2=\frac{8}{3}.$$

**例 4-11** 计算 $\int_0^4 \frac{1}{\sqrt{2x+1}+1}\mathrm{d}x$ .

【解】 令 $\sqrt{2x+1}=t$，则 $t^2=2x+1$，从而 $x=\frac{1}{2}t^2-\frac{1}{2}$，$\mathrm{d}x=t\mathrm{d}t$，且当 $x=0$ 时，$t=1$；当 $x=4$ 时，$t=3$. 于是

$$\int_0^4 \frac{1}{\sqrt{2x+1}+1}\mathrm{d}x=\int_1^3 \frac{t}{t+1}\mathrm{d}t=\int_1^3\left(1-\frac{1}{t+1}\right)\mathrm{d}t=\left[t-\ln|t+1|\right]_1^3=2-\ln 2.$$

定积分的换元公式也可以反过来用，即

$$\int_\alpha^\beta f[\varphi(t)]\varphi'(t)\mathrm{d}t=\int_a^b f(x)\mathrm{d}x.$$

为了便于应用，可将上述公式中的积分变量 $t$ 换成 $x$，$x$ 换成 $u$，得

$$\int_\alpha^\beta f[\varphi(x)]\varphi'(x)\mathrm{d}x=\int_a^b f(u)du.$$

**例 4-12** 求定积分 $\int_{-1}^0 (1+2x)^4\mathrm{d}x$.

【解法 1】 令 $t=1+2x$，则 $x=\frac{1}{2}t-\frac{1}{2}$，$\mathrm{d}x=\frac{1}{2}\mathrm{d}t$，当 $x=-1$ 时，$t=-1$；当 $x=0$ 时，$t=1$. 于是

$$\int_{-1}^0 (1+2x)^4\mathrm{d}x=\frac{1}{2}\int_{-1}^1 t^4\mathrm{d}t=\left[\frac{1}{10}t^5\right]_{-1}^1=\frac{1}{5}.$$

【解法 2】

$$\int_{-1}^0 (1+2x)^4\mathrm{d}x=\frac{1}{2}\int_{-1}^0 (1+2x)^4\mathrm{d}(1+2x)=\left[\frac{1}{10}(1+2x)^5\right]_{-1}^0=\frac{1}{5}.$$

比较两种解法知，解法 2 更简洁一些．因此，这一类被积函数的原函数可以用“凑微分法”求解．

**例 4-13** 求定积分 $\int_0^{\frac{\pi}{2}} \frac{\cos x}{1+\sin x}\mathrm{d}x$ .

【解】 $\int_0^{\frac{\pi}{2}} \frac{\cos x}{1+\sin x}\mathrm{d}x=\int_0^{\frac{\pi}{2}} \frac{1}{1+\sin x}\mathrm{d}(1+\sin x)=\left[\ln|1+\sin x|\right]_0^{\frac{\pi}{2}}=\ln 2.$

**例 4-14** 求定积分 $\int_{e}^{e^2}\frac{\ln^2 x}{x}dx$.

**【解】** $\int_{e}^{e^2}\frac{\ln^2 x}{x}dx=\int_{e}^{e^2}\ln^2 x d\ln x=\left[\frac{1}{3}\ln^3 x\right]_{e}^{e^2}=\frac{7}{3}$.

> **注意：**
>
> 在定积分的换元积分法中，如引入了新变量，则换元后，积分上、下限也要作相应的变换，即"换元必换限". 在换元换限后，按新的积分变量做下去，不必还原成原变量. 如未引入新变量，则不必换限.

下面利用换元积分法，来证明定积分的两个常用公式.

**例 4-15** 试证明：

(1)若$f(x)$在$[-a, a]$上连续且为偶函数，则

$$\int_{-a}^{a}f(x)dx=2\int_{0}^{a}f(x)dx;$$

(2)若$f(x)$在$[-a, a]$上连续且为奇函数，则

$$\int_{-a}^{a}f(x)dx=0.$$

**【证】** 因为

$$\int_{-a}^{a}f(x)dx=\int_{-a}^{0}f(x)dx+\int_{0}^{a}f(x)dx,$$

在$\int_{-a}^{0}f(x)dx$中，令$x=-t$，则$dx=-dt$. 当$x=-a$时，$t=a$；$x=0$时，$t=0$. 于是

$$\int_{-a}^{0}f(x)dx=-\int_{a}^{0}f(-t)dt=\int_{0}^{a}f(-t)dt=\int_{0}^{a}f(-x)dx.$$

因此

$$\int_{-a}^{a}f(x)dx=\int_{0}^{a}f(-x)dx+\int_{0}^{a}f(x)dx=\int_{0}^{a}[f(-x)+f(x)]dx.$$

(1)若$f(x)$为偶函数，则$f(-x)=f(x)$，于是

$$\int_{-a}^{a}f(x)dx=\int_{0}^{a}[f(-x)+f(x)]dx=\int_{0}^{a}[f(x)+f(x)]dx=2\int_{0}^{a}f(x)dx.$$

(2)若$f(x)$为奇函数，则$f(-x)=-f(x)$，于是

$$\int_{-a}^{a}f(x)dx=\int_{0}^{a}[f(-x)+f(x)]dx=\int_{0}^{a}[-f(x)+f(x)]dx=0.$$

上述结论在几何上看是明显的，这是因为偶函数的图像关于$y$轴对称，奇函数的图像关于原点对称，如图 4-11 所示. 利用这个结果，求奇、偶函数在关于原点对称区间上的定积分，计算可以得到简化.

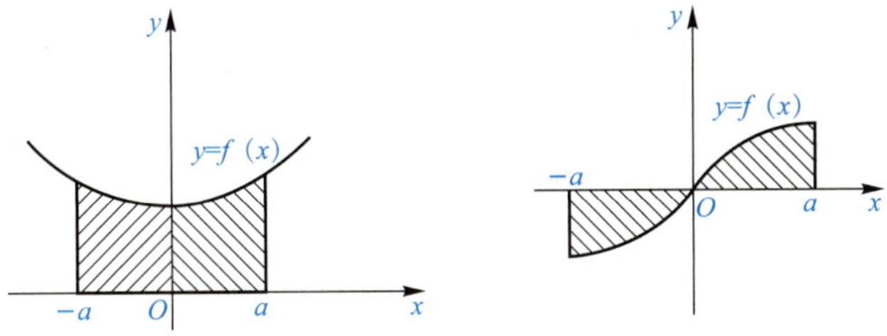


图 4-11

**例 4-16** 计算下列定积分：

(1) $\int_{-3}^{3}\frac{x^5\cos^2 x}{1+x^4}dx$；　　(2) $\int_{-1}^{1}\left(x^3\cos 2x+\frac{\sin x}{3+x^2}+x^2\right)dx$.

**【解】** (1) 因为被积函数 $\frac{x^5\cos^2 x}{1+x^4}$ 在区间 $[-3, 3]$ 上是奇函数，且积分区间 $[-3, 3]$ 关于原点对称，所以

$$\int_{-3}^{3}\frac{x^5\cos^2 x}{1+x^4}dx=0.$$

(2) 因为 $x^3\cos 2x$，$\frac{\sin x}{3+x^2}$ 是 $[-1, 1]$ 上的奇函数，$x^2$ 是 $[-1, 1]$ 上的偶函数，故

$$\int_{-1}^{1}\left(x^3\cos 2x+\frac{\sin x}{3+x^2}+x^2\right)dx=2\int_{0}^{1}x^2dx=\left[\frac{2}{3}x^3\right]_0^1=\frac{2}{3}.$$

## 4.3.2　定积分的分部积分法

**定理 4.4**　如果函数 $u=u(x)$，$v=v(x)$ 在区间 $[a, b]$ 上具有连续的导数，那么

$$\int_a^b u\mathrm{d}v=[uv]_a^b-\int_a^b v\mathrm{d}u.$$

上述公式称为定积分的**分部积分公式**.

**【证】** 因为 $(uv)'=u'v+uv'$，两边分别求在区间 $[a, b]$ 上的定积分，得

$$\int_a^b (uv)'\mathrm{d}x=\int_a^b vu'\mathrm{d}x+\int_a^b uv'\mathrm{d}x.$$

即

$$[uv]_a^b=\int_a^b vu'\mathrm{d}x+\int_a^b uv'\mathrm{d}x.$$

移项，得

$$\int_a^b uv'\mathrm{d}x=[uv]_a^b-\int_a^b vu'\mathrm{d}x.$$

即把先积出来的那一部分函数代入上、下限求值，余下的部分继续积分，这样做比完

全把原函数求出来再代入上、下限简便一些.

**例 4-17** 求 $\int_0^{\frac{\pi}{2}} x\sin x\mathrm{d}x$.

【解】 $\int_0^{\frac{\pi}{2}} x\sin x\mathrm{d}x = \int_0^{\frac{\pi}{2}} x\mathrm{d}(-\cos x) = [-x\cos x]_0^{\frac{\pi}{2}} - \int_0^{\frac{\pi}{2}}(-\cos x)\mathrm{d}x = 0 + [\sin x]_0^{\frac{\pi}{2}} = 1.$

**例 4-18** 求 $\int_1^2 x\ln x\mathrm{d}x$.

【解】
$$\begin{aligned}\int_1^2 x\ln x\mathrm{d}x &= \int_1^2 \ln x\mathrm{d}\left(\frac{1}{2}x^2\right) = \left[\frac{1}{2}x^2\ln x\right]_1^2 - \int_1^2 \frac{1}{2}x^2\mathrm{d}\ln x\\ &= 2\ln 2 - \int_1^2 \frac{1}{2}x^2\cdot\frac{1}{x}\mathrm{d}x\\ &= 2\ln 2 - \left[\frac{1}{4}x^2\right]_1^2\\ &= 2\ln 2 - \frac{3}{4}.\end{aligned}$$

**例 4-19** 求 $\int_1^{\mathrm{e}} \ln x\mathrm{d}x$.

【解】
$$\begin{aligned}\int_1^{\mathrm{e}} \ln x\mathrm{d}x &= [x\ln x]_1^{\mathrm{e}} - \int_1^{\mathrm{e}} x\mathrm{d}\ln x = \mathrm{e} - 0 - \int_1^{\mathrm{e}} x\cdot\frac{1}{x}\mathrm{d}x\\ &= e - [x]_1^{\mathrm{e}} = 1.\end{aligned}$$

**例 4-20** 计算 $\int_0^4 3\mathrm{e}^{\sqrt{x}}\mathrm{d}x$ .

【解】 先换元，再用分部积分法，令 $\sqrt{x}=t$ ，则 $x=t^2$，$\mathrm{d}x=2t\mathrm{d}t$ ，且当 $x=0$ 时，$t=0$；当 $x=4$ 时，$t=2$，于是
$$\begin{aligned}\int_0^4 3\mathrm{e}^{\sqrt{x}}\mathrm{d}x &= 6\int_0^2 t\mathrm{e}^t\mathrm{d}t = 6\int_0^2 t\mathrm{d}\mathrm{e}^t\\ &= [6t\mathrm{e}^t]_0^2 - 6\int_0^2 \mathrm{e}^t\mathrm{d}t\\ &= 12\mathrm{e}^2 - [6\mathrm{e}^t]_0^2 = 6\mathrm{e}^2 + 6.\end{aligned}$$

对于定积分的计算，有时需要同时使用换元积分法与分部积分法 .

## 习题 4-3

1. 用换元积分法计算下列定积分：

(1) $\int_0^1 \frac{1}{2+\sqrt{x}}\mathrm{d}x$;

(2) $\int_1^5 x\sqrt{x-1}\,\mathrm{d}x$;

(3) $\int_0^1 (2x-1)^{10}\mathrm{d}x$;

(4) $\int_1^e \frac{\ln^3 x}{x}\mathrm{d}x$;

(5) $\int_{-2}^2 \frac{x^4\sin^3 x}{1+x^2}\mathrm{d}x$;

(6) $\int_{-1}^1 (x^5\cos x + 2x^4)\mathrm{d}x$.

2. 用分部积分法计算下列定积分:

(1) $\int_0^1 xe^x\mathrm{d}x$;

(2) $\int_0^1 \ln(2x+1)\mathrm{d}x$ ;

(3) $\int_1^e 2x\ln x\mathrm{d}x$ ;

(4) $\int_0^1 \arcsin x\mathrm{d}x$ ;

(5) $\int_0^{\frac{\pi}{6}} x\cos x\mathrm{d}x$

(6) $\int_0^{\left(\frac{\pi}{2}\right)^2} \cos\sqrt{x}\,\mathrm{d}x$ .

## 4.4　定积分的应用

定积分在几何学上的应用，主要是求平面图形的面积及求平面图形绕坐标轴旋转一周所成旋转体的体积．在定积分的应用中，经常采用微元法求解．

### 4.4.1　直角坐标系下平面图形的面积

(1)由连续曲线 $y=f(x)$ 与直线 $x=a$ , $x=b$ , $y=0$ 所围成的平面图形的面积．

根据定积分的几何意义，有下列公式:

如果 $f(x)\geqslant 0$，那么面积 $A=\int_a^b f(x)\mathrm{d}x$ ，如图 4-12 所示;

如果 $f(x)\leqslant 0$，那么面积 $A=-\int_a^b f(x)\mathrm{d}x$ ，如图 4-13 所示;

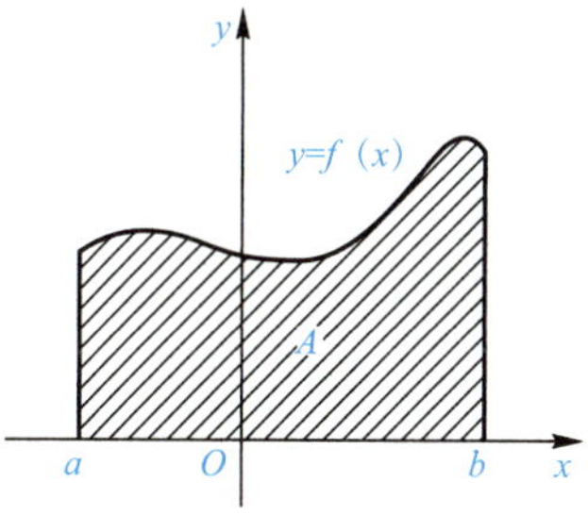


图 4-12

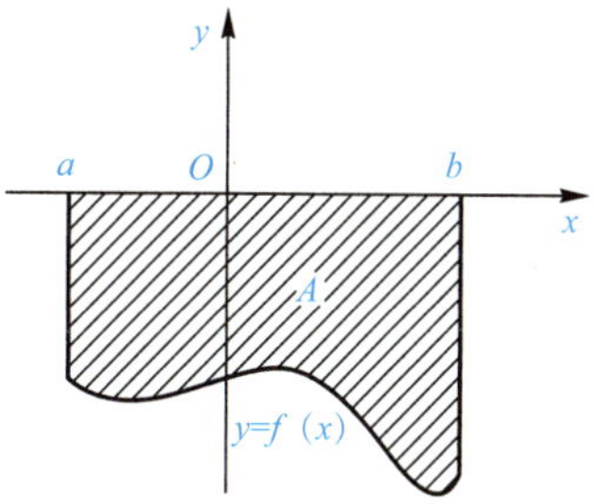


图 4-13

如果$f(x)$ 在$[a, b]$上有时取正值，有时取负值，那么面积如图 4-14 所示.

$$A=\int_a^c f(x)\,dx-\int_c^d f(x)\,dx+\int_d^b f(x)\,dx.$$

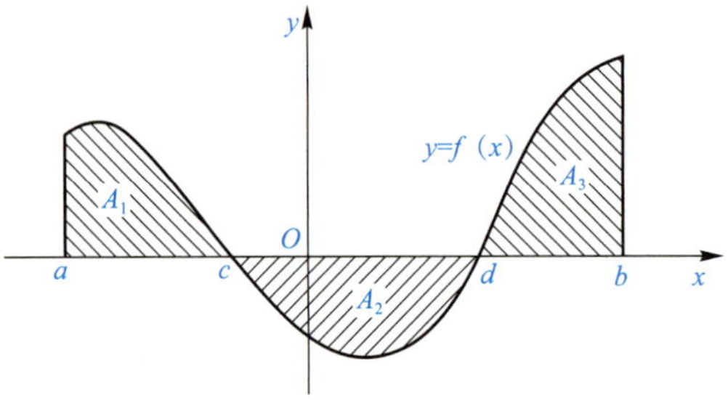


图 4-14

(2)由 $y=f(x)$，$y=g(x)$ 上下两条连续曲线与直线 $x=a$，$x=b$ 所围成的平面图形的面积.

如果$f(x)\geqslant g(x)\geqslant 0(x\in[a, b])$，那么其面积是两个曲边梯形面积的差. 如图 4-15 所示，于是

$$A=\int_a^b f(x)\,dx-\int_a^b g(x)\,dx=\int_a^b [f(x)-g(x)]\,dx.$$

如果在$[a, b]$内函数值不全为正，如图 4-16 所示，那么可将曲线 $y=f(x)$ 和 $y=g(x)$ 同时向上平移 $C$ 个单位，直到图形全部位于 $x$ 轴上方，这时两个函数同时增加一个常数 $C$，且$f(x)+C\geqslant g(x)+C\geqslant 0$, $x\in[a, b]$，于是有

$$A=\int_a^b \{[f(x)+C]-[g(x)+C]\}\,dx=\int_a^b [f(x)-g(x)]\,dx.$$

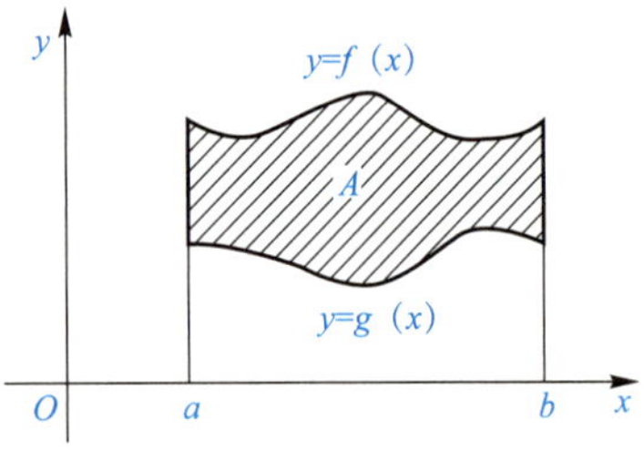


图 4-15

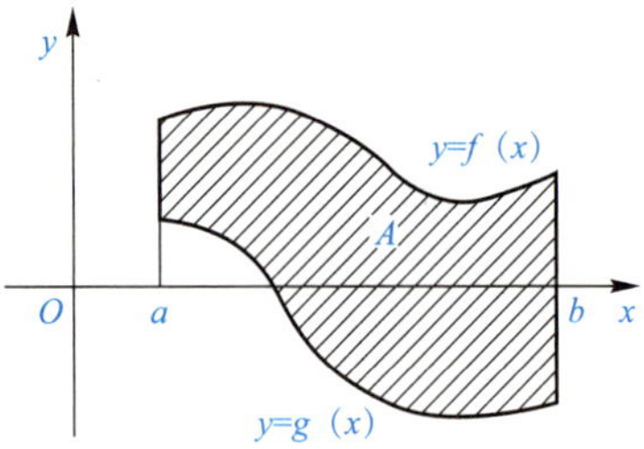


图 4-16

(3)由曲线 $x=\varphi(y)(\varphi(y)\geqslant 0)$ 与直线 $y=c$，$y=d$，$x=0$ 所围成的平面图形的面积. 如图 4-17 所示，将 $y$ 作为积分变量，所以其面积为

$$A=\int_c^d \varphi(y)\,dy.$$

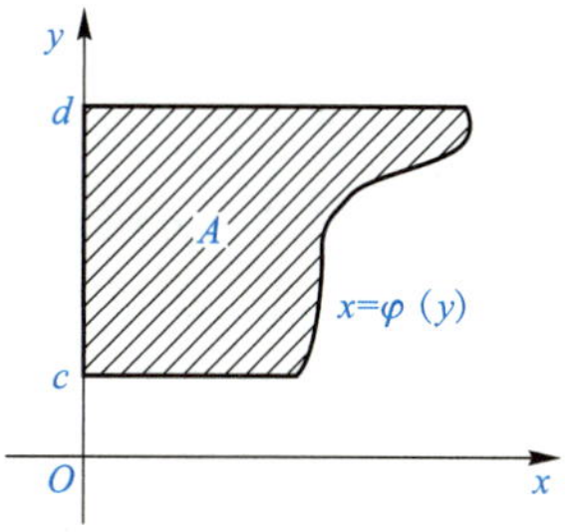


图 4-17

(4)由连续曲线 $x=\varphi(y)$，$x=\psi(y)$，且 $\varphi(y)\geqslant\psi(y)$，与直线 $y=c$，$y=d$ 所围成的平面图形的面积，如图 4-18 所示，于是

$$A=\int_c^d[\varphi(y)-\psi(y)]\mathrm{d}y.$$

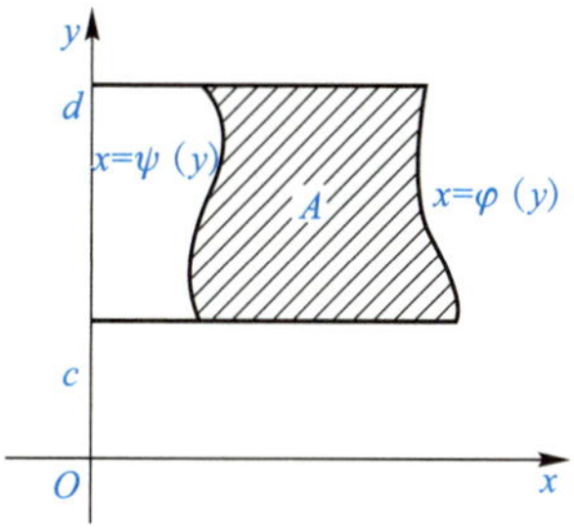


图 4-18

**例 4-21** 求曲抛物线 $y=x^2$ 与直线 $x=1$，$x=2$ 及 $x$ 轴围成的图形的面积．

**【解】** 画出图形如图 4-19 所示．所求图形面积为

$$A=\int_1^2 x^2\mathrm{d}x=\frac{1}{3}x^3\Big|_1^2=\frac{7}{3}.$$

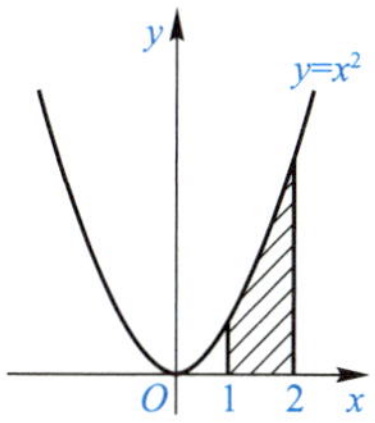


图 4-19

**例 4-22** 求由抛物线 $y=x^2$ 与 $y=2-x^2$ 所围成的平面图形的面积．

【解】 画出图形如图 4-20 所示. 联立方程组

$$\begin{cases} y = x^2, \\ y = 2 - x^2, \end{cases}$$

解得两抛物线的交点为(-1, 1)和(1, 1), 因此图形在直线 $x=-1$ 与 $x=1$ 之间. 确定 $x$ 为积分变量, 于是积分区间为[-1, 1]. 故所求平面图形的面积为

$$\begin{aligned} A &= \int_{-1}^{1}[(2-x^2)-x^2]\mathrm{d}x \\ &= \int_{-1}^{1}(2-2x^2)\mathrm{d}x = 2\int_{0}^{1}(2-2x^2)\mathrm{d}x \\ &= 2\left[2x-\frac{2}{3}x^3\right]_0^1 = \frac{8}{3}. \end{aligned}$$

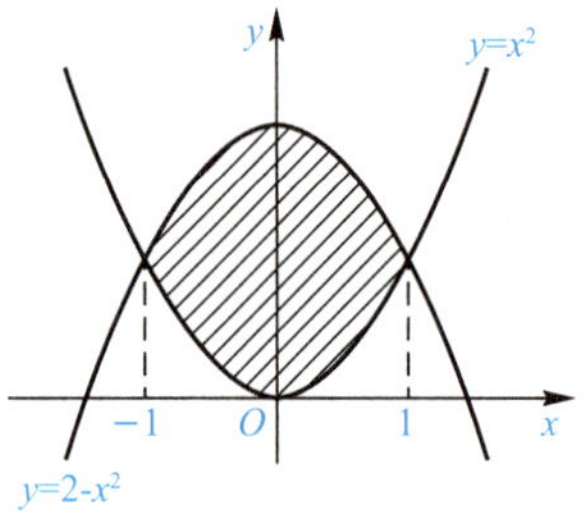


图 4-20

**例 4-23** 求椭圆 $\frac{x^2}{a^2}+\frac{y^2}{b^2}=1(a>0, b>0)$ 的面积.

【解】 画出图形如图 4-21 所示. 由 $\frac{x^2}{a^2}+\frac{y^2}{b^2}=1$, 得

$$y = \pm\frac{b}{a}\sqrt{a^2-x^2}.$$

根据椭圆的对称性, 得

$$A = 4\int_0^a \frac{b}{a}\sqrt{a^2-x^2}\mathrm{d}x = \frac{4b}{a}\int_0^a\sqrt{a^2-x^2}\mathrm{d}x.$$

令 $x=a\sin t\left(0\leqslant t\leqslant\frac{\pi}{2}\right)$, 则 $\mathrm{d}x=a\cos t\mathrm{d}t$, 且当 $x=0$ 时, $t=0$; 当 $x=a$ 时, $t=\frac{\pi}{2}$. 代入上式, 得

$$\begin{aligned} A &= \frac{4b}{a}\int_0^{\frac{\pi}{2}}a^2\cos^2 t\mathrm{d}t = 4ab\int_0^{\frac{\pi}{2}}\cos^2 t\mathrm{d}t \\ &= 2ab\int_0^{\frac{\pi}{2}}(1+\cos 2t)\mathrm{d}t = 2ab\left[t+\frac{1}{2}\sin 2t\right]_0^{\frac{\pi}{2}} = \pi ab. \end{aligned}$$

特别，当 $a=b=r$ 时，得圆的面积公式：$A=\pi r^2$.

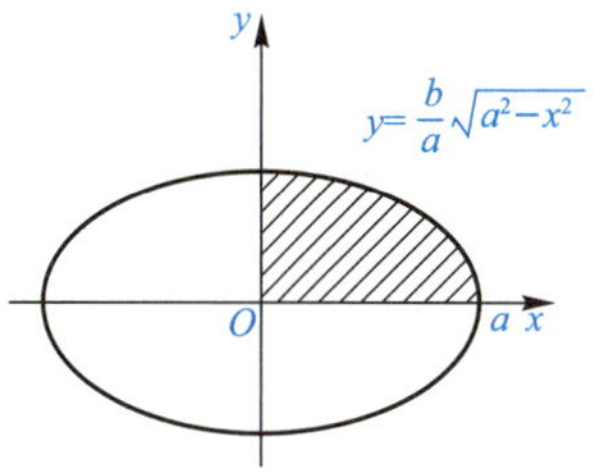


图 4-21

**例 4-24** 求由抛物线 $y^2=2x$ 与直线 $y=x-4$ 所围成图形的面积.

【解】 画出图形如图 4-22 所示. 联立方程组

$\begin{cases} y^2=2x, \\ y=x-4, \end{cases}$ 解之，得 $\begin{cases} x=2, \\ y=-2, \end{cases}$ $\begin{cases} x=8, \\ y=4. \end{cases}$

即抛物线 $y^2=2x$ 与直线 $y=x-4$ 的交点为 $(2,-2)$ 和 $(8,4)$.

通过观察图形，可以发现选择 $y$ 作为积分变量比较简便. 即

$$A=\int_{-2}^{4}\left[(y+4)-\frac{1}{2}y^2\right]dy=\left[\frac{1}{2}y^2+4y-\frac{1}{6}y^3\right]_{-2}^{4}=18.$$

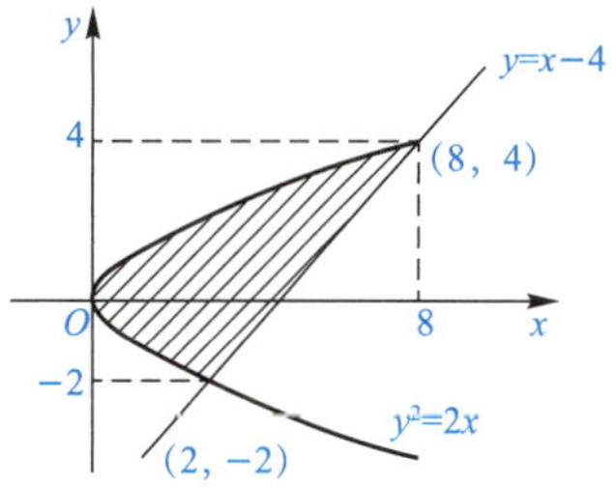


图 4-22

> **思考：** 也可选积分变量为 $x$，则应如何计算？

## 4.4.2　旋转体的体积

旋转体是指一个平面图形绕着该平面内的一条直线旋转一周而成的几何体，这条直线叫作旋转轴. 圆柱、圆锥、圆台和球都是旋转体.

设 $f(x)$ 是 $[a, b]$ 上的连续函数，由曲线 $y=f(x)$ 与直线 $x=a$，$x=b$，$y=0$ 围成的曲边梯形绕 $x$ 轴旋转一周，得到一个旋转体，如图 4-23 所示，怎样求这个旋转体的体积？

在数学中，解决这类问题的基本思想是通过分割的手段，把整体问题转化为局部问题，再在局部范围内“以直代曲”“以不变代变”或“以均匀代替不均匀”，求出该量在局部范围内的部分量的近似值，即总量的微元表示，然后相加，得到总量的近似值，最后取极限，求得总量的精确值。这就是定积分的基本思想——“分割、近似、累加、取极限”的应用．因此对于非均匀分布的整体量的求值问题可以转化为定积分进行求解，应用这种思想解决问题的方法为微元法，也称为元素法．

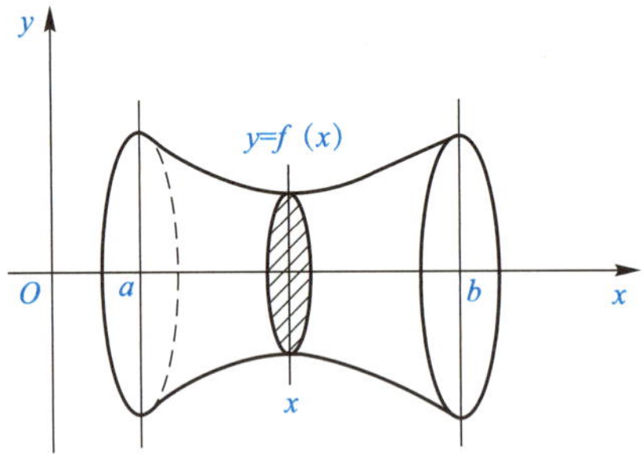


图 4-23

在面积公式 $A=\int_b^a f(x)\mathrm{d}x(f(x)\geqslant 0)$ 中，被积表达式 $f(x)\mathrm{d}x$ 称为面积微元，记作 $\mathrm{d}A$，即

$$dA=f(x)\mathrm{d}x.$$

它的几何意义是明显的．如图 4-24 所示，$\mathrm{d}A=f(x)\mathrm{d}x$ 表示在区间 $[a,b]$ 内点 $x$ 处，以 $f(x)$ 为高、$\mathrm{d}x$ 为底的微小矩形的面积．由于可以任意地小(微分)，因此可将这个小矩形面积就作为相应小曲边梯形面积的(近似)值，再将所有这些小面积“积”起来，得到整个曲边梯形的面积，即

$$A=\int_a^b \mathrm{d}A=\int_a^b f(x)\mathrm{d}x.$$

这种方法称为元素法.

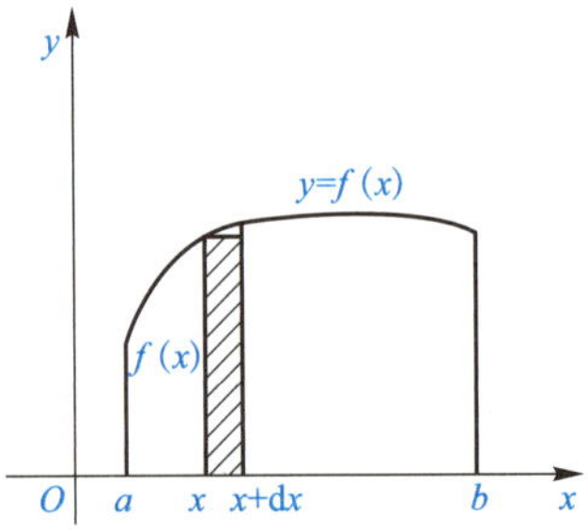


图 4-24

用元素法分析问题的一般步骤如下.

(1)定变量. 根据问题的具体情况，选取一个变量如 $x$ 为积分变量，并确定它的变化区间 $[a, b]$.

(2)取元素. 把区间分成 $n$ 个小区间，任取一个小区间 $[x, x+\mathrm{d}x]$，求出量 $U$ 的元素 $(\mathrm{d}U)$，即 $\mathrm{d}U = Q(x)\mathrm{d}x$.

(3)求积分. 将上述元素"积"起来，表示为定积分，即 $U = \int_a^b \mathrm{d}U = \int_a^b Q(x)\mathrm{d}x$.

下面用元素法来求旋转体的体积.

如图 4-25 所示，选定 $x$ 为积分变量，$x$ 的变化范围为 $[a, b]$. 在 $[a, b]$ 上任取一小区间 $[x, x+\mathrm{d}x]$，过点 $x$ 作垂直于 $x$ 轴的平面，则截面是一个以 $|f(x)|$ 为半径的圆，其面积为 $\pi[f(x)]^2$，再过点 $x+\mathrm{d}x$ 作垂直于 $x$ 轴的平面，得到另一个截面. 由于 $\mathrm{d}x$ 很小，所以夹在两个截面之间的"小薄片"可以近似地看作一个以 $|f(x)|$ 为底面半径、$\mathrm{d}x$ 为高的圆柱体.

其体积为

$$\mathrm{d}V = \pi[f(x)]^2\mathrm{d}x,$$

$\mathrm{d}V$ 称为**体积元素**. 把体积微元在 $[a, b]$ 上求定积分，便得到所求旋转体的体积为

$$V = \int_a^b \pi[f(x)]^2\mathrm{d}x.$$

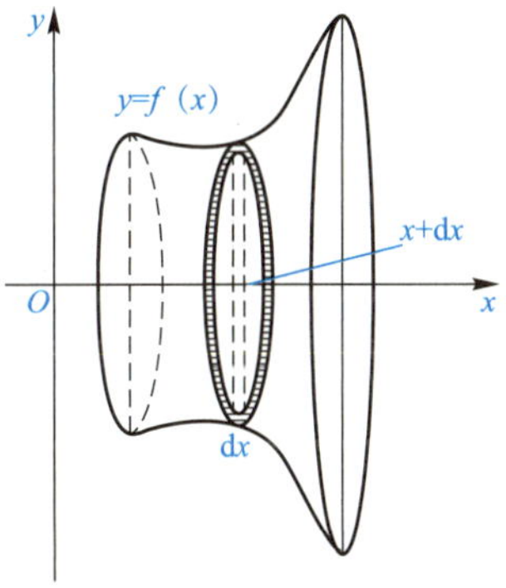


图 4-25

同理可以推出：曲线 $x=\varphi(y)$ 与直线 $y=c$，$y=d(c<d)$，$x=0$ 所围成的曲边梯形绕 $y$ 轴旋转一周而得到的旋转体，如图 4-26 所示，所得旋转体的体积为

$$V = \int_c^d \pi[\varphi(y)]^2\mathrm{d}y.$$

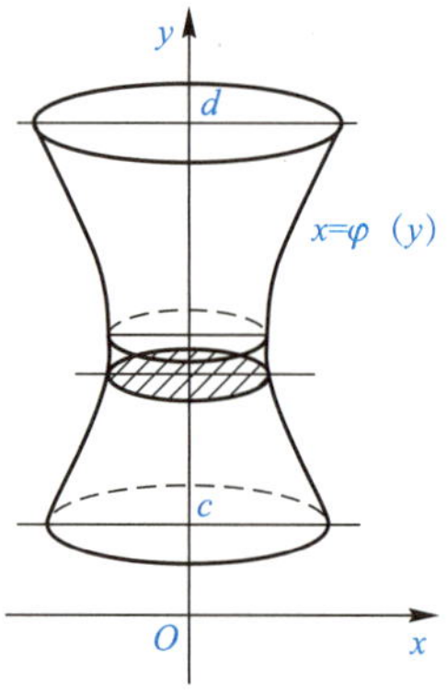


图 4-26

**例 4-25** 证明：底面半径为 $r$、高为 $h$ 的圆锥体的体积为

$$V=\frac{1}{3}\pi r^2 h.$$

【证】 如图 4-27 所示，以圆锥的顶点为坐标原点，以圆锥的高为 $x$ 轴，建立直角坐标系，则圆锥可以看成是由直角三角形 $ABO$ 绕 $x$ 轴旋转一周而得到的旋转体．直线 $OA$ 的方程为

$$y=\frac{r}{h}x.$$

于是，所求体积为

$$V=\int_0^h \pi\left(\frac{r}{h}x\right)^2 \mathrm{d}x=\frac{\pi r^2}{h^2}\int_0^h x^2 \mathrm{d}x=\frac{\pi r^2}{h^2}\left[\frac{x^3}{3}\right]_0^h=\frac{1}{3}\pi r^2 h.$$

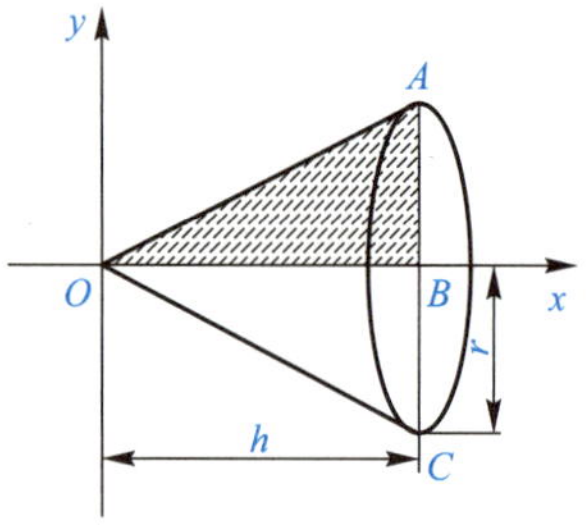


图 4-27

**例 4-26** 求椭圆 $\frac{x^2}{a^2}+\frac{y^2}{b^2}=1$ 绕 $x$ 轴旋转一周而成的旋转体(旋转椭球体)的体积．

【解】 如图 4-28 所示，由图形的对称性，可得旋转椭球体的体积为

$$V=2\int_0^a \pi\frac{b^2}{a^2}(a^2-x^2)\,\mathrm{d}x=\frac{2\pi b^2}{a^2}\int_0^a (a^2-x^2)\,\mathrm{d}x$$

$$=\frac{2\pi b^2}{a^2}\left[a^2x-\frac{1}{3}x^3\right]_0^a=\frac{4}{3}\pi ab^2.$$

特别地，当 $a=b$ 时，旋转椭球体就变成了半径为 $a$ 的球体，其体积为

$$V=\frac{4}{3}\pi a^3.$$

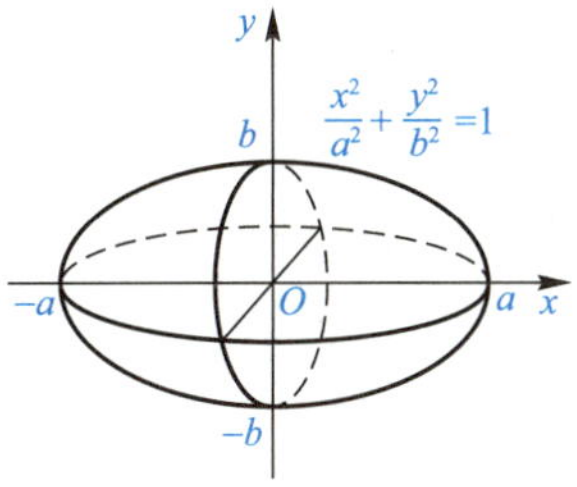


图 4-28

**例 4-27** 如图 4-29(a)所示的一个高 8 cm、上底半径为 5 cm，下底半径为 3 cm 的圆台形工件，在中央钻一个半径为 2 cm 的孔，如果该工件是铁制的(铁的密度是 7.8 g/m³)，求它的质量．

**【解】** 该工件的体积可看作两个旋转体(一个圆台，一个圆柱)的体积的差．将工件置于坐标系中，作图如图 4-29(b)所示．

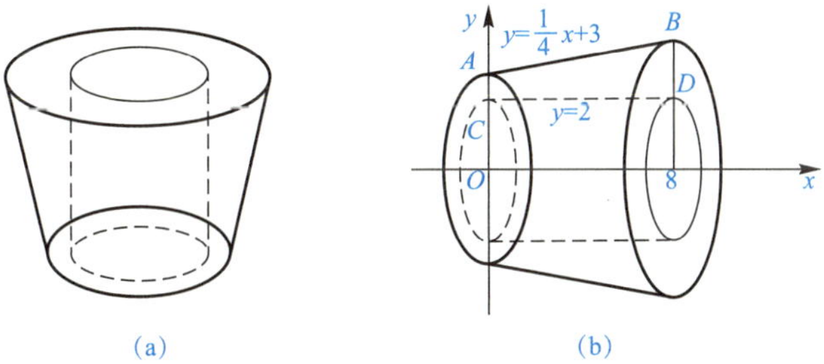


图 4-29

根据题意，$A$ 点坐标是$(0, 3)$，$B$ 点坐标是$(8, 5)$，所以过 $AB$ 的直线方程为 $y=\frac{1}{4}x+3$．直线 $CD$ 平行 $x$ 轴，它的方程为 $y=2$．于是

$$V=V_{圆台}-V_{圆柱}=\pi\int_0^8\left(\frac{1}{4}x+3\right)^2\mathrm{d}x-\pi\int_0^8 2^2\,\mathrm{d}x$$

$$= \pi \int_0^8 \left( \frac{1}{16}x^2 + \frac{3}{2}x + 5 \right) dx = \pi \left[ \frac{1}{48}x^3 + \frac{3}{4}x^2 + 5x \right]_0^8$$

$$= 98\frac{2}{3}\pi(\text{cm}^3).$$

因为铁的密度是 7.8 $g/cm^3$，所以工件的质量

$$m = 98\frac{2}{3}\pi \times 7.8 \approx 2416.5(\text{g}).$$

### 4.4.3 平面曲线的弧长

如图 4-30 所示，计算光滑曲线 $y = f(x)$ 上相应于 $x$ 从 $a$ 到 $b$ 的一段曲线 $\overset{\frown}{AB}$ 的弧长 .

**分析：** 在$[a, b]$上任取一微区间$[x, x+dx]$，其对应的曲线弧长为 $\overset{\frown}{PQ}$，过点 $P$ 作曲线的切线 $PT$，由于 $dx$ 很小，于是曲线弧 $\overset{\frown}{PQ}$ 的长度近似地等于切线段 $PT$ 的长度 $|PT|$，因此，把 $PT$ 称为**弧长元素**(又称**弧微分**)，记为 ds . 可以看到，dx 、dy 、ds 构成一个直角三角形，因此有

$$\begin{aligned} ds &= \sqrt{(dx)^2 + (dy)^2} \\ &= \sqrt{1 + (y')^2}\,dx. \end{aligned}$$

对 ds 在区间 $[a, b]$ 上求定积分，便得到所求弧长为

$$s = \int_a^b \sqrt{1 + (y')^2}\,dx.$$

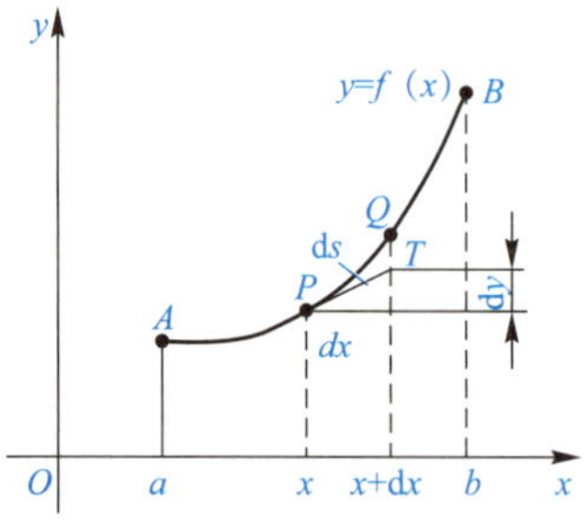


图 4-30

**例 4-28** 求曲线 $y = \frac{2}{3}x^{\frac{3}{2}} + 5$ 上相应于 $x$ 从 0 到 3 的一段弧的长度 .

**【解】** $y' = x^{\frac{1}{2}}$，由公式 $s = \int_a^b \sqrt{1 + y'^2}\,dx$ 得所求弧长为

$$s = \int_0^3 \sqrt{1 + x}\,dx = \frac{2}{3}\left[(1+x)^{\frac{3}{2}}\right]_0^3 = \frac{14}{3}.$$

## 4.4.4　定积分在其他方面的应用

### 1. 定积分在物理上的应用

(1) 变力沿直线所做的功。由物理学可知，当一个物体在一个常力 $F$ 的作用下，沿力的方向做直线运动，则在物体移动距离为 $s$ 时，力 $F$ 所做的功为

$$W = F \cdot s.$$

但在实际问题中，常需计算变力所做的功，此时可用定积分来解决.

如图 4-31 所示，设物体受到一个水平方向的力 $F$ 的作用而沿水平方向做直线运动，已知在 $x$ 轴上的不同点处，力 $F$ 的大小不同，即力 $F$ 是 $x$ 的函数，记为 $F = F(x)$ . 当物体在这个变力 $F$ 的作用下，由点 $a$ 移动到点 $b$ 时，求变力 $F$ 所做的功.

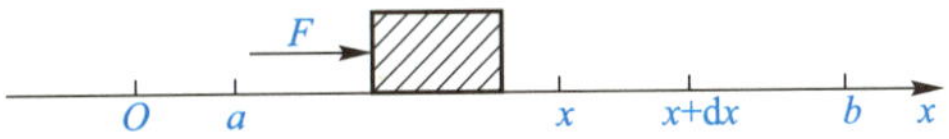


图 4-31

下面仍然采用元素法来研究.

在区间 $[a, b]$ 上任取一个小区间 $[x, x + \mathrm{d}x]$ ，由于 $\mathrm{d}x$ 很小，于是物体在这一小区间上所受的力可以近似地看作是一个常力，从而得到物体从点 $x$ 移动到点 $x + \mathrm{d}x$ 所做的功的近似值

$$\mathrm{d}W = F(x)\,\mathrm{d}x.$$

$\mathrm{d}W$ 称为**功元素**. 对功元素在区间$[a, b]$上求定积分，便得到力 $F$ 在 $[a, b]$ 上所做的功是

$$W = \int_a^b F(x)\,\mathrm{d}x.$$

**例 4-29** 把一个带电量为 $+q$ 的点电荷放在 $r$ 轴上坐标原点 $O$ 处，它产生了一个电场，并对周围的电荷产生作用力，求单位正电荷在电场中由 $r = a$ 沿 $r$ 轴移动到 $r = b(a < b)$ ，如图 4-32 所示，电场力 $F$ 所做的功.

图 4-32

**【解】** 由物理学知道，距离点电荷(其带电量是 $+q$ )为 $r$ 的单位正电荷所受的电场力为 $F = k\dfrac{q}{r^2}$ ( $k$ 为常数). 功元素为

$$dW = k \cdot \frac{q}{r^2}dr.$$

于是，所求的功为

$$W = \int_a^b dW = \int_a^b \frac{kq}{r^2}dr = kq\left[-\frac{1}{r}\right]_a^b = kq\left(\frac{1}{a} - \frac{1}{b}\right).$$

**例 4-30** 如图 4-33 所示，已知弹簧每拉长 0.01 m 要用 4 N 的力，求把弹簧拉长 0.2 m 所做的功.

**【解】** 由物理学中的胡克定理可知，在弹性限度内拉伸弹簧所需要的力与弹簧的伸长量 $x$ 成正比，即

$$F = kx(k\text{ 为比例系数}).$$

根据题意，当 $x=0.01$ m 时，$F=4$ N，所以

$$k=400(\text{N/m}).$$

于是

$$F = 400x.$$

故所求的功为

$$\int_0^{0.2} 400x\,dx = \left[200x^2\right]_0^{0.2} = 8(\text{J}).$$

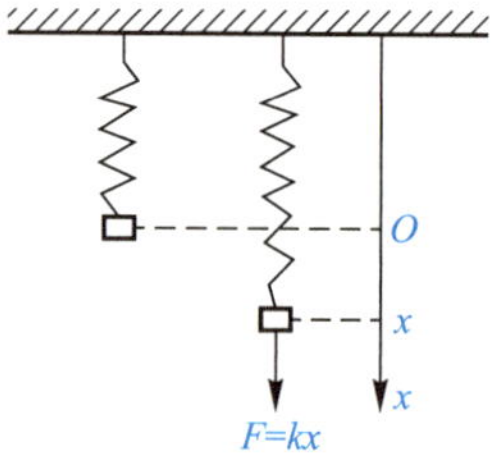


图 4-33

**例 4-31** 修建大桥的桥墩时应先筑起圆柱形的围囹，然后抽尽其中的水以便暴露出河床进行施工作业. 已知围囹的直径为 20 m，水深为 27 m，围囹顶端高出水面 3 m，求抽尽围囹内的水所做的功.

**【解】** 做坐标系 $xOy$，如图 4-34 所示. 取积分变量为 $x$，积分区间为 $[3, 30]$. 在 $[3, 30]$ 上任取一个小区间 $[x, x+dx]$，对应的一薄层水的质量为 $dm = \gamma\pi 10^2 dx$，其中 $\gamma = 9.8\times 10^3\ \text{N/m}^3$ 为水的比重.

把这一薄层水抽到围囹外，需提升的距离可近似地等于 $x$，因而所做的功近似地等于功元素，即

$$dW = 10^2\pi\gamma x\,dx.$$

因此

$$W=\int_{3}^{30}10^{2}\pi\gamma x\mathrm{d}x=10^{2}\pi\gamma\left[\frac{x^{2}}{2}\right]_{3}^{30}$$

$$=10^{2}\times3.14\times9.8\times10^{3}\times\left(\frac{900}{2}-\frac{9}{2}\right)\approx1.37\times10^{9}(\mathrm{J}).$$

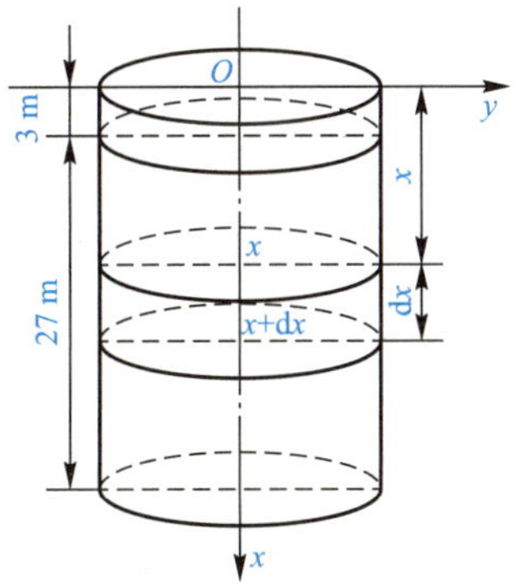


图 4-34

(2)液体的静压力。由物理学可知，在距液体表面深 $h$ 处的液体压强是

$$P=\rho gh$$

其中，$\rho$ 为液体的密度(单位：$\mathrm{kg/m^3}$)．当一面积为 $S$ 的平面薄片与液面平行地置于液面下深 $h$ 处，则薄片的一侧所受的压力为

$$F=P\cdot S=\rho gh\cdot S.$$

现将该薄片垂直于液面置入液体中，则薄片各处因为所在深度不同而压强各不相同，故不能用上述公式计算薄片一侧所受的压力．

该薄片的形状为一曲边梯形，其位置及坐标系选择如图 4-35 所示，$y$ 轴与液面相齐，$x$ 轴垂直于液面，曲线方程为 $y=f(x)$ ，薄片上边为 $x=a$ ，下边为 $x=b$ ．在 $x$ 处垂直于 $x$ 轴取一底宽为 $\mathrm{d}x$ 的微曲边梯形，则该微曲边梯形的面积近似于微矩形面积 $\mathrm{d}S=f(x)\mathrm{d}x$ ，且微曲边梯形上各处与液面的距离等于或近似于 $x$ ，故在微曲边梯形一侧所受压力的近似值(即压力的微元)为

$$\mathrm{d}F=\rho gx\mathrm{d}S=\rho gxf(x)\mathrm{d}x,$$

于是，得薄片一侧所受的压力为

$$F=\int_{a}^{b}\rho gxf(x)\mathrm{d}x.$$

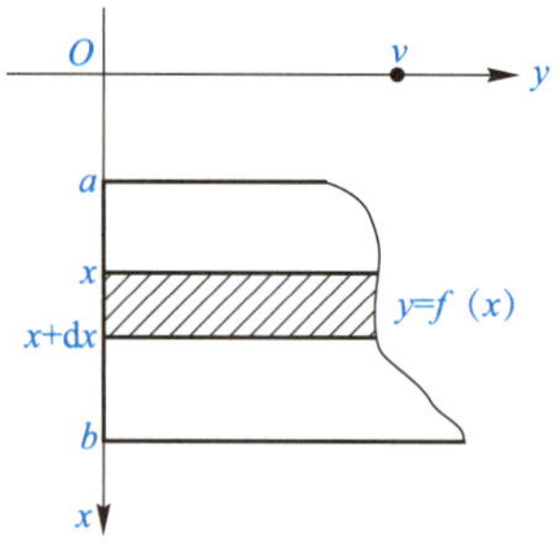


图 4-35

**例 4-32** 设一水平放置的水管，其断面是直径为 6 m 的圆，求当水半满，水管一端的竖立闸门上所受的压力 .

【解】 如图 4-36 所示，建立直角坐标系，则圆的方程为

$$x^2 + y^2 = 9.$$

取 $x$ 为积分变量，积分区间为[0, 3]，于是竖立闸门上所受的压力为

$$F = 2\int_0^3 9.8 \times 10^3 x\sqrt{9 - x^2}\,dx$$

$$= -9.8 \times 10^3 \int_0^3 \sqrt{9 - x^2}\,d(9 - x^2)$$

$$= -9.8 \times 10^3 \times \frac{2}{3}\left[(9 - x^2)^{\frac{3}{2}}\right]_0^3 \approx 1.76 \times 10^5 (N).$$

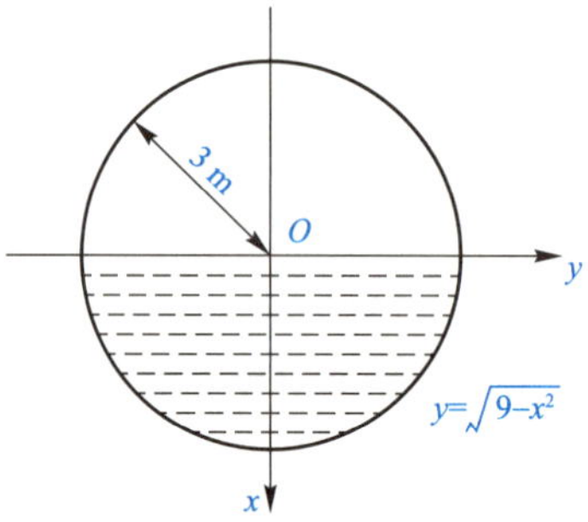


图 4-36

### 2. 定积分在经济学上的应用

(1)由边际函数求总函数。设某产品的固定成本为 $C_0$，成本函数为 $C(x)$，边际成本函数为 $C'(x)$，收益函数为 $R(x)$，边际收益函数为 $R'(x)$，其中 $x$ 为产量，并假设该产品处于产销平衡状态，根据经济学的有关理论及定积分微元分析法知：

总成本函数 $C(x) = \int_0^x C'(t)\,dt + C_0$；

总收益函数 $R(x)=\int_0^x R'(t)\mathrm{d}t$；

总利润函数 $L(x)=\int_0^x [R'(t)-C'(t)]\mathrm{d}t-C_0$.

**例 4-33** 某产品的边际成本为 $C'(x)=3+\frac{x}{3}$（万元/百台），固定成本 $C_0=1$（万元），边际收益为 $R'(x)=7-x$（万元/百台）. 求：产量从 100 台增加到 400 台的成本增量；总成本函数 $C(x)$ 和总收益函数 $R(x)$；产量为多少时，总利润最大？并求最大利润.

**【解】** (1) 产量从 100 台增加到 400 台的成本增量为

$$\int_1^4 C'(x)\mathrm{d}x=\int_1^4\left(3+\frac{x}{3}\right)\mathrm{d}x=\left[3x+\frac{x^2}{6}\right]_1^4=11.5\ (\text{万元}).$$

(2) 总成本函数为

$$C(x)=\int_0^x C'(t)\mathrm{d}t+C_0=\int_0^x\left(3+\frac{t}{3}\right)\mathrm{d}t+1=3x+\frac{1}{6}x^2+1.$$

总收益函数为

$$R(x)=\int_0^x(7-t)\mathrm{d}t=7x-\frac{1}{2}x^2.$$

总利润函数为

$$L(x)=R(x)-C(x)=4x-\frac{2}{3}x^2-1.$$

$L'(x)=4-\frac{4}{3}x$，令 $L'(x)=4-\frac{4}{3}x=0$，则 $x=3$. 又因为 $L''(3)=-\frac{4}{3}<0$，则 $x=3$（百台）时，总利润最大，最大利润为 $L(3)=5$（万元）.

(2) 由变化率求总量。在经济学上经常会遇到求总函数在自变量的某个范围内的改变量的问题. 对这样的问题，可采用定积分来解决.

**例 4-34** 某企业生产的产品需求量 $Q$ 与产品的价格 $P$ 的关系为 $Q=Q(P)$，若已知需求量对价格的边际需求函数为 $f(P)=-3000P^{-2.5}+36P^{0.2}+10$（单位/元），试求产品价格由 1.20 元浮动到 1.50 元时对市场需求量的影响.

**【解】** 已知 $Q'(P)=f(P)$，即 $\mathrm{d}Q(P)=f(P)\mathrm{d}P$，所以，价格由 1.20 元浮动到 1.50 元时，总需求量

$$Q=\int_{1.2}^{1.5}f(P)\mathrm{d}P=\int_{1.2}^{1.5}(-3000P^{-2.5}+36P^{0.2}+10)\mathrm{d}P$$
$$=[2000P^{-1.5}+30P^{1.2}+10P]_{1.2}^{1.5}\approx-418.3\ (\text{单位}),$$

即当产品价格由 1.20 元浮动到 1.50 元时对市场需求量减少了 $-418.3$ 单位.

## 习题 4-4

1. 求由下列各曲线所围成的平面图形的面积(作图):

(1) $y = x^2 - 2x + 1$ 与 $x = 0$, $x = 1$ 及 $x$ 轴围成图形的面积;

(2) $y = x^2$ 与 $y = 8 - x^2$ 围成图形的面积;

(3) $y^2 = 4x$ 与 $y = x$ 围成图形的面积;

(4) $y = 2x - x^2$ 与 $x$ 轴围成图形的面积;

(5) $2x = y^2$ 与 $y = 2 - 2x$ 围成图形的面积.

2. 求下列曲线所围成的图形绕指定轴旋转所得的旋转体的体积:

(1) $y = x$, $x = 2$, $y = 0$, 绕 $x$ 轴;

(2) $y = x^2$, $y = 2x$, 绕 $x$ 轴;

(3) $y = x^3$, $y = 8$, $x = 0$, 绕 $y$ 轴;

(4) $y = x^2$, $y^2 = 8x$, 分别绕 $x$ 轴、$y$ 轴.

3. 计算曲线 $y = \frac{2}{3}x^{\frac{3}{2}} - 1$ 上相应于 $x = 0$ 到 $x = 8$ 的一段弧长.

4. 已知一弹簧拉长 0.02 m, 要用 9.8 N 的力, 求把该弹簧拉长 0.1 m 所做的功.

5. 在底面积为 $S$ 的圆柱形容器中盛有一定量的气体, 在等温条件下, 由于气体的膨胀, 把容器中的活塞沿圆柱体中心轴由点 $a$ 处推移到点 $b$ 处. 计算在移动过程中气体压力所做的功.

6. 某水库的闸门形状为等腰梯形, 它的两条底边各长为 10 m 和 6 m, 高为 20 m, 较长的底边与水面相齐, 计算闸门的一侧所受的压力.

# 本章小结

【主要内容】

定积分的概念和性质, 微积分基本定理, 定积分的换元积分法和分部积分法, 定积分在几何、物理及经济学上的应用.

【重　　点】定积分的概念, 微积分基本定理, 定积分的积分法.

【难　　点】变上限函数的导数, 定积分的应用.

【学习要求】

1. 定积分的概念

理解定积分的概念、定积分的性质及其几何意义.

### 2. 积分基本定理

掌握微积分基本定理；了解积分上限函数及其性质；掌握牛顿-莱布尼茨公式.

### 3. 定积分的运算

熟练掌握定积分的直接积分法、换元积分法和分部积分法.

### 4. 定积分的应用

掌握用定积分表达一些几何量与物理量的方法；会用定积分求解平面图形的面积问题；了解微元法，并能用其求解有关几何、物理和经济等问题.

## 复习题

1. 判断题

(1) 定积分 $\int_a^b f(x)\mathrm{d}x$ 由被积函数 $f(x)$ 与积分区间 $[a,\ b]$ 确定. (　　)

(2) 若 $\int_a^b f(x)\mathrm{d}x = 0$，则有 $f(x) = 0$. (　　)

(3) 若 $f(x) = 0$，则有 $\int_a^b f(x)\mathrm{d}x = 0$. (　　)

(4) 定积分 $\int_a^b f(x)\mathrm{d}x$ 为相应的曲边梯形面积之和. (　　)

(5) 定积分换元时要交换上下限. (　　)

2. 填空题

(1) $\dfrac{\mathrm{d}}{\mathrm{d}x}\int_1^5 x^3\ln x\mathrm{d}x =$ ____________.

(2) $\lim\limits_{x\to 0}\dfrac{\int_0^x \sin t^3\mathrm{d}t}{x^4} =$ ____________.

(3) 积分 $\int_{-2}^{2}\dfrac{\sin^3 x}{x^4+3x^2+2}\mathrm{d}x =$ __________，$\int_{-1}^{1}\dfrac{x^3}{2+\cos x}\mathrm{d}x =$ __________.

(4) 设在 $[a,\ b]$ 上曲线 $y=f(x)$ 位于曲线 $y=g(x)$ 的上方，则由这两条曲线及直线 $x=a$，$x=b$ 围成的平面图形的面积 $A =$ ____________.

3. 选择题

(1) 设 $\int_0^1 ax\mathrm{d}x = 1$，则常数 $a =$ (　　).

A. 2　　B. $\dfrac{1}{3}$　　C. $\dfrac{4}{3}$　　D. $\dfrac{2}{3}$

(2)由曲线 $y=e^x$ 及直线 $x=0$，$y=3$ 围成的平面图形的面积 $A=($　　$)$.

A. $\int_1^3 \ln y\mathrm{d}y$　　B. $\int_1^{e^3} \mathrm{e}^x\mathrm{d}x$　　C. $\int_1^{\ln 3} \ln y\mathrm{d}y$　　D. $\int_0^3 (3-\mathrm{e}^x)\mathrm{d}x$

4. 计算下列定积分：

(1) $\int_1^4 x(1+\sqrt{x})\,\mathrm{d}x$；　　(2) $\int_0^1 \frac{\mathrm{e}^x}{1+\mathrm{e}^x}\mathrm{d}x$；

(3) $\int_{\frac{\pi}{6}}^{\pi} \sin 2x\mathrm{d}x$；　　(4) $\int_1^{\mathrm{e}} x^2\ln x\mathrm{d}x$.

5. 已知函数 $f(x)=\int_0^x (2t+t^2)\,\mathrm{d}t$，求导数 $f'(1)$.

6. 已知 $f(x)=\begin{cases}x, & 0\leqslant x\leqslant 1\\ x^3, & 1\leqslant x\leqslant 2\end{cases}$，求积分 $\int_0^2 f(x)\,\mathrm{d}x$.

7. 设函数 $\int_1^{x^3} f(t)\,\mathrm{d}t=x(2+x)$，求 $f(1)$.

8. 设 $\frac{4}{1-x^2}f(x)=\frac{\mathrm{d}}{\mathrm{d}x}[f(x)]^2$，且 $f(0)=0$，求 $f(x)$.

9. 求由抛物线 $y^2=8x$ 的下半支与直线 $x+y-6=0$ 及 $y=0$ 所围成的平面图形的面积.

10. 求由曲线 $y=x^2$ 与 $x=1$，$y=0$ 所围成的图形分别绕 $x$ 轴、$y$ 轴旋转的旋转体的体积.

11. 求由曲线 $y=x^2$ 与 $y^2=x$ 绕 $x$ 轴旋转的旋转体的体积.

12. 已知某产品总产量的变化率(单位：单位/天)是 $\frac{\mathrm{d}\theta}{\mathrm{d}t}=30+13t-\frac{3}{2}t^2$，求从第 1 天到第 9 天产品的总产量.

13. 已知生产某种产品的总收入的变化率(单位：元/件)是 $R'(Q)=300-\frac{1}{10}Q$，求：

(1)生产 500 件的总收入是多少？

(2)从生产 500 件到生产 1 000 件时所增加的收入是多少？

# 数学实验　用 MATLAB 求定积分

在 MATLAB 中，积函数 int 不仅可求不定积分，还可以求定积分，基本格式如下：

int(f, x, a, b)：表示函数 $f$ 对自变量 $x$ 从 $a$ 到 $b$ 的定积分，即求 $\int_a^b f(x)\,\mathrm{d}x$.

**例 4-35** 计算定积分 $\int_0^2 \sqrt{4-x^2}\,\mathrm{d}x$.

【解】 在命令窗口输入：

```
≫syms x                  % 创建符号变量 x
≫f=sqrt(4-x^2);          % 定义函数 f=√(4-x^2)
≫y1=int(f, x, 0, 2)      % 对函数 f 从 0 到 2 求定积分
y1=
pi                       % 输出的结果为 π
```

例 4-36 计算 $\int_0^1 x\sin x\mathrm{d}x$

【解】 在命令窗口输入：

```
clc                  % 清屏
syms x               % 定义函数自变量
z=x* sin(x);         % 定义函数表达式
c1=int(z, 0, 1)      % 对变量 x 求不定积分
c1=                  % MATLAB 主窗口下的程序运行结果
1/2* pi-1            % π/2-1
```

## 拓展阅读

### “中国现代数学之父”——华罗庚

华罗庚(1910 年 11 月 12 日至 1985 年 6 月 12 日)，国际数学大师，中国科学院院士，他是中国解析数论、矩阵几何学、典型群、自守函数论等多方面研究的创始人和开拓者．他为中国数学的发展作出了无与伦比的贡献，被誉为“中国现代数学之父”．

## 在线测试

扫一扫 测一测

# 参考文献


[1] 张延利，沈荣泸，李涛，等．高等数学[M]．北京：高等教育出版社，2018.

[2] 同济大学数学系．微积分[M]．3 版．北京：高等教育出版社，2010.

[3] 同济大学数学系．高等数学[M]．6 版．北京：高等教育出版社，2007.

[4] 冉兆平．高等数学[M]．上海：上海财经大学出版社，2006.

[5] 金路．微积分[M]．北京：北京大学出版社，2006.

[6] 刘书田，冯翠莲，侯明华．微积分[M]．2 版．北京：北京大学出版社，2004.

[7] 张凤祥，刘贵基．高等数学：微积分[M]．兰州：兰州大学出版社，2002.

[8] 冯红．高等代数全程学习指导 [M]．大连：大连理工大学出版社，2005.

[9] 贺新瑜．应用数学：高职分册[M]．大连：东北财经大学出版社，2003.

[10] 冯翠莲，赵益坤．应用经济数学[M]．北京：高等教育出版社，2006.

[11] 严喜祖，宋中民，毕春加．数学建模及其实验[M]．北京：科学出版社，2010.